一流本科专业一流本科课程建设系列教材
中国劳动关系学院"十四五"规划教材

# 安全人机工程学

孙贵磊　胡广霞　编著

机械工业出版社

本书从人、机、环三个方面介绍安全人机工程学的主要内容。第1章系统介绍了人机工程学与安全人机工程学研究的发展历程、基础理论与研究方法；第2~5章从人体形态的测量、人的生理与心理、人体生物力学特性与职业性损伤、人体作业特征等几方面，系统介绍了"人的特性"，同时给出一些人的特性的验证性实验以及研究实例，引导学生对人体特性进行深入分析；第6~7章介绍了人机环系统中的"机"与"环"，"机"的方面，主要针对人机界面的安全设计进行介绍，"环"的方面，主要针对作业环境与作业空间进行分析，两部分均提供了相应的研究实例；第8章针对不同人机结合方式介绍了人机系统可靠性的分析方法及现有的人机系统评价方法。

本书的编写立足于人机工程学，着眼于"安全"与"健康"，兼而考虑职业损伤，注重将职业安全与健康融入人机系统设计中，采用了现行的国家标准并引入了《工效学检查要点》的相关实例，以求更好地实现"以人为本"的设计。为方便教学和提升能力训练，编入了该课程的主要实验，并在每章附有复习题。

本书主要作为安全科学与工程一级学科下各专业（如安全工程、职业卫生工程、应急技术与管理、安全生产监管）及相关专业的本科教材。

## 图书在版编目（CIP）数据

安全人机工程学/孙贵磊，胡广霞编著. —北京：机械工业出版社，2023.6（2024.8 重印）

一流本科专业一流本科课程建设系列教材

ISBN 978-7-111-73404-8

Ⅰ.①安… Ⅱ.①孙… ②胡… Ⅲ.①安全人机学-高等学校-教材 Ⅳ.①X912.9

中国国家版本馆 CIP 数据核字（2023）第 113120 号

机械工业出版社（北京市百万庄大街 22 号　邮政编码 100037）

策划编辑：冷　彬　　　　　　责任编辑：冷　彬　舒　宜
责任校对：韩佳欣　张　薇　　封面设计：张　静
责任印制：邸　敏

北京富资园科技发展有限公司印刷

2024 年 8 月第 1 版第 2 次印刷

184mm×260mm · 16.5 印张 · 374 千字

标准书号：ISBN 978-7-111-73404-8

定价：49.80 元

电话服务　　　　　　　　　　网络服务

客服电话：010-88361066　　机　工　官　网：www.cmpbook.com

　　　　　010-88379833　　机　工　官　博：weibo.com/cmp1952

　　　　　010-68326294　　金　书　网：www.golden-book.com

**封底无防伪标均为盗版**　　机工教育服务网：www.cmpedu.com

# 前　言

随着技术的进步和社会的发展，系统设计中越来越重视人的因素，人机工程学科的应用领域也越来越广。一些国家非常重视人机工程学的研究与应用，每年都有大量的研究成果问世。其在美国学科命名为 Human Factors，在英国、法国、德国等国家学科命名为 Ergonomics。安全人机工程学是以安全的角度和着眼点，运用人机工程学的原理和方法去解决人机结合面的安全问题的一门学科。它作为人机工程学的一个应用学科分支，成为安全工程学的一个重要分支学科。同时，安全人机工程学也是高等院校安全科学与工程类专业重要的专业基础课程。

作为"安全人机工程学"的本科课程教材，本书的编写考虑了安全科学与工程一级学科下各个专业及相关专业的教学特点，从该课程的教学要求出发，紧跟安全人机工程学与职业工效学的学科发展方向，系统阐述人机工程的基本理论与方法，在介绍人机工程学与安全人机工程学研究的发展历程、基础理论与方法的基础上，全面地剖析了"人的特性"，同时给出一些研究实例，引导学生对人体特性进行分析，以求更好地实现"以人为本"的设计；之后对"机"——人机界面的安全设计以及"环"——作业环境与作业空间进行分析，并提供相应的研究实例。此外，补充了常用的数据分析方法，辅助学生学习掌握相关知识并提升应用能力。本书着眼于"安全"与"健康"，从"人-机-环"系统工程的角度，全面解析人的特点，兼而考虑职业损伤，注重将职业安全与健康融入人机系统设计中，系统阐释了人机交互理论与实际应用的相关内容。全书内容丰富，结构完整，逻辑性强，体现了安全科学与工程领域学科发展的特色和人才培养的需求。

本书的编写注重突出科学性、知识性、普及性与实用性，将基础理论与实践应用紧密结合，遵循从感性到理性、从具体到抽象、由浅入深的认知规律，在内容选取与编排上考虑相关理论课与实践课相互搭配的课程体系特点。本书力求做到：①从安全的角度和着眼点，本着少而精的原则，选取有关的概念、原理和方法；②在体系编排上注重完整性、条理性，并从安全科学与工程学科发展的高度，充实和完善其内容；③主要内容分为人、机、环三个部分，重点讲述人以及人机交互安全，并包含职业工效的相关知识，介绍现行有关国家标准的相关内容；④对教学中的重点、难点，用通俗形象的语言和简单明了的图表予以阐述，并且给出相应的例题，有利于学生理解和自学，同时增加了案例分析。本书建议教学时数为48学时（含实验课时）。

本书由孙贵磊和胡广霞编著，冉令华、王璐瑶等参与了部分内容的资料收集与整理工作。本书在编写过程中得到了很多业内专家、学者的帮助以及学校有关领导的支持，在此一并表示感谢。

由于编者水平有限，虽经反复修改，书中仍难免存在各种不足，热忱欢迎读者批评指正。

编　者

# 目　录

# 1

# 第 1 章
# 概 论

## 1.1 人机（因）工程学的定义与发展

### 1.1.1 人机（因）工程学的定义

人机工程学是研究人、机、环三者之间相互关系的学科，是近几十年发展起来的一门边缘性应用学科。由于该学科研究和应用范围极其广泛，它所涉及的各学科、各领域的专家、学者都试图从各自研究领域的角度和解决问题的着眼点来给本学科命名，因而目前为止在国内外还没有统一的学科名称。由于该学科在各国的发展过程不同，实际应用的侧重点不同，所以各国所概括的定义也不尽相同。1949 年 7 月 12 日，英国海军成立了一个交叉学科研究组，专门研究如何提高人的工作效率问题，英国学者莫瑞尔首次正式提出 Ergonomics 一词，该词由希腊词根"ergon"（即工作、劳动）和"nomics"（即规律、规则）复合而成，其含义是"人出力正常化"或"人的工作规律"。就是说，这门学科是研究人在生产、生活和操作过程中合理、适度地劳动和用力的规律问题。此后，1950 年 2 月召开的交叉学科研究的学术会议通过了使用"Ergonomics"这一术语。由于该词能够较全面地反映本学科的本质，又源于希腊文，便于各国语言翻译上的统一，而且词义保持中立性，不会造成对各组成学科的亲密和间疏，因此目前较多的国家采用"Ergonomics"一词作为该学科名称。该学科在美国称为"Human Factors Engineering"（人因工程学）或"Human Engineering"（人类工程学）；在日本称为人间工学。我国关于人机工程学的命名已经出现多种，如人因工程学、人类工效学、人机工程学、人类工程学等，本书统一称为人机工程学。

人机工程学有"起源于欧洲，形成于美国，发展于日本"之说。德国在 20 世纪 40 年代后就很重视人机学方面的研究，而是最早形成系统研究的国家是英国，人机工程学的奠基性工作是美国完成的，此后对学科的进一步发展和应用起推动作用的是日本。人机工程学目前作为一门独立学科的历史将近 70 年。

人机工程学就是按照人的特性（人的生理、心理）设计和改进人-机-环境系统，使机器和人相互适应，创造舒适和安全的工作与环境条件，从而提高工效的一门科学。人-机-环境系统是指由共处于同一时间和空间的人与其所操纵的机器以及它们所处的周围环境所构成的系统，也可以简称为人-机系统。在上述系统中，人是处于主体地位的决策者，也是操纵者或使用者；机是指人所操纵或使用的一切物的总称，它可以是机器，也可以是设施、工具或用具等；环境是人、机所处的物质和社会环境。人、机、环境在其构成的综合系统中，相互依存、相互制约和相互作用，完成特定的工作过程。人机工程学在发展过程中有机地融合了生理学、心理学、医学、卫生学、人体测量学、劳动科学、系统工程学、社会学和管理学等学科的知识和成果，形成自身的理论体系、研究方法、标准和规范，研究和应用范围广泛并具有综合性。该学科的研究目的在于设计和改进人-机-环境系统，使系统获得较高的效率和效益，同时保证人的安全、健康和舒适。

人机工程学把人的工作优化问题作为追求的重要目标，以实现人、机、环境之间的最佳匹配为目标，其标志是使处于不同条件下的人能高效、安全、健康、舒适地工作和生活。高效是指在保证高质量的同时，具有较高的工作效率；安全是指减少或消除差错和事故；健康是指设计和创造有利于人体健康的环境因素；舒适是指作业者对工作有满意感或舒适感，它也关系到工作效率和安全，是对工作优化的更高要求。能同时满足上述条件要求的工作，无疑是高度优化的工作。但实际上同时实现这四方面要求是很困难的。在实际工作中，应根据不同情况，在执行好有关人机工程学标准的前提下允许有轻重之别。随着社会的进步，人的价值日益受到尊重，安全、健康、舒适等因素在工作系统设计和评价中将会受到更广泛的重视。

1979 年，我国出版的《辞海》中对人机工程学给出了如下的定义：人机工程学是一门新兴的边缘学科，它是运用人体测量学、生理学、心理学和生物力学以及工程学等学科的研究方法和手段，综合地进行人体结构、功能、心理以及力学等问题研究的学科，用以设计使操作者能发挥最大的效能的机械、仪器和控制装置，并研究控制台上各个仪表的最佳位置。

1984 年出版的《中国企业管理百科全书》将人机工程学（工效学）定义为：研究人和机器、环境的相互作用及其合理结合，使设计的机器和环境系统适合人的生理、心理等特征，达到在生产中提高效率、安全、健康和舒适的目的。

国际工效学协会（International Ergonomics Association，IEA）将该学科定义为：研究人在某种工作环境中的解剖学、生理学和心理学等方面的因素；研究人和机器及环境的相互作用；研究在工作中、生活中和休假时怎样统一考虑工作效率、人的健康、安全和舒适等问题。

### 1.1.2　人机工程学的发展的三个阶段

**1. 经验人机工程学**

早在石器时代，人类就学会了选择石块打制成可供敲、砸、刮、割的各种工具，从而产生了原始的人机关系。此后在漫长的历史岁月里，人类为了提高自己的工作能力和生活水平，不断地创造发明，研究制造各种工具、用具、机器、设备等，但是忽略了对自己制造的生产工具与自身关系的研究，于是导致了低效率，甚至对自身的伤害。直到 19 世纪末期，人们才开始进行这方面的研究。从 20 世纪初到第二次世界大战时期，称为经验人机工程学阶段，这一阶段机械设计的主要着眼点在于力学、电学、热力学等工程技术的原理设计，在人机关系上以选择和培训操作者为主，使人适应于机器。在经验人机工程学阶段出现了三大著名试验，具体如下：

（1）肌肉疲劳试验

1884 年，德国人莫索（Mosso）对人体的疲劳现象进行了研究。当操作者开始工作时，就在身体上通以微电流，随着疲劳程度的增加，电流也随之发生变化。这是由于人产生疲劳的时候，皮肤电阻上升，电位下降，如图 1.1 所示。但是，经过锻炼的人，在相同的劳动量下，其疲劳程度要比未经锻炼的人低。

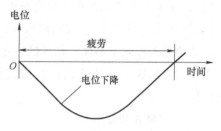

图 1.1　人体疲劳的皮电变化

（2）铁锹作业试验

1898 年，美国的伯利恒钢铁公司雇用了泰勒（Taylor，科学管理的创始人）进行了著名的铁锹试验。泰勒经过观察发现，当每铲的质量为 38 磅（约 17.2kg）时每天操作量是 25t，当每铲的质量为 34 磅（约 15.4kg）时是 30t，当每铲铲煤 21 磅（约 9.5kg）时，日产量达到最大（47t），使工作效率成倍提高（原日产量为 12.5t），一天的材料搬运量为最大。根据物料情况从公司领取特制的标准铁铲，使工作效率大大提高。泰勒准备了一些不同的铲子，每种铲子只适合铲特定的物料，这不仅使工人的每铲负荷都达到了 21 磅，也是为了让不同的铲子适合不同的情况。通过训练使用新的操作方法，工人劳动生产率成倍增长。根据试验的结果，泰勒针对不同的物料设计出 12 种不同形状和规格的铁铲。使用这些铁铲，经过 3 年，堆料场的工人从 400～600 名降至 140 名，平均每人每天的操作量从 16t 提高到 59t，工人的日工资从 1.15 美元提高到 1.88 美元，同时材料浪费大大降低，每年节约 8 万美元。

（3）砌砖作业试验

1911 年吉尔伯勒斯（Gilreth）对美国建筑工人砌砖作业进行了试验研究。他用快速摄影机把工人的砌砖动作拍摄下来，通过对砌砖动作的分析研究，去掉多余无效动作，把砌砖的基本动作由原来的 18 个减少到 4.5 个，使工人砌砖速度由当时的每小时 120 块提高到每小时 350 块。

人机工程学的兴起时期为第一次世界大战初期至第二次世界大战之前。第一次世界大战为工作效率研究提供了重要背景。该时期主要研究如何减轻疲劳及人对机器的适应问题。当时参战国都很重视研究发挥人力在战争和后勤生产中的作用问题，如英国设立了疲劳研究所，研究减轻工作疲劳的对策。德国开始重视对工人施以与工作有关的科学训练。研究内容包括工作研究、工作评估、工作压力、工作心理、工业卫生与职业生理（工作环境、肌肉负荷、生理测量与医学评估等）。美国为了合理使用兵力资源，进行大规模智力测验。此外，在战争中已使用了现代化装备，如飞机、潜艇和无线电通信等。新装备的出现对人员的素质提出了更高的要求。选拔、训练兵员或生产工人，都是为了使人适应机器装备的要求，在一定程度上改善了人机匹配，使工作效率有所提高。第一次世界大战后，人员选拔和训练工作在工业生产中受到重视，从而得到应用。心理学的作用普遍受到关注，许多国家成立了各种工业心理学研究机构。

自 1924 年开始，在美国芝加哥西方电气公司的霍桑工厂进行了长达 8 年的"霍桑试验"，这是对人的工作效率研究中的一个重要里程碑。这项研究的最初目的是找出工作条件（如照明等）对工作效率的影响，以寻求提高效率的途径。通过一系列试验研究，最后得到的结论是工作效率不仅受物理的、生理的因素影响，而且还受组织因素、工作气氛和人际关系等因素的影响。从此人们在研究提高工作效率时，开始重视情绪、动机等社会因素的作用。

**2. 科学人机工程学**

第二次世界大战开始至 20 世纪 60 年代为人机工程学的成长时期，即科学人机工程学时期。人机系统复杂程度增加，人机界面多样化，人的能力特性尤为重要。第二次世界大战期间，许多国家大力发展效能高、威力大的新式武器和装备，但由于片面注重新式武器和装备的功能研究，忽视了人的能力限度，导致人机不能很好匹配，经常发生机毁人亡和误击目标的事故。据美国军方统计，第二次世界大战期间，22 个月内，超过 400 架战机在遭遇战争或紧急状况下坠毁，但这些坠毁的战机并非被敌方炮火击中，而是在紧张状态之下，飞行员对显示信息做出了错误判断解读，或错误操作控制器所致。战斗机中座舱及仪表位置设计不当，造成飞行员误读仪表和误用控制器而导致意外事故，或由于操作系统复杂、不灵活及不符合人的生理、心理特征而造成命中率低的现象经常发生。失败的教训使人们认识到，只有当武器装备适应操作者的生理、心理特征和人的能力限度时，才能发挥其高性能。人的因素是设计中不能忽视的一个重要条件。因此，在第二次世界大战期间，先在军事领域开始了与设计相关学科的综合研究与应用。从此，人机关系的研究，从使人适应机器转为使机器适应人的新阶段，为人机工程学的诞生奠定了基础。

1945 年，第二次世界大战结束时，研究与应用逐渐从军事领域向工业等领域发展，并逐步应用军事领域的研究成果来解决工业与工程设计中的问题。1945 年，在英国国家医药研究委员会、科学与工业研究部的鼓励下，英国于 1949 年成立了工效学学会。同年，恰帕尼斯（Chapanis）等人出版了《应用实验心理学——工程设计中人的因素》一书，系统论述了新学科的基本理论和方法。后来，研究领域不断扩大，研究队伍中除心理学家外，还有医学、生理学、人体测量学及工程技术等各方面学者专家，因而有人把这一学科称为"人的因素"或"人的因素工程学"。随后有关人机工程方面的著作相继出版,一些大学开设课程,建立相关研究部门和实验室,一些顾问公司陆续出现。

1957 年是人机工程学科发展比较重要的一年,该年英国的《Ergonomics》学报创刊,该期刊目前是人机工程领域最重要的学术期刊。同年,美国的人因工程学会正式创立,美国心理学会也成立工程心理学会。1958 年美国人因工程学会创立《Human Factors》杂志。为了加强国与国之间的交流,1959 年国际工效学协会(IEA)正式成立,它将世界各国的人因工程学会联合起来,共同为推进人因工程的研究和应用而携手合作。此后,陆续有一些国家成立了人因工程学会。

可以看出,这个时期,人机工程学术组织不断发展,学者们的不断研究使得这些国家的人机工程研究和应用有较快的发展。

**3. 现代人机工程学**

20 世纪 60 年代以后,人机工程学进入了一个新的发展时期。日本人间工学会成立于 1964 年 10 月,于次年发行了《人间工学》期刊《Ningen-Kogaku》,其加入了国际工效学协会,并设立了许多地方性的研究团体。1962 年,荷兰正式成立人因工程学会,促进了成员间对人因工程的研究和交流。1963 年,法语系国家成立人因工程学会,其组织成员来自 20 个不同的国家。1969 年 4 月 18 日,北欧人因工程学会成立,该学会由丹麦、瑞典、挪威及芬兰人因工程学会组成。1964 年,澳大利亚和新西兰联合成立人因工程学会,1986 年分开,各自独立。这个时期人机工程学的发展有三大趋势。

(1)研究领域不断扩大

随着技术、经济和社会的进步,人机工程学的研究领域已不限于人机界面匹配问题,而是把人-机-环境系统优化的基本思想、原理和方法,应用于更广泛领域的研究。随着人机系统的发展,操作者在人机系统中承担的体力劳动越来越少,而脑力负荷越来越大。因此,研究人在人机系统中的表现和脑力负荷对人机系统效率的影响有重要作用。20 世纪 60 年代后期至 20 世纪 70 年代,美国空军采用主观评价方法对新式飞机操作的难易程度进行评价,取得了很大成功。20 世纪 70 年代,北大西洋公约组织国家的一些科学家通过专题会议方式探讨了脑力负荷的理论及测量方法。此后,脑力负荷的测量与预测方法不断推出,特别是近些年生理信号采集、脑电技术的发展为脑力负荷测量提供了更加客观、动态的数据。在航空航天领域,脑力负荷常用于飞行员、航天员驾驶室的人机交互系统设计评价,脑力负荷预测方法(如时间压力模型)可用于研究模拟飞机在航母着陆,模拟发射导弹、空中加油、空中拦截等任务中飞行员对时间压力的反应,而这个指标对飞行任务的完成具有重要作用。在其他领域,随着技术发展和脑电 ERP/EEG 系统的普及,办公室人员的脑力劳动评价、生产系统中人机交互界面设计评价,以及网站、应用软件等产品设计评价都会涉及脑力负荷问题。20 世纪 80 年代,计算机技术的迅速发展,使人机工程学的研究面临新的挑战,如何设计界面友好的软件,新的控制设备、屏幕显示的信息输出都是人机界面设计面临的新问题。互联网的出现及快速发展使信息产业成为战略新兴产业,电子商务成为重要的经营模式,网站、应用软件、游戏产品等的设计都涉及如何使用户保持良好的体验。因此,人与互联网交互以及未来的人与机器人的交互设计问题都将都成为人机工程学新的研究领域。

在产品设计领域，20 世纪 90 年代，由日本提出的感性工学理论为基于用户情感需求的产品优化设计提供了新的视角和方法，对提升产品市场竞争力有重要作用。该理论主要从用户对产品的情感体验角度，研究产品造型、色彩、材质等外观设计优化问题，为产品设计人员提供产品感性测量方法、情感设计要素识别方法，以及情感与产品设计要素关系模型的建立方法。日本、德国、韩国以及我国部分地区都开展了相关研究。有关产品情感设计的研究最初主要针对实体产品，后续从用户体验角度研究面向网站、应用软件、游戏界面等虚拟产品的界面设计优化问题。

职业健康安全一直是人机工程学关注的重点内容。职业健康安全的研究内容一方面包括作业环境对人的健康安全的影响，以及不同作业性质、作业姿势、承担的负荷、使用的工具等多个因素对人的健康安全的影响。作业环境研究中，研究包括空气污染、噪声、微气候环境、照明、操作者工作地表面材料等对人的健康影响，对企业而言重点是按照相应标准对生产系统进行改善，以保护现场操作人员的身体健康。职业健康安全研究的另一个方面是从生物力学角度开展的研究，包括手动工具设计与人手的局部疲劳、坐姿作业人的压力分布及疲劳、长途汽车驾驶人腰部及颈椎疲劳、生产线作业工人作业疲劳、物料搬运工人体力疲劳、医护人员的疲劳等方面的研究。在研究方法上，从单一的通过问卷进行的主观疲劳调查，发展到目前通过表面肌电、压力测试、脑电 EEG 系统、动作捕捉系统、虚拟现实系统等多种研究手段，可动态测量体力和精神疲劳。

此外，交通领域、医疗领域的安全生产事故在近些年频繁发生，这些事件的主要原因是人的失误。所以，从人的因素角度研究如何保证重大系统的安全和可靠性成为人机工程学研究的又一重要领域。

（2）应用的范围越来越广泛

人机工程学的应用扩展到社会的各行各业，几乎渗入与人有关的一切方面，包括人类生活的衣、食、住、行各个领域，如学习、工作、文化、体育、休息等各种设施、用具的科学化、宜人化。由于不同行业应用人机工程学的内容和侧重点不同，因此出现了学科的各种分支，如航空、航天、机械电子、交通、建筑、能源、通信、农林、服装、环境、卫生、安全、管理、服务等。近几年，随着机器人技术的发展，人机工程的理念和相关原则也应用到人与机器人交互设计系统开发中。总之，随着人类工作和生活的丰富化，人机工程学的应用领域将不断充实和发展。

（3）在高技术领域中发挥特殊作用

随着微电子及计算机技术的迅速发展以及自动化水平的提高，人的工作性质、作用和方式发生了很大变化。以往许多由人直接参与的作业，现已由自动化系统代替，人的作用由操作者变为监控者或监视者，人的体力作业减少，而脑力或脑体结合的作业增多。今后，将有越来越多的智能化机器装备代替人的某些工作，人类社会生活必将发生很大的改变。面对新的改变，人与系统的协同和配合会产生新的人因问题，而这些都需要人机工程学科发挥相应的作用。例如，数字化核电站的建立改变了人在系统中的作用，人的主要工作为监控和管理，人机交互模式也发生了改变，由传统的显示器、控制器发展到计算机交互界面，新的交互方式及角色的改变带来的最大问题是系统的可靠性问题。因此，数字化核电站系统人因失误可靠性分析以及团队协调与沟通研究就是该系统中人机工程研究的重要问题。此外，人机协同是未来发展趋势，在航天恶劣的环境中，机器人不仅可以协助人摆放物品等空间操作，还能与人协同执行复杂的故障判断任务，这就需要从认知和行为层面，从相互理解和学习角度，研究人机协同问题。高新技术与人类社会有时会产生不协调的问题，只有综合应用包括人机工程在内的交叉学科理论和技术，才能使高新技术与固有技术的长处很好地结合，协调人的多种价值目标，有效处理高新技术领域的各种问题。

## 1.1.3 我国人机工程学科的发展

20 世纪 30 年代，清华大学开设了工业心理学课程。1935 年，陈立先生出版了《工业心理学概观》，这是我国最早系统介绍工业心理学的著作。陈立先生还在北京及无锡的工厂里开展工作环境及选拔工人等研究，这是我国最早开展的工作效率研究。新中国成立后，中国科学院心理研究所和杭州大学的心理学家开展了操作合理化、技术革新、事故分析、职工培训等劳动心理学研究。虽然这些研究对提高工作效率和促进生产发展起到了积极作用，但还是侧重于使人适应机器的研究。20 世纪 60 年代初，各种装备由仿制向自行设计制造转化，需要提供人机匹配数据。一部分心理学工作者转向光信号显示、电站控制室信号显示、仪表盘设计、航空照明和座舱仪表显示等工程心理学研究，取得了可喜的成果。20 世纪 70 年代后期，我国进入现代化建设的新时期，工业心理学的研究获得较快的发展。一些研究单位和高等学校成立了工效学或工程心理学研究机构，并了解到更多国外人机工程学的研究应用成果和发展态势，到 20 世纪 80 年代，人机工程学得到迅速发展。

1981 年成立的中国人类工效学标准化技术委员会负责研究制定有关标准化工作的方针、政策；规划组织我国民用方面的人类工效学国家标准及专业标准的制定、修订工作。由于军用标准的特殊要求，1984 年国防科工委成立了军用人-机-环境系统工程标准化技术委员会。1989 年成立了中国心理学会工业心理专业委员会。在上述委员会的规划和推动下，我国制定了 100 多个有关民用和军用的人类工效学的基础性和专业性的技术标准。这些标准及其研究工作对我国人机工程学科的发展起着有力的推动作用。

20 世纪 80 年代末，我国已有几十所高等学校和研究单位开展了人机工程学研究和人才培养工作，许多高等学校在应用性学科开设了有关人机工程学方面的课程。教育部工业工程类教学指导委员会将人机工程作为工业工程专业的核心课，以人因工程学的名字命名该课程。此后的安全科学与工程教学指导委员会将安全人机工程作为专业核心课程。有更多的教师从事人机工程的教学、科研工作，人机工程学的研究队伍不断发展壮大。为了把全国有关的工作者组织起来，共同推进学科的发展，1989 年 6 月 29 日—30 日，在上海同济大学召开了全国性学科成立大会，定名为中国人类工效学学会。目前，学会下设人机工程专业委员会、认知工效专业委员会、生物力学专业委员会、管理工效学专业委员会、安全与环境专业委员会、工效学标准化专业委员会、交通工效学专业委员会、职业工效学专业委员会、复杂系统人因与工效学专业委员会、设计工效学专业委员会、智能交互与体验专业委员会、智能穿戴与服装人因工程专业委员会、汽车人因与工效学专业委员会、医疗保健工效学专业委员会等 14 个分会。

在科学研究方面，20 世纪 90 年代至今，我国学者在人机工程学领域开展了一系列研究，研究领域可分为：人的职业和素质研究、工作环境研究、产品设计与评价、人误与安全、工作负荷与疲劳、作业方法与场所设计改善、认知工效、人机系统、组织和管理中人因问题、先进技术中的人机工程及人体研究等 11 个方向。国家自然科学基金项目研究内容包括驾驶安全、职业健康安全、安全标志感知机制、视觉搜索、人机交互设计、核电站人因可靠性、老年产品设计、产品情感设计、残疾人体力作业行为建模、数字化人体建模、用户体验、班组沟通与协作、脑力负荷、人与机器人协同研究等。国家自然科学基金项目研究推动我国人机工程研究水平的提升，研究成果促进了人机工程在企业的应用。

## 1.2 人机工程学的研究内容、研究方法及应用领域

### 1.2.1 人机工程学的研究内容

人机工程学的研究包括理论研究和应用研究两个方面，但学科研究的总趋势还是侧重于应用研究。虽然各国工业基础及学科发展程度不同，学科研究的主体方向及侧重点也不同，但根本研究方向都是揭示人、机、环境相互关系的规律，以确保人-机-环境系统总体的最优化。其主要内容可概括为以下几个方面：

**1. 研究人的生理与心理特性**

人的生理、心理特性和能力限度是人-机-环境系统优化的基础。人机工程学从学科的研究对象和目标出发，系统地研究人体特性，如人的感知特性、信息加工能力、传递反应特性，人的工作负荷与效能、疲劳，人体尺寸、人体力量、人体活动范围，人的决策过程、影响效率和人为失误的因素等。这些研究为人-机-环境系统设计和改善，以及制定有关标准提供科学依据，使设计的工作系统及机器、作业、环境都更好地适应于人，创造高效、安全、健康和舒适的工作条件。

**2. 研究人机系统总体设计**

人机系统的效能取决于它的总体设计。系统设计的基本问题是人与机器的分工以及人与机器之间如何有效地进行信息交流等问题。从人与机器的分工上考虑，要研究系统中人与机器的特点和能力限度，在系统设计时，应考虑充分发挥各自的特长，合理分配人与机器的功能，使其相互补充、取长补短、有机结合，以保证系统的整体功能最优。从人与机器的信息交流考虑，要研究人在特定系统中的作用，使设计的机器、环境等要素适应人的特性。同时，要考虑劳动者个体差异及可塑性，研究人员选拔及培训方式，以提高人的身心素质和技能，这样整体效率才能充分发挥。此外，手控、机控和监控的人机系统特点不同，人的作用也不一样。自动化降低了人的工作负荷，导致人的唤醒水平降低，会影响到系统的安全性。因此，无论自动化程度多高的系统，都必须适当配置人员对系统进行监控和管理。

### 3. 研究人机界面设计

在人机系统中，人与机相互作用的过程就是利用人机界面上的显示器与控制器，实现人与机的信息交换的过程。显示器是向人传递信息的装置。控制器则是接收人发出去的信息的装置。显示器设计研究包括视觉、听觉、触觉等各种类型显示器的设计研究，还包括显示器的布置和组合问题，使其与人的感觉器官特性相适应。控制器设计研究包括各种操纵装置的形状、大小、位置以及作用力等在人体解剖学、生物力学和心理学等方面的问题，应使其与人的运动器官特性相适应。保证人与机之间的信息交换迅速、准确，从而实现系统优化。此外，人与计算机的交互界面设计是近些年人机界面设计的重要方面，网站、智能手机界面、应用软件界面等设计都涉及人机界面设计问题。在这些研究内容中，用户体验、可用性、用户情感都是交互界面设计质量的衡量指标。

开发研制任何供人使用的产品（包括硬件和软件），都存在着人机界面设计问题。研究人机界面的组成并使其优化匹配，产品就会在功能、质量、可靠性、造型等方面得到改进和提高，也会增加产品的技术含量和附加值。

### 4. 研究工作场所设计和改善

工作场所设计的合理性对人的工作效率有直接影响。工作场所设计包括工作场所总体布置、工作台或操纵台与座椅设计、工作条件设计等。研究设计工作场所时，应从生理学、心理学、生物力学、人体测量学和社会学等方面保证符合人的特性和要求，使人的工作条件合理，工作范围适宜，工作姿势正确，达到工作时不易疲劳、方便舒适、安全可靠和提高效率的目的。研究工作场所设计也是出于保护和有效利用人力资源、发挥人的潜能的需要。

### 5. 研究工作环境及其改善

任何人机系统都处于一定的环境之中，因此人机系统的功能会受到环境因素影响，人与机相比，人受影响的程度更大。作业环境包括一般工作环境，如照明、颜色、噪声、振动、温度、湿度、空气粉尘和有害气体等，也包括高空、深水、地下、加速、减速及辐射等特殊工作环境。人机工程学主要研究在各种环境下人的生理和心理反应，对工作和生活的影响；研究以人为中心的环境质量评价准则；研究控制、改善和预防不良环境的措施，使之适应人的要求。其目的是为人创造安全、健康、舒适的作业环境，提高人的工作、生活质量，保证人-机-环境系统的高效率。除以上所述的物理环境因素外，还要注意研究社会环境因素对人工作效率的影响。

### 6. 研究作业方法及其改善

作业是人机关系的主要表现形式，也是人机系统的工作过程，只有通过作业才能产生系统的成果。人机工程学主要研究人从事体力作业、技能作业和脑力作业时的生理与心理反应、工作能力及信息处理特点；研究作业时合理的负荷及能量消耗、工作与休息制度、作业条件、作业程序和方法；研究适宜作业的人机界面。除硬件机器外，软件（如规则、标准、制度、技法、程序、说明书、图样、网页等）也要与作业者的特性相适应。软件设计除考虑生理、心理因素外，还要重视管理、文化、价值体系、经验和组织行为等因素的影响。以上研究的目的是寻求经济、省力、安全、有效的作业方法，消除无效劳动，减轻疲劳，合理利用人力和设备，提高系统效率。

**7. 研究系统的安全性和可靠性**

人机系统已向高度精密、复杂和快速化发展。这种系统的失效将可能造成重大损失和严重后果。实践表明，系统的事故绝大多数是由人的失误造成的，而人的失误则是由人的不注意引起的。因此，人机工程要研究人的失误特征和规律、人的可靠性和安全性，找出导致人失误的各种因素，以改进人-机-环境系统。通过主观和客观因素的相互补充和协调，克服不安全因素，搞好系统安全管理工作。

**8. 研究组织与管理的效率**

人-机-环境系统的研究应与组织、管理、文化和社会相适应。因此，人机工程学要研究人的决策行为模式；研究如何改进生产或服务流程；研究使复杂的管理综合化、系统化，形成人与各种要素相互协调的信息流、物流等管理体系和方式；研究特殊人才的选拔、训练和能力开发，改进对员工的绩效评定管理；研究组织形式与组织界面，便于员工参与管理和决策，使员工行为与组织目标相适应。

## 1.2.2 人机工程学的研究方法

**1. 调查法**

调查法是获取有关研究对象资料的一种基本方法。它具体包括访谈法、考察法和问卷法。

（1）访谈法

访谈法是研究者通过询问交谈来收集有关资料的方法。访谈可以是有严密计划的，也可以是随意的。无论采取哪种方式，都要求做到与被调查者进行良好的沟通和配合，引导谈话围绕主题展开，并尽量客观真实。

（2）考察法

考察法是研究实际问题时常用的方法。通过实地考察，发现现实的人-机-环境系统中存在的问题，为进一步开展分析、试验和模拟提供背景资料。实地考察还能客观地反映研究成果的质量及实际应用价值。为了做好实地考察，要求研究者熟悉实际情况并有实际经验，善于在人、机、环境各因素的复杂关系中发现问题和解决问题。

（3）问卷法

问卷法是研究者根据研究目的编制的一系列问题和项目，以问卷或量表的形式收集被调查者的答案并进行分析的一种方法。例如，通过问卷调查某一种职业的工作疲劳特点和程度，让作业者根据自己的主观感受填写问卷调查表，研究者经过对问卷回答结果的整理分析，可以在一定程度上了解这种职业的工作疲劳主要表征和疲劳程度等。这种方法有效应用的关键在于问卷或量表的设计是否能满足信度和效度的要求。所谓信度即可靠性，效度即有效性，是指研究结果要真实地反映所评价的内容。问卷提问用语要通俗易懂，回答应力求简洁明了，容易被调查者掌握。

**2. 观测法**

观测法是研究者通过观察、测定和记录自然情境下发生的现象来认识研究对象的一种方法。这种方法是在不影响事件的情况下进行的，观测者不介入研究对象的活动中，因此能避免对研究对象的影响，可以保证研究的自然性和真实性。例如，观测生产现场的照度、噪声情况，作业的时间消耗，流水线生产节奏是否合理，工作日的时间利用情况等，进行这类研究，需要借助仪器设备，如照度计、噪声测量仪、秒表、录像机等。

应用观测法时，研究者要事先确定观测目的并制订具体计划，避免发生误观测和漏观测的现象。为了保证能够正确、全面地感知客观事物，研究者不但要坚持客观性、系统性原则，还需要认真细致地做好观测的准备工作。

**3. 试验法**

试验法是在人为控制的条件下，排除无关因素的影响，系统地改变一定变量因素，以引起研究对象相应变化来进行因果推论和变化预测的一种研究方法。在人机工程学研究中这是一种很重要的方法。它的特点是可以系统控制变量，使所研究的现象重复发生，反复观察，不必像观测法那样等待事件自然发生，使研究结果容易验证，并且可对各种无关因素进行控制。

实验法分为实验室试验法和自然试验法：

1）实验室试验是借助专门的实验设备，在对试验条件严加控制的情况下进行的。由于对试验条件严格控制，该种方法有助于发现事件的因果关系，并允许人们对试验结果进行反复验证。缺点是主试者严格控制试验条件，使试验情境带有极大的人为性质，被试者意识到正在接受试验，可能干扰试验结果的客观性。

2）自然试验也称为现场试验，自然试验虽然也对试验条件进行适当控制，但由于试验是在正常的情境中进行的，因此试验结果比较符合实际，在某种程度上克服了实验室试验的缺点。但是，由于试验条件控制得不够严格，有时很难得到精密的试验结果。

试验中存在的变量有自变量、因变量和干扰变量三种。自变量是研究者能够控制的变量，它是引起因变量变化的原因。自变量因研究目的和内容而不同，如因照度、声压级、标志大小、仪表刻度、控制器布置、作业负荷等的不同而不同。自变量的变化范围应在被试的正常感知范围之内，并能全面反映对被试者的影响。因变量应能稳定、精确地反映自变量引起的效应，具有可操作性；能充分代表研究的对象性质，具有有效性；同时尽可能要求指标客观、灵敏和定量描述。鉴于以上要求，试验法一般采用三类指标：①操作者绩效指标，如反应时间、失误率、质量和效率等；②生理指标，如心率、呼吸数、血压等生理指标随劳动强度的变化情况；③主观评价，是指操作者的主观感受，如监控作业，操作者的精神负荷产生的效应远大于体力负荷的效应。主观评价比绩效更能反映作业时机体的状态。因变量根据研究的性质和条件，可选取多项指标进行测量和分析，这样可避免采用单一指标的局限性。

干扰变量按其来源可分为个体差异、环境条件干扰及实验污染三个因素。个体差异因素是指被试者在实验中随时间推移而产生身心变化或选择的被试者不符合取样标准而使样本出现偏差等；环境条件干扰是指环境条件对实验的影响，如听觉测试中噪声的干扰、测试仪器的系统误差等；实验污染是指由于多次对被试者施加处理和反复测试而形成的交互作用影响研究结果的准确性。

实验中应采取实验控制法使干扰变量减小到最低限度。主要控制方法包括：让被试者在已经适应的环境下进行实验；实验中要求环境干扰因素保持恒定；采用随机或抵消等方法消除被试者差异和测试顺序产生的干扰效应；设立实验组和控制组，两组除控制的自变量不同外其他条件完全相同。这样两组因变量的差异可反映自变量的效应。

**4. 心理测量法**

人机工程的研究中，除了要测量光、声、温度和湿度、空气污染物等客观对象的量值外，还必须对人的主观感觉进行度量。心理测量法（也称为感觉评价法）是运用人的主观感受对系统的质量、性质等进行评价和判定的一种方法，即人对事物客观量做出主观感觉评价。客观量与主观量存在着一定差别。在实际的人-机-环境系统中，直接决定操作者行为反应的是其对客观刺激产生的主观感觉。因此，对人-机-环境系统进行设计和改进时，测量人的主观感觉非常重要。

心理测量对象可分为两类，一类（A）是对产品或系统的特定质量、性质进行评价，如对声压级、照明的照度及亮度、空气的湿度、长度、重量、表面状况等进行评价；另一类（B）是对产品或系统的整体进行综合评价，如对舒适性、使用性、居住性、工作性、满意度、爱好、兴趣、情绪、感觉、购物动机、消费者态度等进行评价。前者可借助计测仪器或部分借助计测仪器进行评价；而后者只能由人来评价。感觉评价的主要目的包括：按一定标准将各个对象分成不同的类别和等级；评定各对象的大小和优劣；按某种标准度量对象的大小和优劣并排序等。

**5. 心理测验法**

在操作人员素质测试、人员选拔和培训中，广泛使用心理测验方法。心理测验法是以心理学中有关个体差异理论为基础，将操作者个体在某种心理测验中的成绩与常模做比较，用以分析被试者的心理特点。

心理测验按测试方式分为团体测验和个体测验。前者可在同一时间内测量大量人员，比较节省时间和费用，适合时间紧、待测人数较多的场合；后者则个别进行，能获得更全面和更具体的信息，但时间较长。心理测验按测试内容分为能力测验、智力测验和个性测验。

无论何种测验，都必须满足以下两个条件：

1）第一，必须建立常模。常模是某个标准化的样本在测验上的平均得分。它是解释个体测验结果时参照的标准。只有把个人的测验结果与常模做比较，才能表现出被试的特点。

2）第二，测验必须具备一定的信度和效度，即准确而可靠地反映所测验的心理特性。人的能力素质并非是恒常的，所以不能把测验结果看成绝对不变的。

**6. 图示模型法**

图示模型法是采用图形对系统进行描述，直观地反映各要素之间的关系，从而揭示系统本质的一种方法。这种方法多用于机具、作业与环境的设计和改进，特别适合于分析人机之间的关系。

图 1.2 所示为驾驶员-汽车模型。图中方框的大小和要素之间连线的虚实均表示重要程度。通过这种图示模型，可以清楚表明各个要素是如何相互连接并构成系统的。同理，可以

绘出各种机具（如家电、计算机、售货机、工具、作业）的图示模型，从而清楚地了解人体与机具各部位的对应关系。

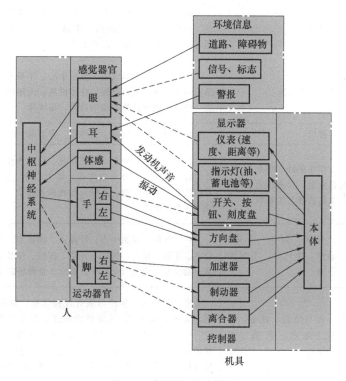

图 1.2　驾驶员-汽车模型

此外，动态图示模型有方框图和流程图等。这些模型主要以时间顺序这一动态特性为中心，对系统进行描述，用于表现人机系统的结构和时间动态特征。这些模型都可以通过数学或计算机模拟来求得系统的动态特性，如汽车、飞机与驾驶员构成的系统动态特性。人机工程的研究方法还有很多，如工作研究（方法研究和作业测定）、模拟法、使用频率分析、设备关联性分析、系统分析评价法，以及相关学科的研究方法。

### 1.2.3　应用领域

人机工程学的应用涉及非常广泛的领域，与人直接有关的应用领域可概括为机具、作业、环境和管理等几大类。在机具类中按对象又分为机械、器具、设备与设施、被服等几种，具体研究人机匹配与人机界面的设计和改进。表 1.1 列出了人机工程学的应用领域及示例。

表 1.1　人机工程学的应用领域及示例

| 设计与改进的范围 | 对象 | 示例 |
| --- | --- | --- |
| 机具 | 机械 | 机床、汽车、火车、飞机、宇宙飞船、船舶、起重机、农用机械、工作机械、计算机、仪器仪表、医疗器械、家用电器、运动与健身器械、摩托车、自行车、售货机、取款机、检票机等 |

（续）

| 设计与改进的范围 | 对象 | 示例 |
|---|---|---|
| 机具 | 器具 | 工具、电话、电传、办公用品、软件、家具、清扫工具、卫生用具、厨房用具、防护用具、文具、玩具、书刊、广告、媒体、标志、标牌、包装用品、说明书等 |
| | 设备与设施 | 工厂、车间、成套设备、监控中心、军事系统、机场、码头、车站、道路系统、城市设施、住宅设施、无障碍设施、旅游与休闲设施、安全与防火设施、核能设施、场馆等 |
| | 被服 | 服装、鞋、帽、被物、工作服、安全帽、工作靴等 |
| 作业 | 作业条件、作业方法、作业量、作业作业姿势、工具选择与放置等 | 生产作业、服务作业、驾驶作业、检验作业、监视作业、维修作业、计算机操作、办公室作业、体力作业、技能作业、脑力劳动、危险作业、女工作业、高龄人与残疾人作业，以及学习、训练、运动、康复等活动 |
| 环境 | 照明、颜色、音响、噪声、微气候、空气污染等 | 工厂、车间、控制中心、计算室、操纵室、驾驶室、检验室、办公室、车厢、船舱、机舱、住宅、医院、学校、商店、地铁、候车室、会议室、业务与交易厅、餐厅、各种场馆及公共场所等 |
| 管理 | 人与组织、设备、信息、技术、职能、模式等 | 业务流程再造、生产与服务过程优化、组织结构与部门界面管理、管理运作模式、决策行为模式、参与管理制度、企业文化建设、管理信息系统、计算机集成管理制造系统（CIMS）、企业网络、模拟企业、程序与标准、沟通方式、人事制度、激励机制、人员选拔与培训、安全管理、技术创新、CI策划（企业形象策划）等 |

## 1.3 安全人机工程学的研究对象、内容和目的

　　人类社会中发展最快的是机械、电气、化工、交通运输及信息传递设备及控制装置。人始终影响和决定着"机"的性能发挥，同时，"机"给人类的负担增加了，使人受到了很大的影响，甚至给人造成危害。因此，所设计的"机"（含环境）若是忽略了操作者（包括各种活动者）的身心特性、生物力学特征，则"机"的功能既不可能充分发挥，而且会损害人的健康，甚至诱发事故。为了安全生产、生活、生存，就要把人与"机"结合起来考虑，要求对"机"的设计、制造、安装、运行、管理等环节充分考虑人的生理、心理及生物力学特性，把人-机作为一个整体、一个系统加以考虑，不仅要高效率地工作，还应随着物质、精神生活的提高，更加要求机始终使人处在安全卫生、舒适（随着发展，将包括享受）的状态。这就促使了安全人机工程学的诞生。因此，如何保证系统中人的安全也就成了人机工程学非常重要的研究和应用领域之一，这就促使安全人机工程学的诞生并成为人机工程学的一个重要分支。

　　安全人机工程学的研究方法与人机工程学的研究方法基本相同，但是主要侧重于从适合人的安全性特征去研究人机界面。

### 1.3.1 安全人机工程学的定义

安全人机工程学（Safety Ergonomics）是从安全的角度研究人与机的关系的一门学科，其立足点放在安全上面，以对在活动过程中的人实行保护为目的，主要阐述人与机保持什么样的关系，才能保证人的安全。也就是说，在实现一定的生产效率的同时，如何最大限度地保障人的安全健康与舒适愉快。这主要是从活动者的生理、心理、生物力学的需要与可能等诸因素，去着重研究人从事生产或其他活动过程中实现一定活动效率的同时最大限度地免受外界因素影响的作用机理和预防，与为消除危害的标准与方法提供科学依据，从而达到实现安全健康的愿望的目的，确保人类能在舒适愉快的条件与环境中从事各项活动。

安全人机工程学可定义为：从安全的角度，运用人机工程学的原理和方法去解决人机结合面的安全问题的一门学科。

安全人机工程学作为人机工程学的一个应用学科的分支，以安全为目标、以工效为条件，与以安全为前提、以工效为目标的工效人机工程学并驾齐驱，并成为安全工程学的一个重要分支学科。

### 1.3.2 安全人机工程学的研究对象

在任何一个人类活动场所，总是包括人和机（此处的机是广义的，即物）两大部分。这两种性质截然不同的要素——人与机，彼此之间存在着物质、能量和信息不停地交换（即输入、输出）和处理上的本质差异。而人机结合面起着人机间沟通的作用，发挥人与机各自的功能，提高系统的效率，保证系统的安全。因此，人机系统是一个有机的整体，这个整体包括人、机、人机结合面（图1.3）。

图1.3显示，人（Man）是指活动的人体，即安全主体，人应该始终是有意识、有目的地操纵物（机器、物质）和控制环境的，同时又接受其反作用。不管机械化和自动化的成就有多大，不

图1.3 人机关系示意图

管人使用的能源是多么新颖和充裕，也不管使用什么信息传递系统，不管过去、现在，还是将来，人总归是人与复杂的外界之间相互作用链条上起决定的一环；人也应该是他所创造的并为他自己服务的任何系统的安全主导；其自身依靠的科学基础都需要借用生理学、心理学、人体生物力学、解剖学、卫生学、人类逻辑学、社会学等人体科学的研究成果。

机（Machine）是广义的，它包括劳动工具、机器（设备）、劳动手段和环境条件、原材料、工艺流程等所有与人相关的物质因素。机应是执行人的安全意志，服从于人，其基础需要由安全设备工程学中的安全机电工程学、卫生设备工程学和环境工程学等学科开展研究。

人机结合面（Man Machine Interface），就是人和机在信息交换和功能上接触或互相影响的领域（或称"界面"），即指人与机器间能够相互施加影响的区域，也是用户与机器相互

传递信息的媒介，最典型的就是信息的输入与输出。人通过感觉器官（眼、耳、鼻、舌、身）接受外界的信息、物质和能量，又通过人的执行器官（手、脚、口、身）向外界传递人发出的信息、物质与能量。因此，可以认为，机具及环境等凡是参与这两个过程的一切领域均属于人机结合面（人机界面）。

此处所说人机结合面、信息交换、功能接触或互相影响，不仅指人与机器的硬接触（即一般意义上的人机界面或人机接口），而且包括人与机的软接触，此结合面不仅包括点、线、面的直接接触，还包括远距离的信息传递与控制的作用空间。人机结合面是人机系统中的中心环节，主要由安全工程学的分支学科即安全人机工程学研究和提出解决的依据，并通过安全设备工程学、安全管理工程学以及安全系统工程学研究具体的解决方法、手段、措施。

由以上分析可以看出，安全人机工程学主要是从安全的角度和以人机工程学中的安全为着眼点进行研究，其研究对象是人、机和人机结合面3个因素。

### 1.3.3 安全人机工程学的研究内容

1）研究人机系统中人的各种特性，包括人体形态特征参数、人的生物力学特性、人的感知特性、人的反应特性、人在劳动中的心理特征等。

2）研究人机功能分配。分配要根据两者各自的特征，发挥各自的优势，达到高效、安全、舒适、健康的目的。

3）研究各类人机界面。研究不同人机界面的特征以及安全标准的依据，研究不同人机界面中各种显示器、控制器等信息传递装置的安全性设计准则和标准。

4）研究工作场所和作业环境。研究工作场所布局的安全性准则，研究如何将影响人的健康安全及工效的环境因素控制在规定的标准范围之内，使环境条件符合人的生理和心理要求，创造安全的条件。

5）研究安全装置。许多设备都有"危险区"，若无安全装置、屏障、隔板、外壳将"危险区"与人体隔开，便可能对人产生伤害。因此，设计可靠的安全装置，是安全人机工程学的任务之一。

6）研究人员选拔问题。研究如何依据人机关系的协调性需求选择合适的操作者的方法。

7）研究人机系统的可靠性，保证人机系统的安全。其主要研究人因事故的预防和人误的控制。

8）研究人机系统总体安全性设计准则和方法以及安全性评价体系和方法。

### 1.3.4 安全人机工程学的研究目的

人的活动效率和人的安全是同一事物运动变化过程中两个不同侧面的要求，既要求活动时耗费最少的能量来获取最大的成果，同时要求在安全、舒适、健康（健康应包括躯体与精神两个方面的内容及其综合）、愉快的环境下进行生产劳动或其他活动。

原始时期，人的体力是唯一的动力，后来利用风力、水力、牲畜作动力，发展到利用热能、机械能、电能、光能、化学能、核能、太阳能、生物能等作动力。现代的机器有的起着动力的作用，有的担负着一系列过去只有人才能完成的工作，如复杂的运算、自动控制、逻辑推理和图像识别、信息储存、故障诊断等。它把人从简单的劳动中解放出来，去执行更多、更复杂的任务。新的、高效能的机器或设备，当其结构不适应人的生理和心理特征及人体生物力学要求时，既不能保证安全，也得不到应有的效益，甚至不得不放弃使用。可见，机的效能不但取决于它本身的有效系数、生产率和可靠性等，还取决于是否适应人的操作要求。而适应人的操作要求，又要取决于机的信息传递方式和操纵装置的布局等。因此，通过信息显示器、操纵器和控制装置把人和机连接成一个系统、一个整体，它们都是人机系统中不可缺少的环节，是人与机连通的桥梁。在任何一个人类活动的场所，总是包含着人和机以及围绕着人和机器的关系及其环境条件，是一个综合体。

安全人机工程学主要研究目的是：对上述综合体建立合理的方案，更好地在人机之间合理地分配功能，使人和机有机结合，最大限度地为人提供安全、卫生和舒适的环境，达到保障人的健康并能愉快地进行生产活动等目的，同时带来活动效率的提高。

## 1.4 安全人机工程学与相关学科的关系

安全人机工程学作为安全工程学的重要分支学科和人机工程学的一个应用学科，其性质是跨门类、多学科的交叉科学，它处于许多学科和专业技术的接合部位，除了是安全工程学学科的组成部分外，还与人体的生理学、心理学、生物力学、解剖学、测量学、管理学、色彩学、信息论、控制论、系统论、耗散结构理论、协同论、突变论以及科学学等学科等有密切关系。因此，它属于自然科学与社会科学共同研究的综合科学课题。

### 1.4.1 与工效人机工程学的关系

人机工程学被分解为安全人机工程学和工效人机工程学两个不同方向上的应用学科。它们的区别是：安全人机工程学是从安全的角度和以人机工程学中的安全为着眼点，侧重于人体的健康、安全与卫生，立足于人机结合面，在最大限度保障人的安全健康与舒适愉快（即要求机适合人）的前提下保证工作效率；而工效人机工程学则是从工作效率的角度和着眼点侧重于用人保证机的作用，立足于设备的效应，在最大限度地发挥设备效应以提高工作效率的前提下，保证活动者必要的安全卫生条件和活动环境。所以，两者均属人机工程学不同方向上的应用学科。

### 1.4.2 与安全心理学的关系

安全心理学是心理学的应用学科之一，是安全人机工程学的主要理论基础之一。它所研究的对象是人机系统中人的精神作用这一环节，重点研究人在活动过程中的生理心理和社会心理活动，研究由此引起人在信息的接受、储存、加工、传递、处理等方面对实现安全的影响，以及在此基础上的决策和执行决定等问题。安全人机工程学则是在综合各门学科知识的基础上全面考虑"人的因素",从而对人机系统的安全设计、使用、监督、分析、评定提供全面的宜人依据。因此安全心理学研究的所有内容均对安全人机工程学产生影响,因此从一定的意义上说,安全人机工程学是安全心理学的延伸和扩展,两者有不可分割的联系。

### 1.4.3 与人体测量学及生物力学的关系

人体测量学是根据人体静态和动态尺寸(如人体身高,上下肢的长度,坐姿时肢体运动的角度和尺寸等)的测量资料,为人机系统的设备设计和工作空间布置提供科学依据,同样是安全人机系统设计的科学依据之一。

人体生物力学是侧重研究人体这个生物系统运动规律的学科。它研究人体各部分的力量、活动范围和速度,人体组织对不同力量的阻力,人体各部分的重量、重心变化以及做动作时的惯性等问题;对人体的作用,保持在人的承受范围之内,既不超出安全阈值,又尽量避免做无用功,使人能有效地做功,提高劳动效率,减少疲劳,保障人类活动的安全。例如,对使用操纵机构时用力大小、动作轨迹、动作平稳程度以及人体各部分运动的方向等进行研究;对确定结构上允许用力程度进行研究,从而决定对操纵结构的类型等方面的要求,为人机系统的安全提供必要的保证。

### 1.4.4 与安全工程学的关系

1985年5月,中国劳动保护科学技术学会召开全国劳动保护科学体系第二次学术会议,会上首次提出并论证了安全科学学科理论、安全科学技术体系结构和安全人机工程学学科属性及其与安全工程学的关系。

如图1.4所示,安全人机工程学(代表安全人体工程学)是实现安全工程学的科学依据和最活跃的人的作用因素;安全设备工程学是实现安全工程学的物质条件;安全管理工程学(代表安全社会工程学及其安全管理、经济、教育、法规等分支)是实现安全工程学的"人与物关系"的组织手段;安全系统工程学(含运筹、信息、控制)是实现整个安全工程学内在联系的方法论。4个子系统之间存在相互交叉、渗透、影响、制约和互补的关系。

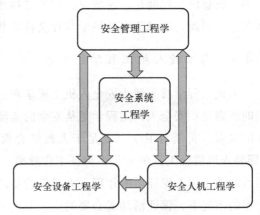

图1.4 安全人机工程学与其他学科的相关性

安全人机工程学的任务是为工程技术设计者提供人体的数据与要求,包括人体的安全阈值(不致伤害的高低限度和环境要求);人体的允许范围(不影响工作的效率)即各种承受能力;人体的舒适范围(最佳状态);各种安全防护设施必须适合于人使用的各种要求等。以这些数据和要求指导工程技术人员进行具体工程设计,从而在实现生产效率的同时确保劳动者的安全。也就是说,它是直接为工程技术服务的理论依据。因此,安全人机工程学在安全科学技术体系中属于安全科学的技术科学层次，即安全工程学中的分支学科；它的研究内容基本上属于人体科学的应用科学范畴，而安全系统工程学则属于系统科学中的系统工程学的应用科学范畴。

## 1.4.5 与人体生理学及环境科学的关系

许多安全人机工程学的问题，如研究人的工作负荷、作业方法和姿势，若要深入探究其原理与机制，就需要从人体解剖特点和人体生理过程进行分析，需要对人体机体结构、肌肉疲劳、能量消耗等方面进行分析。在职业病研究中，涉及劳动强度、工作制度、机器设计及工作环境等方面的问题，而这些问题的深入探讨都会从生理学、医学等方面进行。因此，生理学、卫生学、医学等研究人体各方面的机理、机能和效率，以及各种环境对人体的实际影响，这些均是安全人机工程学的基础依据。安全人机工程学还经常运用它们的研究成果来提高人机结合面的质量，以便创造良好的工作环境和保证人体正常的生理、心理活动，从而达到保障人的身心安全和保证人机系统的工作效率的目的。

环境科学主要研究环境指标的测量、分析和评价，环境对人的生理及心理影响，恶劣环境条件下职业危害、职业病的形成机理及控制措施，环境的设计与改善等。环境科学所研究的这些内容为安全人机工程学进行环境设计与改善，创造适宜的作业环境和条件提供了方法和标准。

## 1.4.6 与其他工程技术科学的关系

工程技术科学是研究工程技术设计的具体内容和方法，而安全人机工程学要研究的不是这些设计中的具体技术问题，而是工程设计应满足何种条件才能适合于人的使用和避免危害的问题，并从这个角度出发，向设计人员提供必要的安全参数和要求，从而制定安全卫生标准，使工程设计更加合理，更适合人的生理和心理以及生物力学的要求。

因此，安全人机工程学作为一门新兴学科，与许多邻近学科既有密切联系，又有它独特的理论体系、研究方法和具体内容。

## 复 习 题

1.1 人机关系随社会的发展有很大的变化，请举例说明其变化及其特点。

1.2 经验人机工程学中的三大著名试验是什么？

1.3 人机工程学的研究方法有哪些？

1.4 安全人机工程学的定义是什么？安全人机工程学的研究对象是什么？

1.5 安全人机工程学的研究内容主要有哪些？

1.6 安全人机工程学的研究目的是什么？

1.7 如何理解安全人机工程学与工效人机工程学的关系？

1.8 举例分析你所熟悉的一个人机系统的人、机及其结合面。

1.9 请说明安全人机工程学在安全工程学中所处的地位与作用。

1.10 研讨：说出身边事物在安全人机工程学设计方面的合理与不当分析（举实例说明）。

# 2 第2章 人体形态测量与应用

【本章学习目标】

1. 掌握人体测量的基本术语；掌握人体测量数据常用的统计函数及统计数据的处理方法；掌握百分位数值的计算方法及数据所属的百分位数的计算方法。

2. 理解我国人体数据的分布特征以及人体尺寸差异的影响因素；理解人体测量数据的应用原则与方法。

3. 了解人体测量有关参数以及人体测量参数存在差异的原因；了解测量数据的概率分布特征。

为了使各种与人有关的机械、设备等能够在安全的前提下高效地工作，实现人-机优势的最优结合，并在使用时使人处于安全、舒适的状态和无害、宜人的环境之中，设计必须充分考虑人体的各种人机学参数。为此，需要了解人体测量的有关知识，使各种与人体尺寸有关的设计符合人的生理特点、形态和功能范围限度，使人在使用设备时处于舒适的状态和适宜的环境之中，进而保证人的作业安全。

## 2.1 人体测量的基本知识

人体测量所涉及的是一个特定的群体而非个人，选择样本必须考虑有代表性的群体，测量的结果要经过数理统计处理，以反映该群体的形体特征与差异程度，它通过测量人体各部位尺寸来确定个体之间和群体之间在人体尺寸上的差别，研究人的形体特征，从而为各种安全设计、工业设计和工程设计提供人体测量数据。例如，各种操作装置都应设在人的肢体活动所能及的范围内，其高度必须与人体相应部位的尺寸相适应，而且其布置应尽可能设计在人操作方便、反应最灵活的范围内。其目的是提高设计对象的宜人性，让使用者能够安全、健康、舒适地工作，从而减少人体的疲劳和误操作，提高整个人机系统的安全性和效能。

人体的形体测量包括对人体的基本尺度、体型（包括廓径）、体表面积、体积和重量等进行的测量。形体测量是以检测人体静止形体为主的一种测量方式。

## 2.1.1 人体尺寸测量分类

### 1. 静态人体尺寸测量

静止的人体可采取不同的姿势，统称静态姿势，包括立姿、坐姿、跪姿和卧姿 4 种基本形态。静态测量的人体尺寸可以用于设计工作区间的大小。

### 2. 动态人体尺寸测量

动态人体尺寸是以人的生活行动和作业空间为测量依据的，它包括人的自我活动空间和人机系统的组合空间。动态人体尺寸分为四肢活动尺寸和身体移动尺寸两类。动态人体尺寸重点是测量人在实施某种活动时的姿态特征，具有连贯性和活动性。

## 2.1.2 人体测量的基本术语

《用于技术设计的人体测量基础项目》（GB/T 5703—2023）给出了用于人体测量数据库建设和不同人群间人体测量数据比对的人体测量基础项目，指导如何获取人体测量数据，确保不同团体组织之间人体测量的一致性和测量结果的可比性。

### 1. 被测者姿势

（1）立姿

被测者身体挺直，头部以法兰克福平面（即眼耳平面，当头的正中矢状面保持垂直时，两耳屏点和右眼眶下点所构成的标准水平面）定位，眼睛平视前方，肩部放松，上肢自然下垂，手伸直，手掌朝向体侧，手指轻贴大腿外侧，自然伸直膝部，左、右足后跟并拢，前端分开，使两足大致呈 45°角，体重均匀分布于两足。

（2）坐姿

被测者躯干挺直，头部以法兰克福平面定位，眼睛平视前方，膝弯曲大致成直角，双足平放在地面上，可以通过可调节足部平台或一系列不同厚度脚垫组合来让大腿保持水平。立姿与坐姿如图 2.1 所示。

### 2. 测量基准面

人体测量的基准面是由三个互相垂直的基准轴（铅垂轴、纵轴和横轴）决定的，测量基准面包括矢状面、冠状面、水平面等。人体测量的基准轴和基准面如图 2.2 所示。

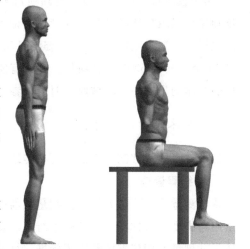

图 2.1　立姿与坐姿

（1）矢状面

通过铅垂轴和纵轴的平面以及与其平行的所有平面都称为矢状面。在矢状面中，把通过人体正中线的矢状面称为正中矢状面。正中矢状面将人体分为左、右对称的两个部分。

（2）冠状面

通过铅垂轴和横轴的平面及与其平行的所有平面都称为冠状面。冠状面将人体分成前、后两个部分。

（3）水平面

与矢状面及冠状面同时垂直的所有平面都成为水平面。水平面将人体分成上、下两个部分。

**3. 测量方向**

1）在人体上、下方向上，上方称为颅侧，远离头部朝向尾部的方向称为尾侧。

2）在人体左、右方向上，将靠近正中矢状面的方向称为内侧，将远离正中矢状面的方向称为外侧。

3）在四肢上，将靠近四肢附着部位的称为近位，将远离四肢附着部位的称为远位。

4）对于上肢，将桡骨侧称为桡侧，将尺骨侧称为尺侧。

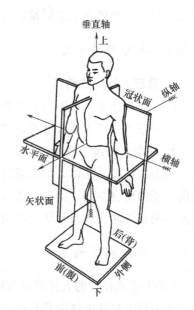

图 2.2　人体测量基准轴和基准面

5）对于下肢，将胫骨侧称为胫侧，将腓骨侧称为腓侧。

**4. 测量的条件**

1）对被测者的衣着要求。测量时，被测者应裸体或尽可能少着装，且免冠赤脚。

2）对测量支撑面的要求。站立面（地面）、平台或坐面应平坦、水平且不变形。

**5. 标记点及测量项目**

《用于技术设计的人体测量基础项目》给出 21 个骨性标记点的位置定义实体图，可进一步确保标准用户能准确掌握各骨性标记点在身体上的具体位置；给出 4 个人体测量基础项目，包括立姿测量项目 12 个、坐姿测量项目 16 个、特定部位的测量项目 20 个和功能测量项目 14 个，共计 62 个测量项目，并附有实体图，可进一步确保标准用户能准确掌握各测量项目的具体测量方法。具体测量时可以参阅该标准。

## 2.1.3　人体尺寸测量方法

目前，人体尺寸测量方法主要有传统测量法和三维人体扫描法。

**1. 传统测量法**

传统测量法主要是利用人体测量仪器测量，包括人体测高仪、人体测量用直角规、人体测量用弯脚规、人体测量用三脚平行规、量足仪、角度计、软卷尺以及医用磅秤等。我国对人体尺寸测量专用仪器已制定了标准，详见《人体测量仪器》（GB/T 5704—2008）；通用的人体测量仪器可采用一般的人体生理测量的有关仪器。《用于技术设计的人体测量基础项目》规定了各种测量项目的具体测量方法。

【人体测量实验】

依据《用于技术设计的人体测量基础项目》中规定的人体测量方法，测量人体的主要尺寸包括：身高、眼高、肩高、体重、上臂长、前臂长、大腿长、小腿长，测量人体坐姿的主要尺寸包括：坐高、坐姿颈椎点高、坐姿眼高、坐姿肩高、坐姿肘高、坐姿大腿厚、坐姿膝高、小腿加足高、坐深、臀膝距、坐姿下肢长。通过以上测量尺寸，可以依据作业环境，设计符合人机工程学要求的桌椅尺寸等。

**2. 三维人体扫描法**

随着人体测量技术的发展，人体尺寸测量的方法从接触式的传统人体尺寸测量发展为非接触式摄像法，由二维的摄像法发展为三维人体扫描法，并向自动测量和利用计算机测量处理和分析数据进一步发展。非接触式三维测量已成为现代人体测量技术的主要方法。

三维人体扫描以现代光学为基础，融合光电子学、计算机图形学及信息处理技术、机械技术、电子技术、计算机视觉技术、软件应用技术和传感技术等于一体，利用人体图像从中提取有用的数据信息。常用的三维人体扫描方法有激光测量法、白光相位法、红外线测量法等。目前，中国标准化研究院人类工效学实验室采用先进的三维人体扫描技术，依据科学的抽样方法和统一的测量规程开展了全国范围内的三维人体尺寸测量。三维人体扫描具备以下优势：

1）测量数据更详细。例如，在测量头部尺寸时除以往的头部周长数据之外，通过三维扫描可获得头部的完整形状，更详细的三维数据可辅助头盔、帽子等的设计。

2）测量不受衣物颜色的影响，测量精度更高，完整的人体扫描精度可以达到 1mm 以下。

3）测量数据种类可随时增加。以往传统的人体尺寸测量不能扩充项目数据，如果需要增加数据，需要重新测量数万样本，成本极高。而三维人体扫描法的数据库存储有大量人体的三维模型，任何部位的测量数据可随时调取。

4）测量效率显著升高。三维人体扫描包括准备时间在内可以在 10min 以内完成对人体尺寸的全部扫描测量，显著提高了测量效率。

## 2.2　人体测量数据常用的统计函数与数据处理

由于群体中个体与个体之间存在差异，例如，同一尺寸的手机使用起来，可能对有的人很合适，而有的人则偏大或偏小。一般来说，某一个体的测量尺寸不能作为设计的依据。为使产品能适合于某一群体使用，设计中需要的是一个群体的尺寸数据。然而，人体测量所得到的测量值都是离散的随机变量，全面测量群体中每一个体的尺寸又是不现实的，因而可根据概率论与数理统计理论对人体测量数据进行分析，从而获得所需群体尺寸的统计规律和特征参数，即通过测量群体中较少量个体的尺寸，经数据处理后而获得该群体较为精确的尺寸数据。

人体测量中最为常用的有均值、加权平均数、方差和标准差、中位数与百分位数、抽样误差等统计参数。

## 2.2.1 均值

均值（Mean）也称为平均数，是指全部被测数值相加后除以数据个数得到的结果。均值是集中趋势的最主要测度值，一般用均值来决定基本尺寸。它是测量值分布最集中区，也是代表一个被测群体区别于其他群体的独有特征。根据所掌握数据的不同，均值有不同的计算形式和计算公式。

**1. 简单平均数**

没有经过分组数据计算的平均数称为简单平均数（Simple Mean）。设一组样本数据为 $x_1$，$x_2$，$\cdots$，$x_n$，样本量（样本数据的个数）为 $n$，则简单样本平均数用 $\bar{x}$ 表示，计算公式如下：

$$\bar{x} = \frac{x_1 + x_2 + \cdots + x_n}{n} = \frac{1}{n} \sum_{i=1}^{n} x_i \tag{2.1}$$

**2. 加权平均数**

根据分组数据计算的平均数称为加权平均数（Weighted Mean）。设原始数据被分为 $k$ 组，各组的组中值分别为 $M_1$，$M_2$，$\cdots$，$M_k$，各组变量值出现的频数分别为 $f_1$，$f_2$，$\cdots$，$f_k$，则样本加权平均数 $\bar{x}$ 的计算公式如下：

$$\bar{x} = \frac{M_1 f_1 + M_2 f_2 + \cdots + M_k f_k}{f_1 + f_2 + \cdots + f_k} = \frac{\sum_{i=1}^{n} M_i f_i}{n} \tag{2.2}$$

## 2.2.2 方差和标准差

方差（Variance）是各变量值与其平均数离差平方和的平均数。它在数学处理上是通过平方的办法消除离差的正负号，然后进行平均。方差的平方根称为标准差（Standard Deviation，$s_D$）。方差（或标准差）能够较好地反映数据的离散程度，因而方差（或标准差）是实际中应用最广的离散程度测度值。方差的数值越小，表示离散程度越小，数据分布越集中，图形越尖。

设样本方差为 $s^2$，根据未分组数据和分组数据计算样本方差的公式分别如下：

未分组数据：
$$s^2 = \frac{\sum_{i=1}^{n} (x_i - \bar{x})^2}{n-1} \tag{2.3}$$

分组数据：
$$s^2 = \frac{\sum_{i=1}^{k} (M_i - \bar{x})^2 f_i}{n-1} \tag{2.4}$$

样本方差是用样本数据个数减1后去除离差平方和，其中，样本个数减1即 $n-1$ 称为自由度（Degree of Freedom）。

方差开方后即得到标准差。与方差不同的是，标准差是有量纲的，它与变量值的计量单位相同，其实际意义要比方差清楚。因此，在对实际问题进行分析时更多地使用标准差。标准差 $s_D$ 的计算公式分别如下：

未分组数据：
$$s_D = \sqrt{\dfrac{\sum\limits_{i=1}^{n}(x_i - \bar{x})^2}{n-1}} \tag{2.5}$$

分组数据：
$$s_D = \sqrt{\dfrac{\sum\limits_{i=1}^{k}(M_i - \bar{x})^2 f_i}{n-1}} \tag{2.6}$$

### 2.2.3　中位数与百分位数

**1. 中位数**

中位数（Median）是一组数据按顺序排序后处于中间位置上的变量值，用 $m$ 表示。显然，中位数将全部数据分成两部分，每部分各包含 50% 的数据，其中，一部分数据比中位数大，另一部分则比中位数小。中位数主要用于测度顺序数据的集中趋势，当然也适用于测度数值型数据的集中趋势。

根据未分组数据计算中位数时，要先对数据进行排序，然后确定中位数的位置，最后确定中位数的具体数值。中位数位置确定如下：

$$中位数位置 = \frac{n+1}{2} \tag{2.7}$$

式中　$n$——数据个数。

设一组数据为 $x_1$，$x_2$，$\cdots$，$x_n$，按从小到大的顺序排序后为 $x_{(1)}$，$x_{(2)}$，$\cdots$，$x_{(n)}$，则中位数数值确定如下：

$$m = \begin{cases} x_{\left(\frac{n+1}{2}\right)}, & n \text{ 为奇数} \\[2mm] \dfrac{1}{2}\left[ x_{\left(\frac{n}{2}\right)} + x_{\left(\frac{n+1}{2}\right)} \right], & n \text{ 为偶数} \end{cases} \tag{2.8}$$

与中位数类似的还有四分位数（Quartile）、十分位数（Decile）和百分位数（Percentile）。它们分别为用 3 个点、9 个点和 99 个点将数据 4 等分、10 等分、100 等分后各分位点上的值。在人体数据的分析中，百分位数最为常用，因而此处只介绍百分位数的计算。

**2. 百分位数**

百分位数是一种表示数据离散趋势的统计量。人体测量数据可大致视为服从正态分布。其中，百分位表示具有某一人体尺寸和小于该尺寸的人占统计对象总人数的百分比，称为"第几百分位"。百分位数就是百分位所对应的数值，一个百分位数将群体或样本的全部测量值分成两部分，$a\%$ 的测量值不大于它，而其余的 $(100-a)\%$ 的测量值大于它。

最常用的有 $P_5$、$P_{50}$、$P_{95}$ 三个百分位数。其中，$P_5$ 被称为小百分位数，$P_{95}$ 被称为大百分位数，$P_{50}$就是均值，代表中百分位数。

正态分布曲线上，从-∞（或+∞）~$a$，或两个百分位$a_1$~$a_2$的区域，称为适应度。适应度反映的是设计所能适应的人体尺寸的分布范围，即所设计的产品在尺寸上能满足多少人使用，通常以百分率表示。例如，适应度90%是指设计适应90%的人群范围，而对5%身材矮小和5%身材高大的人则不能适应。

以身高为例，根据《中国成年人人体尺寸》（GB 10000—2023），我国18~70岁成年男性身高第5百分位数为1578mm，它表示这一年龄组男性成人中身高小于或等于1578mm者占5%，大于此值的人占95%；第95百分位数为1800mm，它表示这一年龄组男性成人中身高小于或等于1800mm者占95%，大于此值的人只占5%。

人体尺寸基本符合正态分布曲线。以我国东北华北区18~70岁男性身高为例，把人体身高的测量值从小到大排列作为横坐标，把各测量值的相对频数作为纵坐标，可得到如图2.3所示的人体身高分布和适应域。图2.3中给出的是一个典型的正态分布曲线，它在横坐标轴上覆盖的总面积为100%，从-∞到某一横坐标值上的曲线面积为5%（第5百分位）时，把该横坐标轴值称为5%值（第5百分位数）。同理，从-∞到某横坐标值上的曲线面积为50%和95%时，则把该横坐标轴值称为50%值（第50百分位数）和95%值（第95百分位数）。

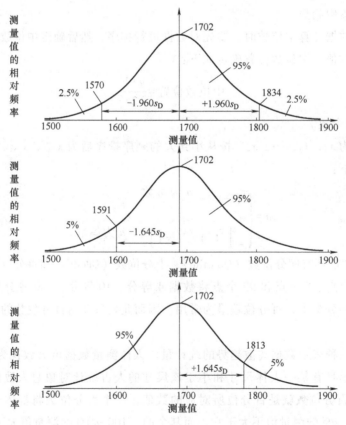

图2.3 我国东北华北区18~70岁男性身高分布和适应域（单位：mm）

近年来普遍采用百分位数来表示描述人体尺寸的分布情况。人机工程学中可以根据均值和标准差来计算某个百分位数人体尺寸 $P_k$。

对于正态分布的数据，其标准差与百分位数换算方法如下：

1%～50%的数据：

$$P_k = \bar{x} - s_D K \tag{2.9}$$

50%～99%的数据：

$$P_k = \bar{x} + s_D K \tag{2.10}$$

式中　$P_k$——百分位数；

　　　$K$——变换系数，见表 2.1。

表 2.1　变换系数 $K$

| 百分位 | $K$ | 百分位 | $K$ |
|---|---|---|---|
| 0.5 | 2.576 | 99.5 | 2.576 |
| 1 | 2.326 | 99 | 2.326 |
| 5 | 1.645 | 95 | 1.645 |
| 10 | 1.282 | 90 | 1.282 |
| 15 | 1.036 | 85 | 1.036 |
| 20 | 0.842 | 80 | 0.842 |
| 25 | 0.674 | 75 | 0.674 |
| 30 | 0.524 | 70 | 0.524 |
| 50 | 0.000 | | |

【例 2.1】　已知我国东北华北区男性身高的均值 $\bar{x}$ 为 1702mm，标准差为 67.3mm。求男性身高的第 90 百分位数。

**解**：由表 2.1 查到，第 90 百分位的变换系数 $K = 1.282$

$$P_{90} = \bar{x} + s_D K = (1702 + 67.3 \times 1.282)\text{mm} = 1788\text{mm}$$

**答**：有 90%的男性身高小于或等于 1788mm。

【例 2.2】　已知我国东北华北区男性身高的均值 $\bar{x}$ 为 1702mm，标准差为 67.3mm。求身高不超过 1620mm 的人所占百分率。

**解**：

$$Z = \frac{\bar{x} - x_i}{s_D} = \frac{1702 - 1620}{67.3} = 1.218$$

查标准正态分布函数表（附录）：

$Z = 1.21$ 时，$P_{1.21} = 0.8869$；$Z = 1.22$ 时，$P_{1.22} = 0.8888$。

通过插值法计算得 $P_{1.218} \approx 0.8884$

故 $P_{-0.8884} = 1 - P_{1.218} = 1 - 0.8884 = 11.16\%$。

说明我国东北华北区有 11.16% 左右的男性身高小于等于 1620mm，即东北华北区身高不超过 1620mm 的男性约占 11.16%。

**【例 2.3】** 我国东北华北区男性身高平均值 $\bar{x}$ 为 1702mm，标准差 $s_D = 67.3$mm。设计适用于 90% 东北、华北男性使用的产品，应按怎样的身高范围设计该产品尺寸？

**解：** 要求产品适用于 90% 的人，因此应以第 5 百分位和第 95 百分位确定尺寸的界限值，由表 2.1 查得变换系数 $K = 1.645$。

第 5 百分位数：

$$P_5 = (1702 - 67.3 \times 1.645)\,\text{mm} = 1591\,\text{mm}$$

第 95 百分位数：

$$P_{95} = (1702 + 67.3 \times 1.645)\,\text{mm} = 1813\,\text{mm}$$

结论：按身高 1591~1813mm 设计产品尺寸，将适合于 90% 的东北华北区男性。

由于人体测量尺寸的分布只是接近于正态分布，所以按公式计算所得的结果与实际测量值会存在一定的误差。

## 2.2.4 抽样误差

抽样误差（Sampling Error）是由抽样的随机性引起的样本结果与总体真值之间的误差。在概率抽样中，依据随机原则抽取样本，可能抽中由这样一些单位组成的样本，也可能抽中由另外一些单位组成的样本。根据不同的样本，可以得到不同的观测结果。例如，检验一批安全阀的非优质品率，随机抽出一个样本，样本由若干个产品组成，通过检测得到非优质品率为 30%。如果再抽取一个产品数量相同的样本，检测的结果不太可能是 30%，有可能是 29%，也有可能是 31%。不同样本会得到不同的结果。但是，总体真实的结果只能有一个，尽管这个真实的结果并不确定。不过可以推测，虽然不同的样本会带来不同的答案，但这些不同的答案应该在总体真值附近。如果不断地增大样本量，不同的答案也会向总体真值逼近。事实也正是如此，如果这批产品的数量非常大，而不得不采用抽样的办法检查其质量，又假设样本由随机抽取出的 1000 个零件组成，经过多次抽样，得到多个不同样本的检测结果，就会发现这些结果的分布是有规律的。例如，如果总体真正的非优质品率是 30%，那么，大部分的样本结果（如反复抽样中 95% 的样本结果）会落在 27.2%~32.8% 内。以总体的真值 30% 为中心，有 95% 的样本（100 个样本中，大约有 95 个样本）结果在 ±2.8% 的误差范围内波动，也就是 30%-2.8% = 27.2%，30%+2.8% = 32.8%。这个 ±2.8% 的误差是由抽样的随机性带来的，这种误差称为抽样误差。

抽样误差描述的是所有样本可能的结果与总体真值之间的平均差异。抽样误差的大小与多方面因素有关。最明显的是样本量的大小，样本量越大，抽样误差就越小。当样本量大到与总体单位相同时，也就是抽样调查变成普查，这时抽样误差便减小到零，因为这时已经不存在样本选择的随机性问题，每个单位都需要接受调查。抽样误差的大小还与总体的变异性有关。总体的变异性越大，即各单位之间的差异越大，抽样误差也就越大，因为有可能抽中特别大或特别小的样本单位，从而使样本结果偏大或偏小；反之，总体的变异性越小，各单位之间越相似，抽样误差也就越小。如果所有的单位完全一样，调查一个就可以精确无误地推断总体，抽样误差也就不存在了。现实中，这种情况也是不存在的，否则，对这样的总体也就不用进行专门的抽样调查了。

当样本数据的标准差为 $s_D$，样本容量为 $N$ 时，则抽样误差确定如下：

$$S_{\bar{x}} = \frac{s_D}{\sqrt{N}} \tag{2.11}$$

### 2.2.5 人体测量数据的统计处理

根据数理统计有关知识，把针对样本测量获得的数据进行统计分析，就可以得到用于设计的群体数据。人体测量数据的统计处理的步骤介绍如下。

**1. 数据分组**

首先确定组距，然后根据组距确定分组个数。组距是指所有测量值中最大值与最小值之差。组距的大小必须恰当，组距过大，将导致分组数目较少，从而影响计算的准确性；组距过小，将导致分组过多，使得计算量增加。在人体测量中，青壮年的测量数据分组组距参考值见表 2.2。

表 2.2 组距参考值

| 项目 | 身高/mm | 立姿眼高/mm | 胸围/mm | 椅高/mm | 体重/kg | 握力/kgf | 拉力/kgf |
|------|---------|-------------|---------|---------|---------|----------|----------|
| 组距 | 20 | 15 | 20 | 5 | 2 | 3 | 5 |

分组个数可以依据下式确定：

$$n = \frac{全距}{组距} \tag{2.12}$$

应当注意，若由式（2.12）计算得到的 $n$ 带有小数时，则实际分组个数应向下取整后加 1，即：$n' = [n] + 1$。

**2. 作频数分布图**

将各测量值归入相应的组内，并作直方图。某组的概率是指该组的频数与总频数之比，即组受测人数与总受测人数之比。概率高表示纳入的被测人数多，反之则少。因此，在进行安全人机工程设计时，应把概率高者作为依据，而把概率低者作为调整参数。这样就可以保证产品在有限条件下得到更广泛的适用范围。

**3. 确定假定平均数**

假定平均数可选任意一组的上限与下限除以 2 而得，即该组的组中值。这是为了计算方便而预先设定的平均数。从理论上讲，确定假定平均数选哪一组都可以，对测量指标均无影响。通常选取与真实平均数接近的一组计算比较简便，因此可选择频数较大的那一组的组中值作为假定平均数。

#### 4. 计算离均差

离均差是表示各组与假定平均数的差数：

$$x = \frac{G_i - G_0}{b} \tag{2.13}$$

式中　$x$——离均差；

　　$G_i$——各组的中值；

　　$G_0$——假定平均数；

　　$b$——组距；

　　$i$——组号，$i = 1, 2, \cdots, n$。

假定平均数所在组的离均差为零，比较各组，较其小者为 $-1$，$-2$，$\cdots$；较其大者为 $1$，$2$，$\cdots$即可。

#### 5. 计算并列表

计算平均值 $\bar{x}$，标准差 $s_D$ 以及抽样误差 $s_{\bar{x}}$，所用到的计算公式如下：

$$\bar{x} = G_0 + \frac{b \sum fx}{N} \tag{2.14}$$

$$s_D = b \sqrt{\frac{\sum fx^2}{N} - \left( \frac{\sum fx}{N} \right)^2} \tag{2.15}$$

$$s_{\bar{x}} = \frac{s_D}{\sqrt{N}} \tag{2.16}$$

式中　$\bar{x}$——平均值；

　　$s_D$——标准差；

　　$s_{\bar{x}}$——抽样误差；

　　$N$——总频数（样本容量）；

　　$f$——各组频数。

【例 2-4】　已测得 200 名 20 岁男性拖拉机驾驶员的身高数值（最高值为 1795mm，最低值为 1540mm），其频数分布见表 2.3（或图 2.4）。试计算其平均数、标准差、标准误、5% 值和 95% 值。

表 2.3　200 名 20 岁男性拖拉机驾驶员的身高测量值指标

| 测量值/mm | 频数 $f$ | 离均差 $x$ | $fx$ | $fx^2$ |
|---|---|---|---|---|
| 1540~1560 | 4 | -6 | -24 | 144 |
| 1560~1580 | 10 | -5 | -50 | 250 |
| 1580~1600 | 15 | -4 | -60 | 240 |
| 1600~1620 | 19 | -3 | -57 | 171 |
| 1620~1640 | 20 | -2 | -40 | 80 |

（续）

| 测量值/mm | 频数 $f$ | 离均差 $x$ | $fx$ | $fx^2$ |
|---|---|---|---|---|
| 1640~1660 | 27 | −1 | −27 | 27 |
| 1660~1680 | 32 | 0 | 0 | 0 |
| 1680~1700 | 28 | 1 | 28 | 28 |
| 1700~1720 | 20 | 2 | 40 | 80 |
| 1720~1740 | 15 | 3 | 45 | 135 |
| 1740~1760 | 5 | 4 | 20 | 80 |
| 1760~1780 | 3 | 5 | 15 | 75 |
| 1780~1800 | 2 | 6 | 12 | 72 |

可知，$\sum f = 200$，$\sum fx = -98$，$\sum fx^2 = 1382$。

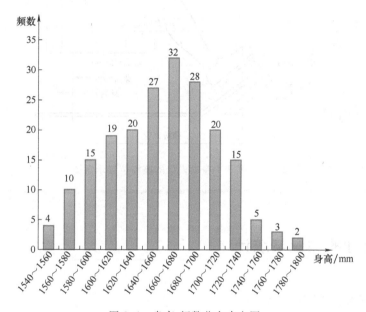

图 2.4 身高-频数分布直方图

**解：** 已知 $N = 200$；身高最高值为 1795mm，身高最低值为 1540mm。

全距：$(1795 - 1540)\,\text{mm} = 255\,\text{mm}$

选定组距：$b = 20\,\text{mm}$。

组数：$n = [(255/20) + 1]$ 组 $= 13$ 组

确定假定平均数：$G_0 = (1660 + 1680)\,\text{mm}/2 = 1670\,\text{mm}$

注：由于给出的是 200 名拖拉机驾驶员身高值的频数分布，因此平均数采用加权平均数。

平均数：$\bar{x} = G_0 + \dfrac{b\sum fx}{N} = \left(1670 + 20 \times \dfrac{-98}{200}\right)\text{mm} = 1660.2\,\text{mm}$

标准差：$s_D = b\sqrt{\dfrac{\sum fx^2}{N} - \left(\dfrac{\sum fx}{N}\right)^2} = 20 \times \sqrt{\dfrac{1328}{200} - \left(\dfrac{-98}{200}\right)^2}\,\text{mm} = 50.6\,\text{mm}$

抽标准误：$s_{\bar{x}}=\dfrac{s_D}{\sqrt{N}}=\dfrac{50.6}{\sqrt{200}}\text{mm}=\dfrac{50.6}{14.142}\text{mm}=3.58\text{mm}$

5%值：$P_5=(1660.2-50.6\times1.65)\text{mm}=1576.71\text{mm}$

95%值：$P_{95}=(1660.2+50.6\times1.65)\text{mm}=1743.69\text{mm}$

在设计拖拉机座椅尺寸时，应按照 1577mm、1660mm、1744mm 三种身高尺寸变换座椅位置，如图 2.5 所示。

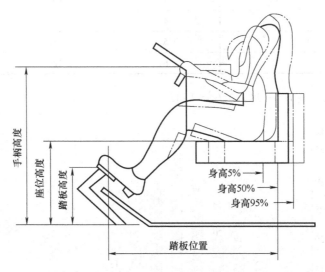

图 2.5　根据 3 个身高设计的座椅位置示意图

## 2.3　我国人体尺寸的测量与统计

### 2.3.1　测量项目及测量区域

《中国成年人人体尺寸》（GB 10000—2023）测量的中国成年人年龄扩展到 18～70 岁，主要包括立姿测量项目（图 2.6）、坐姿测量项目（图 2.7）、头部测量项目、手部测量项目、足部测量项目共 5 个大项 52 项内容，以及 16 项人体功能尺寸测量项目。测量区域按照我国东北华北区、中西部区、长江下游区、长江中游区、两广福建区、云贵川区 6 个区域。6 个区域包括的省市如下：

1）东北华北区：黑龙江、吉林、辽宁、内蒙古、河北、山东、北京、天津。

2）中西部区：河南、山西、陕西、宁夏、甘肃、新疆、西藏。

3）长江下游区：江苏、浙江、安徽、上海。

4）长江中游区：湖北、湖南、江西。

5）两广福建区：广东、广西、海南、福建。

6）云贵川区：云南、贵州、四川、重庆。

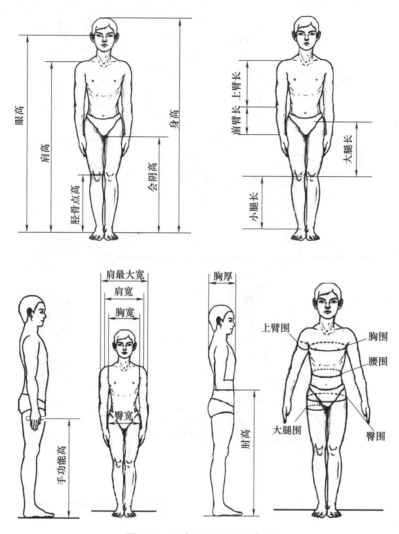

图 2.6　立姿测量项目示意图

上述我国 6 个区域成年人身高、体重和胸围的均值及标准差见表 2.4。

表 2.4　我国 6 个区域成年人身高、体重和胸围的均值及标准差

| 项目 | 性别 | 东北华北区 | | 中西部区 | | 长江中游区 | | 长江下游区 | | 两广福建区 | | 云贵川区 | |
|---|---|---|---|---|---|---|---|---|---|---|---|---|---|
| | | 均值 | 标准差 | 均值 | 标准差 | 均值 | 标准差 | 均值 | 标准差 | 均值 | 标准差 | 均值 | 标准差 |
| 身高/mm | 男 | 1702 | 67.3 | 1686 | 64.8 | 1673 | 65.8 | 1694 | 67.4 | 1684 | 72.2 | 1663 | 68.5 |
| | 女 | 1584 | 61.9 | 1577 | 58.7 | 1564 | 54.7 | 1582 | 59.7 | 1564 | 60.6 | 1548 | 58.6 |
| 体重/kg | 男 | 71 | 11.9 | 69 | 11.3 | 67 | 10.4 | 68 | 11.0 | 67 | 10.9 | 65 | 10.5 |
| | 女 | 60 | 9.8 | 60 | 9.6 | 56 | 7.9 | 57 | 8.5 | 55 | 8.4 | 56 | 8.5 |
| 胸围/mm | 男 | 949 | 80.0 | 930 | 80.3 | 920 | 74.8 | 929 | 75.5 | 915 | 74.1 | 913 | 73.7 |
| | 女 | 908 | 86.0 | 915 | 81.0 | 892 | 73.6 | 896 | 76.7 | 882 | 72.9 | 908 | 77.2 |

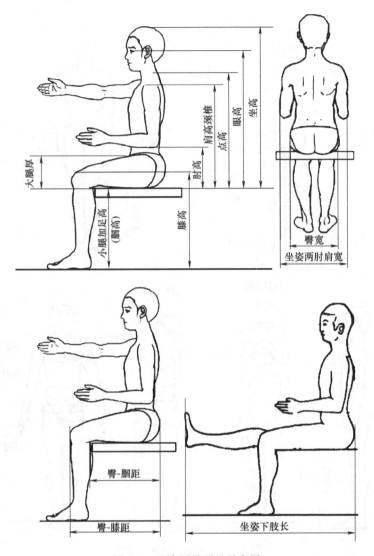

图 2.7  坐姿测量项目示意图

### 2.3.2  人体参数的测量

产品的设计应符合人的使用与操作要求，必须考虑产品在造型尺度方面符合正常人体各部分的结构尺寸及关节运动所能达到的范围，与此相对应的人体参数主要是人体构造尺寸和功能尺寸。

《中国成年人人体尺寸》适用于成年人消费用品、交通、服装、家居、建筑、劳动防护、军事等生产与服务产品、设备、设施的设计及技术改造更新，以及各种与人体尺寸相关的操作维修、安全防护等工作空间的设计及其工效学评价。该标准分两个性别（男性、女性）统计了 18~70 岁成年人静态尺寸百分位数（表 2.5），并分为 4 个年龄段（18~25 岁，26~35 岁，36~60 岁，61~70 岁），分别给出了人体基础尺寸和人体功能尺寸数据的 7 个百分位数统计值。

表 2.5 18~70 岁成年人静态尺寸百分位数统计值

(长度单位：mm)

| 测量项目 | | 18~70 岁成年男性百分位数 | | | | | | | 18~70 岁成年女性百分位数 | | | | | | |
|---|---|---|---|---|---|---|---|---|---|---|---|---|---|---|---|
| | | $P_1$ | $P_5$ | $P_{10}$ | $P_{50}$ | $P_{90}$ | $P_{95}$ | $P_{99}$ | $P_1$ | $P_5$ | $P_{10}$ | $P_{50}$ | $P_{90}$ | $P_{95}$ | $P_{99}$ |
| 1 | 体重/kg | 47 | 52 | 55 | 68 | 83 | 88 | 100 | 41 | 45 | 47 | 57 | 70 | 75 | 84 |
| 立姿测量项目 | | | | | | | | | | | | | | | |
| 2 | 身高 | 1528 | 1578 | 1604 | 1687 | 1773 | 1800 | 1860 | 1440 | 1479 | 1500 | 1572 | 1650 | 1673 | 1725 |
| 3 | 眼高 | 1416 | 1464 | 1486 | 1566 | 1651 | 1677 | 1730 | 1328 | 1366 | 1384 | 1455 | 1531 | 1554 | 1601 |
| 4 | 肩高 | 1237 | 1279 | 1300 | 1373 | 1451 | 1474 | 1525 | 1161 | 1195 | 1212 | 1276 | 1345 | 1366 | 1411 |
| 5 | 肘高 | 921 | 957 | 974 | 1037 | 1102 | 1121 | 1161 | 867 | 895 | 910 | 963 | 1019 | 1035 | 1070 |
| 6 | 手功能高 | 649 | 681 | 696 | 750 | 806 | 823 | 854 | 617 | 644 | 658 | 705 | 753 | 767 | 797 |
| 7 | 会阴高 | 628 | 655 | 671 | 729 | 790 | 807 | 849 | 618 | 641 | 653 | 699 | 749 | 765 | 798 |
| 8 | 胫骨点高 | 389 | 405 | 415 | 445 | 477 | 488 | 509 | 358 | 373 | 381 | 409 | 440 | 449 | 468 |
| 9 | 上臂长 | 277 | 289 | 296 | 318 | 339 | 347 | 358 | 256 | 267 | 271 | 292 | 311 | 318 | 332 |
| 10 | 前臂长 | 199 | 209 | 216 | 235 | 256 | 263 | 274 | 188 | 195 | 202 | 219 | 238 | 245 | 256 |
| 11 | 大腿长 | 403 | 424 | 434 | 469 | 506 | 517 | 537 | 375 | 395 | 406 | 441 | 476 | 487 | 508 |
| 12 | 小腿长 | 320 | 336 | 345 | 374 | 405 | 415 | 434 | 297 | 311 | 318 | 345 | 375 | 384 | 401 |
| 13 | 肩最大宽 | 398 | 414 | 421 | 449 | 481 | 490 | 510 | 366 | 377 | 384 | 409 | 440 | 450 | 470 |
| 14 | 肩宽 | 339 | 354 | 361 | 386 | 411 | 419 | 435 | 308 | 323 | 330 | 354 | 377 | 383 | 395 |
| 15 | 胸宽 | 236 | 254 | 265 | 299 | 330 | 339 | 356 | 233 | 247 | 255 | 283 | 312 | 319 | 335 |
| 16 | 臀宽 | 291 | 303 | 309 | 334 | 359 | 367 | 382 | 281 | 293 | 299 | 323 | 349 | 358 | 375 |
| 17 | 胸厚 | 172 | 184 | 191 | 218 | 246 | 254 | 270 | 168 | 180 | 186 | 212 | 240 | 248 | 265 |
| 18 | 上臂围 | 227 | 246 | 257 | 295 | 332 | 343 | 369 | 216 | 235 | 246 | 290 | 332 | 344 | 372 |
| 19 | 胸围 | 770 | 809 | 832 | 927 | 1032 | 1064 | 1123 | 746 | 783 | 804 | 895 | 1009 | 1042 | 1109 |
| 20 | 腰围 | 642 | 687 | 713 | 849 | 986 | 1023 | 1096 | 599 | 639 | 663 | 781 | 923 | 964 | 1047 |
| 21 | 臀围 | 810 | 845 | 864 | 938 | 1018 | 1042 | 1098 | 802 | 837 | 854 | 921 | 1009 | 1040 | 1111 |
| 22 | 大腿围 | 430 | 461 | 477 | 537 | 600 | 620 | 663 | 443 | 470 | 485 | 536 | 595 | 617 | 661 |
| 坐姿测量项目 | | | | | | | | | | | | | | | |
| 23 | 坐高 | 827 | 856 | 870 | 921 | 968 | 979 | 1007 | 780 | 805 | 820 | 863 | 906 | 921 | 943 |
| 24 | 坐姿颈椎点高 | 599 | 622 | 635 | 675 | 715 | 726 | 747 | 563 | 581 | 592 | 628 | 664 | 675 | 697 |
| 25 | 坐姿眼高 | 711 | 740 | 755 | 798 | 845 | 856 | 881 | 665 | 690 | 704 | 745 | 787 | 798 | 823 |
| 26 | 坐姿肩高 | 534 | 560 | 571 | 611 | 653 | 664 | 686 | 500 | 521 | 531 | 570 | 607 | 617 | 636 |
| 27 | 坐姿肘高 | 199 | 220 | 231 | 267 | 303 | 314 | 336 | 188 | 209 | 220 | 253 | 289 | 296 | 314 |
| 28 | 坐姿大腿厚 | 112 | 123 | 130 | 148 | 170 | 177 | 188 | 108 | 119 | 123 | 137 | 155 | 163 | 173 |
| 29 | 坐姿膝高 | 443 | 462 | 472 | 504 | 537 | 547 | 567 | 418 | 433 | 440 | 469 | 501 | 511 | 531 |
| 30 | 坐姿腘高 | 361 | 378 | 386 | 413 | 442 | 450 | 469 | 341 | 351 | 356 | 380 | 408 | 418 | 439 |
| 31 | 坐姿两肘间宽 | 352 | 376 | 390 | 445 | 505 | 524 | 566 | 317 | 338 | 352 | 410 | 474 | 491 | 529 |
| 32 | 坐姿臀宽 | 292 | 308 | 316 | 346 | 379 | 388 | 410 | 293 | 308 | 317 | 348 | 382 | 393 | 414 |
| 33 | 坐姿臀-腘距 | 407 | 427 | 438 | 472 | 507 | 518 | 538 | 396 | 416 | 426 | 459 | 492 | 503 | 524 |
| 34 | 坐姿臀-膝距 | 509 | 526 | 535 | 567 | 601 | 613 | 635 | 489 | 506 | 514 | 544 | 577 | 588 | 607 |
| 35 | 坐姿下肢长 | 830 | 873 | 892 | 956 | 1025 | 1045 | 1086 | 792 | 833 | 849 | 904 | 960 | 977 | 1015 |

（续）

| 测量项目 | | 18~70岁成年男性百分位数 | | | | | | | 18~70岁成年女性百分位数 | | | | | | |
|---|---|---|---|---|---|---|---|---|---|---|---|---|---|---|---|
| | | $P_1$ | $P_5$ | $P_{10}$ | $P_{50}$ | $P_{90}$ | $P_{95}$ | $P_{99}$ | $P_1$ | $P_5$ | $P_{10}$ | $P_{50}$ | $P_{90}$ | $P_{95}$ | $P_{99}$ |
| 头部测量项目 | | | | | | | | | | | | | | | |
| 36 | 头宽 | 142 | 147 | 149 | 158 | 167 | 170 | 175 | 137 | 141 | 143 | 151 | 159 | 162 | 168 |
| 37 | 头长 | 170 | 175 | 178 | 187 | 197 | 200 | 205 | 162 | 167 | 170 | 178 | 187 | 189 | 194 |
| 38 | 形态面长 | 104 | 108 | 111 | 119 | 129 | 133 | 144 | 96 | 100 | 102 | 110 | 119 | 122 | 130 |
| 39 | 瞳孔间距 | 52 | 55 | 56 | 61 | 66 | 68 | 71 | 50 | 52 | 54 | 58 | 64 | 66 | 71 |
| 40 | 头围 | 531 | 543 | 550 | 570 | 592 | 600 | 617 | 517 | 528 | 533 | 552 | 571 | 577 | 591 |
| 41 | 头矢状弧 | 305 | 320 | 325 | 350 | 372 | 380 | 395 | 280 | 303 | 311 | 335 | 360 | 367 | 381 |
| 42 | 耳屏间弧（头冠状弧） | 321 | 334 | 340 | 360 | 380 | 386 | 397 | 313 | 324 | 330 | 349 | 369 | 375 | 385 |
| 43 | 头高 | 202 | 210 | 217 | 231 | 249 | 253 | 260 | 199 | 206 | 213 | 227 | 242 | 246 | 253 |
| 手部测量项目 | | | | | | | | | | | | | | | |
| 44 | 手长 | 165 | 171 | 174 | 184 | 195 | 198 | 204 | 153 | 158 | 160 | 170 | 179 | 182 | 188 |
| 45 | 手宽 | 78 | 81 | 82 | 88 | 94 | 96 | 100 | 70 | 73 | 74 | 80 | 85 | 87 | 90 |
| 46 | 食指长 | 62 | 65 | 67 | 72 | 77 | 79 | 82 | 59 | 62 | 63 | 68 | 73 | 74 | 77 |
| 47 | 食指近位宽 | 18 | 18 | 19 | 20 | 22 | 23 | 23 | 16 | 17 | 17 | 19 | 20 | 21 | 21 |
| 48 | 食指远位宽 | 15 | 16 | 17 | 18 | 20 | 20 | 21 | 14 | 15 | 15 | 17 | 18 | 18 | 19 |
| 49 | 掌围 | 182 | 190 | 193 | 206 | 220 | 225 | 234 | 163 | 169 | 172 | 185 | 197 | 201 | 211 |
| 足部测量项目 | | | | | | | | | | | | | | | |
| 50 | 足长 | 224 | 232 | 236 | 250 | 264 | 269 | 278 | 208 | 215 | 218 | 230 | 243 | 247 | 256 |
| 51 | 足宽 | 85 | 89 | 91 | 98 | 104 | 106 | 110 | 77 | 82 | 83 | 90 | 96 | 98 | 102 |
| 52 | 足围 | 218 | 226 | 231 | 247 | 263 | 268 | 278 | 200 | 207 | 211 | 225 | 240 | 245 | 254 |

注：表中数据除"体重"外，其他测量项目的单位均为 mm。

### 2.3.3 用体重、身高计算有关人机学参数

**1. 用人体体重计算人体体积和表面积**

（1）人体体积的计算

$$V = 1.015W - 4.937 \qquad (2.17)$$

式中 $V$——人体体积（L）；

$\quad\quad W$——人体体重（kg）。

该式适用于体重在 50~100kg 男性人体体积计算。

（2）人体体表面积计算

1）Bubois 算法：

$$S = K_R W^{0.425} H^{0.725} \qquad (2.18)$$

式中 $S$——人体体表面积（m²）；

$H$——人体身高（cm）；

$W$——人体体重（kg）；

$K_R$——人种常数，中国人取值 72.46。

2）赖氏算法：

$$S = 0.0235 H^{0.42246} W^{0.051456} \tag{2.19}$$

3）Stevenson 算法：

$$S = 0.0061H + 0.0128W - 0.1529 \tag{2.20}$$

4）胡咏梅算法：

$$S = 0.0061H + 0.0124W - 0.0099 \tag{2.21}$$

5）赵松山算法：

中国成年男性的体表面积：$\qquad S = 0.00607H + 0.0127W - 0.0698 \tag{2.22}$

中国成年女性的体表面积：$\qquad S = 0.00586H + 0.0126W - 0.0461 \tag{2.23}$

**2. 人体尺寸项目推算**

在工作空间的工效学设计中，两臂和两肘展开宽、跪姿、俯卧姿、爬姿的基本人体尺寸项目数值可参照表 2.6 计算。

表 2.6　人体尺寸项目推算表

| 尺寸项目 | 男性推算公式 | 女性推算公式 |
|---|---|---|
| 两臂展开宽 | $87.363 + 0.955H$ | $72.468 + 0.946H$ |
| 两臂功能展开宽 | $11.052 + 0.877H$ | $32.604 + 0.834H$ |
| 两肘展开宽 | $90.236 + 0.467H$ | $97.372 + 0.455H$ |
| 直立跪姿体长 | $-361.992 + 0.617H$ | $212.689 + 0.276H$ |
| 直立跪姿体高 | $128.309 + 0.679H$ | $64.719 + 0.721H$ |
| 俯卧姿体长 | $62.06 + 1.217H$ | $126.542 + 1.18H$ |
| 俯卧姿体高 | $275.479 + 1.459W$ | $308.342 + 0.949W$ |
| 爬姿体长 | $117.958 + 0.661H$ | $368.218 + 0.506H$ |
| 爬姿体高 | $61.036 + 0.446H$ | $195.347 + 0.355H$ |

注：$H$ 为身高（mm）；$W$ 为体重（kg）。

## 2.4 人体尺寸差异的影响因素

人体测量数据的差异通常与年龄、性别、年代、地区与种族、职业等因素有关。

### 2.4.1 年龄

人体尺寸增长过程，一般男性 20 岁结束，女性 18 岁结束。通常男性 15 岁、女性 13 岁时手的尺寸就达到了一定值，男性 17 岁、女性 15 岁时脚的大小也基本定型。成年人身高随年龄的增长而收缩一些，但体重、肩宽、腹围、臀围、胸围却随年龄的增长而增加。在采用人体尺寸时，必须判断对象适合的年龄组，要注意不同年龄组尺寸数据的差别。

### 2.4.2　性别

男性与女性在人体尺寸、体重和身体各部分比例关系等方面有明显差异。对于大多数人体尺寸，男性都比女性大一些，但有 4 个尺寸——胸厚、臀宽、臂围及大腿周长，女性比男性的大。男性和女性即使在身高相同的情况下，身体各部分的比例也是不相同的。从整个身体尺寸来说，女性的手臂和腿相对较短，躯干和头占的比例较大，肩较窄，骨盆较宽。皮下脂肪厚度及脂肪层在身体的分布，男性和女性也有明显差别。因此，以矮小男性的人体尺寸代替女性人体尺寸使用是错误的，特别是在腿的长度尺寸起重要作用的场所，如坐姿操作的岗位，考虑女性的人体尺寸至关重要。

### 2.4.3　年代

随着人类社会的不断发展，卫生、医疗、生活水平的不断提高以及体育运动的大力开展，人类的成长和发育也发生了变化。有学者等对烟台市 1985—2010 年城市汉族男女身高开展研究发现，增幅最大的年龄组：男性是 12 岁，其增幅为 10.3cm（4.1cm/10 年）；女性是 11 岁，其增幅为 7.2cm（2.9cm/10 年）；增幅最小的年龄组：男性是 17 岁，其增幅为 5.0cm（2.0cm/10 年）；女性是 18 岁，其增幅为 2.9cm（1.2cm/10 年）。2023 年，全国 18~25 岁的成年男性平均身高为 172.0cm，比 1988 年（168.6cm）增长了 3.4cm。

### 2.4.4　地区与种族

不同的国家、不同的地区、不同的种族的人体尺寸差异较大，即使是在同一国家，不同区域也有差异。随着国家、区域间各种交流活动的不断扩大，不同民族、不同地区的人使用同一装备、同一设施的情况越来越多。因此，在设计中考虑产品的多民族的通用性，也是一个值得注意的问题。

### 2.4.5　职业

不同职业的人，在身体大小及比例上也存在着差异。例如，一般体力劳动者平均身体尺寸都比脑力劳动者稍大些。在美国，工业部门的工作人员的平均身高要比军队人员矮小；在我国，一般部门的工作人员的平均身高要比体育系统的人矮小。也有一些人由于长期的职业活动改变了体形，使其某些身体特征与人们的平均值不同。对于不同职业所造成的人体尺寸差异，在为特定的职业设计工具、用品和环境以及应用从某种职业获得的人体测量数据去设计适用于另一种职业的工具、用品和环境时，必须予以注意。

另外，数据来源不同、测量方法不同、被测者是否有代表性等因素，也常常造成测量数据的差异。

## 2.5 | 人体测量数据的应用原则与方法

当设计中涉及人体尺度时，设计者必须熟悉数据测量定义、适用条件、百分位的选择等方面的知识，才能正确地应用有关的数据。否则有的数据可能被误解，如果使用不当，还可能导致严重的设计错误。因此，测量数据的应用是设计者与安全工作者必须了解的一项内容。

### 2.5.1　人体测量数据的一般应用原则

人体尺寸大小是各不相同的，设计一般不可能满足所有使用者。为使设计适合于较多的使用者，需要根据产品的用途及使用情况应用人体尺寸数据，合理选用百分位。人体测量数据在应用时通常遵循以下原则：

**1. 合理选用百分位原则**

（1）最大最小原则

在不涉及使用者健康和安全时，选用第 5 百分位和第 95 百分位数据作为界限值较为适宜，以便简化加工制造过程，降低成本。由人体身高决定的物体，如门、船舱口、通道、床、担架等，其尺寸应以第 95 百分位数值为依据；由人体某些部分的尺寸决定的物体，如取决于腿长的座椅平面高度，其尺寸应以第 5 百分位数值为依据。

间距类设计，常取第 95 百分位的人体数据；可及距离类设计，一般应使用低百分位数据，如涉及伸手够物、立姿侧向手握距离、坐姿垂直手握高度等设计皆属于此类问题。

以第 5 百分位和第 95 百分位为界限值的物体，若身体尺寸在界限值以外的人使用时会危害其健康或增加事故危险，其尺寸界限应扩大到第 1 百分位和第 99 百分位。

净空高度类设计，一般取高百分位数据，如第 99 百分位的人体数据，以尽可能适应所有人。紧急出口以及运转着的机器部件的有效半径应以第 99 百分位数值为依据，而使用者与紧急制动杆的距离则应以第 1 百分位数值为依据。

座面高度类设计，一般取低百分位数据，常取第 5 百分位的人体数据，因为如果座面太高，导致大腿受压，使人感到不舒服。

隔断类设计，如果设计目的是为了保证隔断后面人的私密性，应使用第 95 或更高百分位数据；反之，如果是为了监视隔断后的情况，则应使用低百分位（第 5 百分位或更低百分位）数据。

公共场所工作台面高度类设计，如果没有特别的作业要求，一般以肘部高度数据为依据，百分位常取从女子第 5 百分位（895mm，18~70 岁）到男子第 95 百分位（1121mm，18~70 岁）数据。

（2）平均原则

门铃、插座、电灯开关的安装高度以及付账柜台高度，应以第 50 百分位数值为依据。因为人体尺寸的统计分布一般是呈正态分布的，所以在不能保证所有使用者使用方便舒适的情况下，选取比例最大部分的人体尺寸，即平均尺寸。

**2. 可调性原则**

与人的健康安全关系密切或为减轻作业疲劳的设计应依据可调性准则，也就是使第 5 百分位和第 95 百分位之间的所有人使用方便。例如，汽车座椅应在高度、靠背倾角、前后距离等尺度或方向上可调。

**3. 使用最新人体数据原则**

对人的尺寸的调查统计应每隔若干年进行一次。随着生活水平的提高，科学技术的进步，饮食的科学化、合理化，以及体育活动的普及和开展，人的身高和各部分尺寸都有逐渐加大的趋势。因此，在应用人体测量数据时，应使用现行的国家标准，如《中国成年人人体尺寸》。

**4. 地域性原则**

人体尺寸因国家、地区、民族、性别、年龄等情况的不同而存在较大差别。一般来说，欧美人身材较高大，亚洲人身材较矮小，在我国不同地区人的身材差异也较大。因此，设计时必须考虑实际服务的区域和其他相关影响因素。

**5. 功能修正与心理修正原则**

(1) 功能修正量

有关人体尺寸标准中所列的数据是在裸体或穿单薄内衣的条件下测得的，测量时不穿鞋或穿着纸拖鞋，要求躯干为挺直姿势，而设计中所涉及的人体尺寸应该是在穿衣服、穿鞋，正常情况下躯干为自然放松姿势，甚至戴帽条件下的人体尺寸。应用时，必须给衣服、鞋、帽留下适当余地，即增加适当的着装修正量。所有这些修正量总计为功能修正量 $\Delta f$。因此，产品的最小功能尺寸可由下式确定：

$$S_{min} = S_a + \Delta f \tag{2.24}$$

式中 $S_{min}$——最小功能尺寸；

$S_a$——第 $a$ 百分位人体尺寸数据。

着装和穿鞋修正量可参照表 2.7 数据确定。此外，还需要考虑实现产品不同操作和人员不同姿势所需的功能修正量。需要对静态数据进行动态尺寸的调整，如人行走时，头顶上下的运动幅度可达 50mm。通常，对于楼梯、按钮、推钮、搬动开关等的设计，可采用实验的方法去求得功能修正量，也可以从统计数据中获得。

**表 2.7 着装身材和穿鞋修正量** （单位：mm）

| 项目 | $\Delta f$ | 修正原因 | 项目 | $\Delta f$ | 修正原因 |
|---|---|---|---|---|---|
| 立姿高 | 25~38 | 鞋高 | 肩高 | 10 | 衣（包括坐高 3 及肩 7） |
| 坐姿高 | 3 | 裤厚 | 两肘的间宽 | 20 | — |
| 立姿眼高 | 36 | 鞋高 | 肩-肘 | 8 | 手臂弯曲时，肩肘部衣物压紧 |
| 坐姿眼高 | 3 | 裤厚 | 臂-手 | 5 | — |
| 肩宽 | 13 | 衣 | 大腿厚 | 13 | — |

（续）

| 项目 | $\Delta f$ | 修正原因 | 项目 | $\Delta f$ | 修正原因 |
|------|------------|----------|------|------------|----------|
| 胸宽 | 8 | 衣 | 膝宽 | 8 | — |
| 胸厚 | 18 | 衣 | 膝高 | 33 | — |
| 腹厚 | 23 | 衣 | 臀-膝 | 5 | — |
| 立姿臀宽 | 13 | 衣 | 足宽 | 13～20 | — |
| 坐姿臀宽 | 13 | — | 足长 | 30～38 | — |
| 足后跟 | 20～28 | — | | | |

对姿势数据修正时常用的数据有：立姿时身高、眼高减 10mm；坐姿时的坐高、眼高减 44mm。考虑操作功能修正：以上肢前伸长为依据，上肢前伸长为上肢向前方自然地水平伸展时，背部后缘至中指指尖点的水平直线距离，应对不同功能做修正，即按钮开关减 12mm，推滑开关、扳动开关减 25mm。

（2）心理修正量

为了克服人们心理上产生的"空间压抑感""高度恐惧感"等心理感受，或者为了满足人们的心理需求，在产品最小功能尺寸上附加一项增量，称为心理修正量。

心理修正量也是用实验方法求得，一般是通过被试者主观评价表的评分结果进行统计分析，求得心理修正量。

考虑了心理修正量的产品功能尺寸称为最佳功能尺寸，可由下式确定：

$$S_{opm} = S_a + \Delta f + \Delta p \qquad (2.25)$$

式中　$S_{opm}$——最佳功能尺寸；

　　　$\Delta p$——心理修正量。

---

【例 2-5】　车船卧铺的上下铺净间距设计时，我国 18～70 岁男子坐高第 99 百分位数为 1007mm，衣裤厚度（功能）修正量取 25mm，人头顶无压迫感最小高度（心理修正量）为 115mm，则卧铺的上下铺最小净间距和最佳净间距分别为

$$S_{min} = S_a + \Delta f = (1007 + 25)\,mm = 1032mm$$

$$S_{opm} = S_a + \Delta f + \Delta p = (1007 + 25 + 115)\,mm = 1147mm$$

---

**6. 姿势与身材尺寸相关联原则**

在确定设计尺寸时，要综合考虑劳动姿势与身材大小，如坐姿或蹲姿的宽度设计要比立姿的大。

## 2.5.2　人体主要尺寸的应用步骤

为了使人体测量数据能被设计者有效利用，应按照如下要求合理使用人体尺寸。

**1. 确定所设计产品的类型**

在涉及人体尺寸的产品设计中，设定产品功能尺寸的主要依据是人体尺寸百分位数，而

人体尺寸百分位数的选用又与所设计产品的类型密切相关。在《在产品设计中应用人体尺寸百分位数的通则》(GB/T 12985—1991) 中，依据产品使用者人体尺寸的设计上限值（最大值）和下限值（最小值）对产品尺寸设计进行了分类（表 2.8）。凡涉及人体尺寸的产品设计，首先应按该分类方法确认所设计的对象属于其中的哪一类型。

表 2.8　人体尺寸百分位数选择 1

| 产品类型 | 产品类型定义 | 说明 | 备注 |
|---|---|---|---|
| Ⅰ型产品尺寸设计 | 需要两个百分位数作为尺寸上限值和下限值的依据 | 属于双限值设计 | 行李箱可调节把手高度、可调高度的椅子 |
| Ⅱ型产品尺寸设计 | 只需要一个百分位数作为尺寸上限值或下限值的依据 | 属于单限值设计 | — |
| ⅡA型产品尺寸设计 | 只需要一个人体尺寸百分位数作为尺寸上限值的依据 | 属于大尺寸设计 | 担架的长度 |
| ⅡB型产品尺寸设计 | 只需要一个人体尺寸百分位数作为尺寸下限值的依据 | 属于小尺寸设计 | 固定尺寸的座椅高度 |
| Ⅲ型产品尺寸设计 | 只需要第 50 百分位数作为产品尺寸设计的依据 | 属于平均尺寸设计 | 柜台高度，电灯开关高度 |

**2. 选择人体尺寸的百分位数**

表 2.9 中的产品类型，按产品重要程度又分为涉及人的健康安全的产品和一般工业产品两个等级。在确认所设计的产品类型及其等级之后，选择人体尺寸百分位数的依据就是满足度（适应度）。

表 2.9　人体尺寸百分位数选择 2

| 产品类型 | 产品重要程度 | 百分位数的选择 | 满足度 |
|---|---|---|---|
| Ⅰ型产品 | 涉及人的健康安全的产品 | 选用 $P_{99}$ 和 $P_1$ 作为尺寸上、下限的依据 | 98% |
| | 一般工业产品 | 选用 $P_{95}$ 和 $P_5$ 作为尺寸上、下限的依据 | 90% |
| ⅡA型产品 | 涉及人的健康安全的产品 | 选用 $P_{99}$ 和 $P_{95}$ 作为尺寸上限的依据 | 99% 或 95% |
| | 一般工业产品 | 选用 $P_{90}$ 作为尺寸上限的依据 | 90% |
| ⅡB型产品 | 涉及人的健康安全的产品 | 选用 $P_1$ 和 $P_5$ 作为尺寸下限的依据 | 99% 或 95% |
| | 一般工业产品 | 选用 $P_{10}$ 作为尺寸下限的依据 | 90% |
| Ⅲ型产品 | 一般工业产品 | 选用 $P_{50}$ 作为尺寸的依据 | 通用 |
| 成年男女通用产品 | 一般工业产品 | 选用男性 $P_{99}$、$P_{95}$、$P_{90}$ 作为尺寸上限的依据 | 通用 |
| | | 选用女性 $P_1$、$P_5$、$P_{10}$ 作为尺寸下限的依据 | |

设计者希望所设计的产品能满足特定使用者所有人的使用需求，尽管这在技术上可行，但往往是不经济的。因此，满足度的确定应根据所设计产品使用者总体的人体尺寸差异性、制造该类产品技术上的可行性和经济上的合理性等因素进行综合优选。表 2.9 中给出的满足度指标是通常选用的水平制定的，对于特殊要求的设计，其满足度指标可另行确定。

**3. 确定功能修正量**

考虑到作业人员可能的姿势、动态操作、着装等需要的设计裕度都可以称为功能修正量 $\Delta f$。功能修正量随产品不同而异，通常为正值，有的时候也可能是负值。着装和穿鞋修正量参照表 2.7 中的数据确定。

**4. 确定心理修正量**

心理修正量与地域、民族习惯、文化修养等有关，一般可以通过被测试者主观评价表的评分结果进行统计分析求得，并在此基础上确定设计的最佳功能尺寸。例如设计教室、卧室、列车铺位高度时，均需考虑心理修正量的问题。

**5. 确定产品最佳功能尺寸**

最佳功能尺寸，即为了舒适、方便、有效地实现产品的某种功能所需要的尺寸。

产品最佳功能尺寸=人体尺寸百分位数+功能修正量+心理修正量

# 2.6 测量数据的概率分布

## 2.6.1 正态分布

正态分布（Normal Distribution）是工程领域重要的概率分布，也是应用最广泛的一种数据形式。任何分布都是由特定的一个或几个参数决定的，根据这些参数就可以确定分布曲线的形状。多数分布（并非所有分布）会有两个参数：位置参数和形状参数，位置参数决定分布的位置，形状参数决定分布的形状。正态分布主要由两个参数决定，即均值和标准差：均值是位置参数，决定了分布集中在什么位置；标准差是形状参数，决定了分布的分散程度。

图 2.8 显示了正态分布形状随着均值和标准差变化而变化的情形。图 2.8a 中 3 条分布曲线的标准差均为 1，只是均值不同，可以看出 3 条曲线只是平行位移，形状不变，所以均值是位置参数，只是改变正态分布的位置。图 2.8b 中 3 条分布曲线的均值都为 0，只是标准差不同，可以看出 3 条曲线只是形状发生变化，但位置不变，都集中在 0 值周围。标准差越大，分布越"矮胖"；标准差越小，分布越"瘦高"。

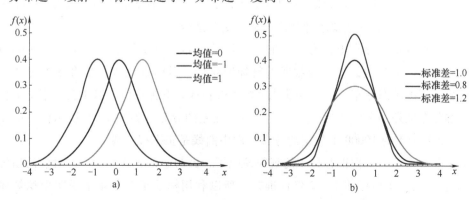

图 2.8　不同均值和标准差对应的正态分布

由于正态分布中的均值和标准差可以取多个值，所以正态分布的形状也是多种多样的。但无论形状如何变化，其规律都是一定的。在正态分布中，以均值为中心，往左或往右 1 倍标准差范围内曲线下的面积各约为曲线下总面积的 34.1%。换句话说，在 ±1 倍标准差的范围内曲线下的面积约为 68.2%，在 ±2 倍标准差的范围内曲线下的面积约为 95.4%，在 ±3 倍标准差的范围内面积约为 99.7%（图 2.9）。这就是正态分布的规律。

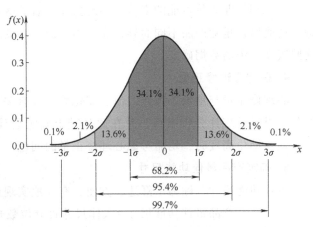

图 2.9　正态分布下的面积规律

在统计学检验中，很多推断都基于正态分布的规律，例如当 $P < 0.05$ 时，认为差异有统计学意义，实际上说的就是正态分布曲线的面积。确切地说，当从均值往左或往右各 1.96 倍标准差的时候，对应的左侧和右侧面积之和就是 5%。因为这种概率不是很高，所以认为其是小概率事件。

正态分布的这些规律在实际中还有很多其他应用，如"六西格玛"质量控制。所谓西格玛就是希腊字母 $\sigma$（标准差）的音译，"六西格玛"也就是 6 倍标准差。为什么必须是 6 倍标准差呢？

在正态分布中，3 倍标准差以外的面积为 100% - 99.7% = 0.3%，看起来已经非常低了，这意味着 1000 次操作中大约仅有 3 次失误。但是，对很多服务领域而言，这个值是远远不能达标的，因为当基数很大的时候，0.3% 仍然是一个很大的数目。例如，对机场而言，0.3% 的错误发生率，意味着每起飞 1000 架次就有 3 架次飞机存在失误，那还是很严重的问题。所以，当基数很大的时候，将错误发生率控制在 3 倍标准差之外仍是远远不够的。于是提出了"六西格玛"的概念，即将错误发生率控制在 6 倍标准差之外。在正态分布中，超出 6 倍标准差的面积约为百万分之二，也就是说，最多允许 100 万份样品中出现 2 次错误（在"六西格玛"中，标准差计算方式略有不同，一般百万份样品中最多出现 3、4 次错误），这种错误发生率在一些要求比较高的领域更为适合。

在各种形状的正态分布中，有一种非常实用的分布，就是标准正态分布（Standardized Normal Distrbution）。当我们把原始数据进行标准化后，对标准化数据拟合正态分布，这种正态分布就是标准正态分布。由于标准化将数据转换成以 0 为均值、以 1 为标准差的值，所以标准正态分布就是一个以 0 为中心、以 1 为标准差的分布。如图 2.10 所示模拟的就是均值为 0、标准差为 1 的 10000 个数据的分布，图中曲线是正态拟合线。

标准正态分布相当于把正态分布的规律简化了，因为它的标准差是 1，对应的横轴上的数值 1、2 直接就是 1 倍标准差、2 倍标准差。所以利用标准正态分布来说明面积规律就更简单了，可以说，以 0 为中心，在 ±2 的范围内面积约为 95.4%；也可以说，当横坐标的值

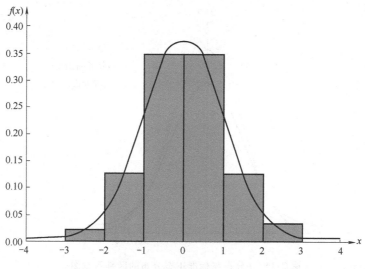

图 2.10 标准正态分布示意图

等于 1.96（或 -1.96）时，对应的右侧（或左侧）面积约为 0.025。

利用上述 5 个统计量，能够很好地描述人体尺寸的变化规律。例如，很多设计骨骼长度的人体尺寸项目（如身高、坐高、上肢长等）的测量数据的分布基本上符合或接近于正态分布，而人体的胸围、上臂围以及体重等的测量数据的分布则与正态分布相差稍远。对于呈正态分布的变量，往往以平均值和标准差来表示。

## 2.6.2 其他几个常用的分布——$t$ 分布、$\chi^2$ 分布、$F$ 分布

除正态分布之外，还经常会遇到其他一些比较常见的分布，如 $t$ 检验对应的 $t$ 分布、$\chi^2$ 检验对应的 $\chi^2$ 分布、方差分析对应的 $F$ 分布等。

### 1. $t$ 分布

在正态分布出现以后，很多现象都可以用这种分布来描述。到了 20 世纪初，有人发现：同样的指标，在大样本的时候是服从标准正态分布的，但如果数据变少了，形状就和标准正态分布大不一样了。

先通过图 2.11 看一下 $t$ 分布与标准正态分布的区别。图中，峰值最小的曲线为自由度 = 1 的 $t$ 分布（自由度的是和样本例数有关的一个概念），峰值居中的曲线为自由度 = 5 的 $t$ 分布，峰值最高的为标准正态分布。可以看出，随着自由度的变小，$t$ 分布曲线越来越"矮"，而两端的"尾巴"则越来越翘。

$t$ 分布不是一个分布，而是一簇分布。因为它随着自由度的变化而变化，自由度越小，$t$ 分布与标准正态分布偏离越大；当自由度很大的时候，$t$ 分布接近标准正态分布。这里所谓的"很大"，并不是说需要成千上万，事实上，当自由度 = 30 时，$t$ 分布与标准正态分布就已经十分接近了；当自由度 = 50 时，差别已经微乎其微了。

由于 $t$ 分布与标准正态分布有一定的差异（尤其是在样本小的时候），因此其对应的面积也会有一定的不同。在标准正态分布中，右侧 2.5% 面积对应的 $Z$ 值为 1.96，而在 $t$ 分布

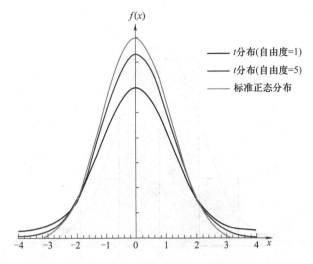

图 2.11　$t$ 分布与标准正态分布的区别示意图

中则不是这样。例如，当自由度 = 5 时，右侧 2.5% 面积对应的 $t$ 值为 2.57；当自由度 = 30 时，右侧 2.5% 面积对应的 $t$ 值为 2.04 等。因此，基于 $t$ 分布做出的统计推断结论与基于标准正态分布的结论有时是不同的。

小结：$t$ 分布可以看作小样本时候的正态分布，只不过数据量大了，就变成了标准正态分布；数据量小了，就是 $t$ 分布。一般统计教材中给出的 $t$ 分布表只列到自由度 100 左右，因为当自由度超过 100 时，完全可以用标准正态分布来代替。

**2. $\chi^2$ 分布**

$\chi^2$ 分布与标准正态分布有直接关系，对于一个服从标准正态分布的随机变量 $Z$，它的平方服从自由度为 1 的 $\chi^2$ 分布。举例来说，在标准正态分布中，与双侧 0.05 面积对应的 $Z$ 值是 1.96；而在 $\chi^2$ 分布中，与 0.05 面积对应的 $\chi^2$ 值是 3.8416，也就是 1.96 的平方。换句话说，对于自由度为 1 的 $\chi^2$ 分布，$\chi^2$ 值是标准正态分布中相应 $Z$ 值的平方。

为什么形状看起来这么奇怪呢？可以想象一下，首先，既然 $\chi^2$ 值是 $Z$ 值的平方，那肯定没有负数；其次，标准正态分布中多数值集中在 0 附近（在 ±1 之间占 68.2%），那么，平方后应该约有 68.2% 的数小于 1，约有 95.4% 的数小于 4。所以就形成了图 2.12 所示的形状。

$\chi^2$ 分布和 $t$ 分布一样，也是一簇分布。$\chi^2$ 分布只有一个参数，即自由度，也就是说，其形状随着自由度的变化而变化，每一个自由度对应一个 $\chi^2$ 分布形状。总的来说，$\chi^2$ 分布呈偏态分布；但随着自由度的增加，其偏度逐渐减小；当自由度趋于无穷时，$\chi^2$ 分布趋于正态分布。如图 2.13

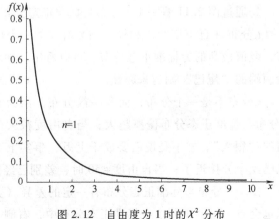

图 2.12　自由度为 1 时的 $\chi^2$ 分布

所示，当自由度为 4 时，偏态较为明显；当自由度为 10 时，偏态已经小了很多。

由于 $\chi^2$ 分布的形状不同，因此对应 0.05 面积的 $\chi^2$ 值也各不相同，如自由度为 1 时对应的是 3.84、自由度为 2 时对应的是 5.99 等。

**3. $F$ 分布**

正态分布和 $t$ 分布主要与均值的分布有关，在推论总体均值的时候比较有用；而 $F$ 分布是与方差有关的分布，可用于分析两个方差是否相等、方差是否等于某一具体值等。

假定从两个方差相等的正态总体中随机抽取样本量为 $n_1$ 和 $n_2$ 的样本，这两个样本的标准差分别为 $s_1$ 和 $s_2$，则 $F = s_1^2/s_2^2$ 服从自由度 $1 = n_1 - 1$ 和自由度 $2 = n_2 - 1$ 的 $F$ 分布。

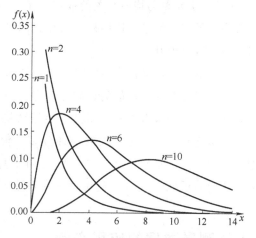

图 2.13　不同自由度对应的 $\chi^2$ 分布

也就是说，$F$ 分布是方差比的分布。$F$ 分布有 2 个参数，分别为自由度 1（分子的自由度）和自由度 2（分母的自由度），随着这两个自由度的变化，$F$ 分布有不同的形状。图 2.14 显示了不同自由度下的 $F$ 分布。

可以发现，当分子自由度较小的时候，$F$ 分布呈偏态分布；随着分子自由度的增加，$F$ 分布越来越趋于正态。在方差分析中，分子自由度为组别数 - 1，由于组别数通常不会太多，因此 $F$ 分布一般呈偏态。

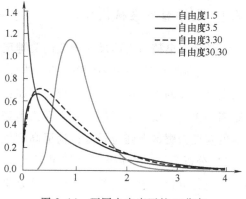

图 2.14　不同自由度下的 $F$ 分布

在 $F$ 分布簇中，不同的自由度对应的不同形状。因此，在利用 $F$ 分布进行统计学检验时，需要结合分子自由度和分母自由度。

$F$ 分布与 $t$ 分布的关系：如果组别数为 2，则分子自由度为 $2 - 1 = 1$，此时 $F$ 分布等于 $t$ 分布的平方，所以用方差分析比较两组均值的差异时发现，$F$ 值为 $t$ 值的平方。

$F$ 分布与 $\chi^2$ 分布的关系如下：

$$F = \frac{s_1^2}{s_2^2} = \frac{\dfrac{1}{n_1 - 1}\sum_{i=1}^{n_1}(x_{i1} - \bar{x}_1)^2\left(\dfrac{1}{\sigma^2}\right)}{\dfrac{1}{n_2 - 1}\sum_{i=1}^{n_2}(x_{i2} - \bar{x}_2)^2\left(\dfrac{1}{\sigma^2}\right)} = \frac{\chi_{\nu_1}^2/\nu_1}{\chi_{\nu_2}^2/\nu_2} \tag{2.26}$$

上述公式比较复杂，可以忽略中间的推导部分，只看最后结果。也就是说，$F$ 分布可以看作两个 $\chi^2$ 之比。分子是自由度为 $\nu_1$ 的 $\chi^2$ 除以其自由度，分母是自由度为 $\nu_2$ 的 $\chi^2$ 除以其自由度，两者之比服从 $F$ 分布。

小结：正态分布、$t$ 分布、$\chi^2$ 分布、$F$ 分布是十分常见的 4 种基础分布，后 3 种分布其实都是从正态分布衍生而来的。

$t$ 分布主要是与均值有关的抽样分布，常用于两个均值是否相等的统计检验、回归系数是否为 0 的统计检验。这些检验的形式都是某参数是否等于 0，如两个差值是否等于 0、回归系数是否等于 0。

$F$ 分布是与方差有关的抽样分布，常用于方差齐性检验、方差分析和回归模型检验。它们都是针对方差而非均值的，如方差齐性检验是两个方差之比，方差分析是组间方差与组内方差之比，回归模型检验是模型方差与残差方差之比。

$\chi^2$ 分布也是与方差有关的抽样分布，但它在实际中常用于描述分类资料的实际频数与理论频数之间的抽样误差。由于 $\chi^2$ 分布本身是连续分布，因此在用于分类资料时，只有在大样本时才近似 $\chi^2$ 分布。这也就是在理论频数较小时，需要对 $\chi^2$ 检验进行校正的原因。

## 2.7 人体测量数据的应用实例

### 2.7.1 大学教室桌椅设计

大学教室桌椅与人体尺寸相关的关键尺寸安全人机工程设计步骤如下：

1）识别所有与产品设计相关的人体尺寸。如果设计师明确产品的使用方式，要识别与产品设计相关的人体尺寸并不困难，例如：桌面的高度为坐姿肘高；抽屉底面与椅子面之间的距离为大腿厚度；桌子的容膝空间为坐姿腿高加一个大腿厚度；椅面的高度为小腿高度；椅面的宽度为臀部至腿弯长度；椅面高度依据与桌面高度的关系确定。

2）分析关键尺寸并将尺寸按重要程度排序，对一些干涉尺寸进行平衡取舍。从实现功能入手进行分析，课桌椅最重要的功能是坐、写、抽屉放物。

① 首先保证坐的功能：椅面高度与腿弯高度相关，应取小百分位尺寸；椅面宽度与臀部至腿弯长度有关，应取小百分位尺寸。

② 保证写的功能：桌面的高度与坐姿肘高相关，且与椅面高度是关联尺寸。

③ 抽屉的功能：由桌面高度和抽屉底面与椅子面之间的距离决定。

3）确定预期的用户人群：成年男女。若为儿童设计，则选用的数据区别是很大的。

4）选择一个合适的预期目标用户的满足度。出于经济的考虑，常常确保其 90% 的满足度，可能的话应该满足 95% ~ 98% 的用户需求。

5）根据满足度选取需要依据的百分位数。选择人体尺寸的百分位数，参阅表 2.10。

表 2.10　不同百分位数的身高

| 百分位点 | $P_5$ | $P_{50}$ | $P_{95}$ |
|---|---|---|---|
| 身高/cm | 155 | 160 | 168 |

6）获取正确的人体测量数据表，并找出需要的基本数据。

7）确定各种影响因素，并对从表中得到的基本数据予以修正：

$$最小功能尺寸＝人体尺寸的百分位数＋功能修正量$$
$$最佳功能尺寸＝人体尺寸的百分位数＋功能修正量＋心理修正量$$

## 2.7.2　楼梯的安全人机工程设计

楼梯各部分的设计要求楼梯应该有足够的疏散能力，满足安全、防火等的要求。同时，根据安全人机工程学分析，楼梯的设计要符合人的生理、心理特征。人的动觉是对身体运动及其位置状态的感觉，它与肌肉组织、肌腱和关节活动有关。人的动觉的改变破坏了原有的身体位置、运动方向、速度大小等的平衡，就需要重新建立平衡，在建立新的平衡过程中，人的运动速度必然变缓。因此，建筑的楼梯应尽可能避免破坏人的动觉平衡，其类型宜采用直行形式，如直跑楼梯、对折的双跑楼梯或成直角折行的楼梯等，而不宜采用弧形梯段或在半平台上设置扇步。根据安全人机工程的原理，楼梯各部分的设计要求如下：

**1. 踏步宽度和踢面高度设计**

确定楼梯踏步宽度（设为 $L$）、踢面高度时要综合考虑人的行为习惯和人体相关尺寸。踏步太宽时，踢面过低会使人踏步加大，易产生疲劳，造成人体能量的浪费；踏步过窄时，踢面过低会增加梯级的级数，一方面增加了脚的移动次数，使人容易产生疲劳，另一方面会使人形成一步踏多级的习惯，甚至下楼时易发生踏空跌倒。踏步宽度主要与人的足长有关，设计时足长取《中国成年人人体尺寸》（GB10000—2023）公布的男性足长分布的第 95 百分位数值，因此：

$$S = S_a + S_b \tag{2.27}$$

式中　$S$——最小功能尺寸（mm）；

　　　$S_a$——男性足长分布的第 $a$ 百分位人体尺寸数据（mm）；

　　　$S_b$——尺寸修正量（mm）。

确定长修正量时，基于人足全部在踏面上，可按照人的日常行为活动，只需考虑鞋前端或后端的修正量。由于鞋前端和后端的总修正量为 30～38mm，所以足的修正量 $S_b$ 取值为 15～19mm，由于 $S_{95} = 260～270mm$，因此 $S = 275～289mm$。因为踏步宽度为人足的最小功能尺寸，所以 $L = S$，即踏步宽度最佳为 275～289mm。

梯级的高度（踢面高度）一般为 127～200mm，最佳为 165～178mm。

**2. 楼梯的宽度设计**

楼梯的宽度主要取决于人的肩宽和人流量的大小。在设计楼梯的梯段宽时，人的肩宽取《中国成年人人体尺寸》（GB 10000—2023）公布的肩宽分布的第 95 百分位数值，在此人的肩宽修正尺寸为 1 股人流的距离。在设计楼梯的宽度时，不仅要考虑人能轻松通过，还要考虑安全功能距离，即预留的应急宽度（为了在发生火灾时方便人能进行各种救火操作而设置的宽度）。因此，楼梯的宽度确定如下：

$$H = nH_1 + H_2 \tag{2.28}$$

式中　$H_1$——人的肩宽的第 95 百分位所对应的尺寸（mm）；

　　　$H_2$——安全功能距离（mm）；

　　　$n$——人流的股数。

此外，不同使用性质的建筑需要不同的梯段宽度，如公共建筑的楼梯应设置不少于 2 股人流的距离，其楼梯梯段宽度应不小于 1500mm；居住建筑的楼梯梯段宽度应不小于 1200mm。

**3. 踏步的防滑设计**

踏步防滑设计一般采用条纹防滑，有内凹条纹和外凸条纹两种。从防滑的角度来看，内凹条纹的防滑作用不佳，只是具有一定的美学效果，所以既经济又具有明显防滑效果的防滑设计是设置外凸条纹。但是，设置外凸条纹会使人产生强烈的凸感，感觉不适，因此设置的条纹要宜人，必须保证条纹凸起高度的设置不会令人有明显的凸感。

**4. 休息台**（正平台和半平台）**的设计**

休息台是在考虑人体生物力学特征的基础上为缓解人上、下楼梯疲劳而设计的。设立休息台必须保证其不阻碍人上、下楼梯，这就要求休息台的宽度不得小于楼梯宽度。正平台设计应避免从楼层出入的人和上、下楼梯的人发生碰撞，因此正平台的宽度应大于半平台。假设正平台和半平台的宽度分别为 $L_1$、$L_2$，则两平台的宽度之差 $d = L_1 - L_2$。

人在从楼梯入口进入楼梯时捷径效应表现在人有靠楼梯两侧行走的趋势，人行走的路线大致如图 2.15 中的箭头所示。人在进入楼梯时，其行走方向与楼梯中行走在正平台的人流方向垂直，刚进入正平台的人要随人流一同行走，就必须使身体旋转 90° 来改变行走方向。由此可知，两平台的宽度之差 $d$ 应大于或等于人的肩宽的功能尺寸（此处的肩宽应取男性第 95 百分位所对应的尺寸），这样才能确保进出楼梯的人不与楼梯中的人碰撞、拥挤，保证楼梯的畅通。

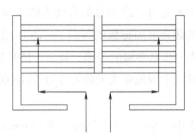

图 2.15　人的捷径效应路线

**5. 楼梯坡度和扶手设计**

由房屋建筑学的相关理论可知，楼梯的坡度宜为 20°～50°，超过 50° 则应建为爬梯，坡度小于 20° 应建成台阶或坡道。结合安全人机工程学原理，楼梯的坡度在 30°～35° 为最佳。扶手的高度和宽度要符合人的生理特征，即扶手的高度要与人的肘高相近，扶手宽度以手能握为宜。此外，扶手的表面还要光滑。

### 2.7.3　作业椅的安全人机工程设计

合理的作业椅应该具有坐着舒适、操作方便、结构稳固、有利于减轻生理疲劳的特点。表 2.11 给出了坐姿与立姿工作时心血管系统的指标。

表 2.11　坐姿与立姿工作时心血管系统的指标

| 指标 | 立姿作业 | 坐姿作业 | 指标 | 立姿作业 | 坐姿作业 |
|---|---|---|---|---|---|
| 心脏的输出量/(L/min) | 5.1 | 6.4 | 平均动脉压力/kPa | 14.23 | 11.69 |
| 心脏跳动一次的输出量/(mL/次) | 54.5 | 78.3 | 心跳次数/(次/min) | 97.2 | 84.9 |

座椅设计的依据主要是人体静态测量数据，但对动态项目也要进行考虑，如衣着的增

量、操作时身体的位移量等。

**1. 座宽**

座面的宽度应稍大于臀宽，以便作业者灵活地改变姿势。最小的椅面宽度是 400mm，再加上冬季衣服的厚度和口袋中装的东西，大约要加大 50mm，合计约 450mm。若要使肥胖和纤瘦的作业者都适用，则需加大到 530mm。如果设置靠手，还要加上靠手的尺寸。大多数作业椅是不需要靠手的，因为靠手往往影响手臂的运动。若手臂需要支撑，可以支撑于工作台上。

**2. 座深**

座面的深度应能保证臀部得到全面支持，其深度可取臀部至大腿全长的 3/4，即 357～450mm。若座椅太深，则不利于靠背，而且小腿背侧被座椅前缘压迫而致膝部无法弯曲。若座椅太浅，则造成大腿支撑不足，身体重量都压在坐骨结节上，久坐会产生不适感。

**3. 斜倾度**

座面应有一定的斜倾度，一般做成仰角 3°～8°，作业椅为 3°～5°，以避免人体向前滑下。

**4. 座面形状**

老式的座椅面曾做出臀部凹形，在两腿之间略有隆起，目的是使作业者更感到舒适。但实践证明，人的臀部大小和大腿粗细的个体差异很大，这种座面凹凸形并不适合所有人。其一，它妨碍臀部在座面上自由移动；其二，这种座面使人体重量压在整个臀部，与解剖生理学提出的由坐骨结节承重的结论相违背，不利于血液流通。因此，座面还是以无凹凸形者为宜，但座面上可加一软垫，以增加接触表面，减小压力分布的不均匀性。座垫以纤维性材质为好，既通气又可减少下滑，不宜采用塑料材质。

**5. 座面高度**

座面的高度是一个重要的参数，应根据工作高度确定座面高度，单纯考虑小腿长度是不全面的。决定座面高度最重要的因素是使人的肘部与工作面之间具有合理的高度差。实验证明，这个高度差较合适的距离是 275±25mm。作业者上半身处于良好位置后，再考虑下肢，舒适的坐姿是大腿近乎水平，以及脚底被地面所支持。一般椅面至脚掌的距离为膝骨的高度，即 430～450mm。如果脚掌接触不到地面，应加适当高度的踏板。若座面过高，则双腿悬空，压缩腿部肌肉，造成下肢麻木；若座面过低，则会导致膝部伸直，妨碍大腿活动，易产生疲劳。设计良好的作业椅的座面高度应可按身高调节，且能保证人在写、读时眼睛与对象物的距离不小于 300mm。

**6. 靠背**

靠背有两种，一种叫作"全靠"，可以支持人的整个背部，高度为 457～508mm（以座面为 0 点）；另一种叫作"半靠"，仅支撑腰部。全靠上部支撑位置在第 5～6 节胸椎处，下部支撑位置在 4～5 节腰椎处，有两个明显的支撑面。半靠只有腰椎一个支撑面。靠背的倾斜度与椅面成 115° 夹角；宽度与椅面宽度相称。休息时，肩靠起主要作用；操作时，腰靠起主要作用。表 2.12 为座椅设计参数。

表 2.12　座椅设计参数

| 名称 | 客机乘客座椅 | 轿车驾驶座椅 | 客车驾驶座椅 |
|---|---|---|---|
| 座高/cm | 38.1 | 30~35 | 40~47 |
| 座宽/cm | 50.8 | 48~52 | 48~52 |
| 座深/cm | 43.2 | 40~42 | 40~42 |
| 靠背高/cm | 96.5 | 45~50 | 45~50 |
| 扶手高/cm | 20.3 | — | — |
| 座面与靠背夹角/(°) | 115 | 100 | 96 |
| 座面倾斜角/(°) | 7 | 12 | 9 |

当座椅前后排列时，座间距应使后座的人能自由进出并伸直腿，至少取为 81.3cm，最佳取为 91.4~101.6cm。座位前后错开，保证后座者有 27mm 以上的视觉高度。剧场座椅应使后排逐渐升高，当舞台高度不超过 1.11m 时，座椅坡度应使前后座每排升高 127~428mm。

### 2.7.4　公交车顶棚扶手横杆高度设计的安全人机工程分析

设计计算公共汽车顶棚扶手横杆的高度，并对比"抓得住"与"不碰头"两个要求是否相容。若互不相容，研究如何解决。

**1. 按乘客"抓得住"的要求设计计算**

属于ⅡB型男女通用的产品尺寸设计（小尺寸设计）问题，根据上述人体尺寸百分位数选择原则及表 2.10 所列数据，有：

$$G_1 \leq P_{10女} + X_{x1} \tag{2.29}$$

式中　$G_1$——由"抓得住"要求确定的横杆中心的高度（mm）；

$\quad P_{10女}$——女子"双臂功能上举高"的第 10 百分位数（参见表 2.8，男女共用型产品，应取女子的小百分位数人体尺寸，在不涉及安全问题的情况下，取 $P_{10}$ 即可），由 GB 10000—2023 查得 $P_{10女} = 1737$mm（18~70 岁）；

$\quad X_{x1}$——女子的穿鞋修正量，取 $X_{x1} = 20$mm。

代入数值，得到：

$$G_1 \leq (1737+20)\text{mm} = 1757\text{mm} \tag{2.30}$$

**2. 按乘客"不碰头"的要求设计计算**

属于ⅡA型男女通用的产品尺寸设计（大尺寸设计）问题，根据上述人体尺寸百分位数选择原则及表 2.10 所列，有：

$$G_2 \geq H_{99男} + X_{x2} + r \tag{2.31}$$

式中　$G_2$——由"不碰头"要求确定的横杆中心的高度（mm）；

$\quad H_{99男}$——男子身高的 99 百分位数（参见表 2.10，男女共用型产品，应取男子的大百分位数人体尺寸，涉及人身安全问题，故取 $P_{99}$），由《中国成年人人体尺寸》

（GB 10000—2023）查得 18~25 岁身高 $H_{99男} = 1887\text{mm}$（此处取 18~25 岁身高，主要考虑在各年龄段中该年龄段的身高最高）；

$X_{x2}$——男子的穿鞋修正量，取 $X_{x2} = 25\text{mm}$；

$r$——横杆的半径，取 $r = 15\text{mm}$。

代入数值，得到：

$$G_2 \geq (1887+25+15)\text{mm} = 1927\text{mm} \tag{2.32}$$

### 3. 两个要求是否相容

式（2.30）要求横杆中心低于 1757mm，式（2.32）要求横杆中心高于 1927mm，两者互不相容，即不可能同时满足两方面的要求。

因此，要通过设计来想办法协调和解决问题。解决办法是：横杆涉及高度可以比 1927mm 略高一些，确保高个子乘客的安全；在横杆上每隔 0.5m 左右安装一条挂带，挂带下连着手环，手环可以比 1757mm 略低一些，这样让小个子乘客也抓得着。

## 复 习 题

2.1　人体测量的基准面的定位是由三个互相垂直的轴来决定的，这三个垂直的轴是什么？

2.2　人体测量的基准面包括哪些？

2.3　人体测量数据常以百分位数来表示人体尺寸等级，最常用的三种百分位数是哪三个？分别代表什么含义？

2.4　安全人机工程设计中使用的人体测量数据有哪些要求？

2.5　人体测量数据常用的统计函数有哪些？

2.6　如何利用平均值和标准差计算百分位数？

2.7　现有一名身高为 178cm、体重为 74kg 的成年男性，请计算他的身体体积。

2.8　现有一位身高为 173cm、体重为 57kg 的成年女性，请分别用胡咏梅算法和赵松山算法计算其人体表面积。

2.9　某地区人体测量的平均值 $\bar{x} = 1650\text{mm}$，标准差 $s_D = 57.1\text{mm}$，求该地区第 95 及第 80 百分位数。

2.10　如需设计适用于 85% 华北女性使用的产品，应按怎样的身高范围设计该产品尺寸？

2.11　请根据表 2.5 数据，按照 90% 女性满足度计算如下生活用具的高度：

1）灶台高度 $h_1$。

2）倾斜角度为 30° 左右的楼梯顶棚高度 $h_2$。

2.12　人体测量数据的应用原则是什么？

2.13　根据人体测量数据的应用原则与统计处理的方法，设计露天公用电话亭相关的安全人机工程尺寸。

要求：主要从满足功能的角度入手，设计与人体尺度有关的电话亭的关键尺寸。形态可以不过多考虑，参照人体测量数据在产品设计中应用的步骤完成。用文字说明每一步的思考和结论，最终画出相应的设计简图。

2.14　实例分析：教室桌椅与台式计算机桌椅在人机设计中关键尺寸的对比分析。

# 第3章

# 人的生理特性与心理特性

【本章学习目标】

1. 掌握人的感觉和知觉特性、视觉特性、听觉特性；掌握获取生理数据的实验方法及分析方法。

2. 理解人的非理智行为的心理因素；理解人的行为的共同特征和个体差异。

3. 了解人的生理特性与安全之间的联系。

## 3.1 人的生理特性

### 3.1.1 人的感知特性

**1. 感觉**

感觉是事物直接作用于感觉器官时对事物个别属性的反映。例如，可以通过视觉、嗅觉、味觉等感觉器官感受一瓶饮料的颜色、气味、口感等不同属性。感觉虽然是一种极简单的心理过程，但它在生活实践中具有重要的意义。人对客观事物的认识是从感觉开始的，它是最简单的认识形式。失去感觉，就不能分辨客观事物的属性和自身状态。因此，感觉是各种复杂的心理过程（如知觉、记忆、思维）的基础。就这个意义来说，感觉是人关于世界的一切知识的源泉。

人体的感觉系统又称感官系统，是人体接受外界刺激，经传入神经和神经中枢产生感觉的机构。人的感觉按人的器官分类共有7种，通过眼、耳、鼻、舌、肤5个器官产生的感觉称为"五感"，此外还有运动感、平衡感等。有时将前面"五感"称为外部感觉，将后两种感觉称为内部感觉。感觉的基本特征包括：

（1）适宜刺激

人体的各种感觉器官都有各自最敏感的刺激形式，这种刺激形式称为相应感觉器官的适宜刺激，见表3.1。

表 3.1  人的感觉和感受器官的适宜刺激

| 感觉 | 感受器官 | 适宜刺激 | 刺激源 |
|---|---|---|---|
| 视觉 | 眼睛 | 一定频率范围的电磁波 | 外部 |
| 听觉 | 耳 | 一定频率范围的声波 | 外部 |
| 旋转 | 半规管肌肉感受器 | 内耳液压变化，肌肉伸张 | 内部 |
| 下落和直线运动 | 半规管 | 内耳小骨位置变化 | 内部 |
| 味觉 | 舌头和口腔的一些特殊细胞 | 溶于唾液中的一些化学物质 | 外部 |
| 嗅觉 | 鼻腔黏膜上的一些毛细胞 | 蒸发的化学物质 | 外部 |
| 触压觉 | 主要是皮肤 | 皮肤表面的弯曲变形 | 接触 |
| 振动觉 | 无特定器官 | 机械压力的振幅及频率变化 | 接触 |
| 压力觉 | 皮肤及皮下组织 | 皮肤及皮下组织变形 | 接触 |
| 温度觉 | 皮肤及皮下组织 | 环境媒介的温度变化或人体接触物的温度变化，机械运动，某些化学物质 | 外部或接触面 |
| 表层痛觉 | 确切的感觉器官尚不清楚，一般认为是皮肤的自由神经末梢 | 强度很大的压力、热、冷、冲击及某些化学物质 | 外部或接触面 |
| 深层痛觉 | 一般认为是自由神经末梢 | 极强的压力和高热 | 外部或接触面 |
| 味觉和运动觉 | 肌肉、腱神经末梢 | 肌肉拉伸、收缩 | 内部 |
| 自身动觉 | 关节 | — | 内部 |

（2）感觉阈限

刺激必须达到一定强度才能对感觉器官发生作用，能被感觉器官所感受的刺激强度范围称为感觉阈限，又称绝对感觉阈限。刚刚能引起感觉的最小刺激量称为该感觉器官的感觉阈下限，若刺激的能量低于此阈值，人就不能感觉到信号的存在，只有信号的能量超过此阈值，才能被人的感觉器官接收；能产生正常感觉的最大刺激量称为感觉阈上限。刺激强度不允许超过上限，否则不但无效，而且会引起相应感觉器官的损伤。当刺激的能量分布在绝对感觉阈限的上、下限之间时，感觉器官不仅能感觉刺激的存在，而且能感受刺激的变化或差别。刚刚能引起刺激差别感觉的最小差别量称为差别感觉阈限，也叫最小可觉差。对最小差别量的感受能力称为差别感受性。差别感受性与差别感觉阈限成反比。不同感觉通道的最小可觉差很不一致。表 3.2 为部分感觉器官对刺激信号能量频谱分布的感受范围和分辨能力。

（3）适应

感觉器官经连续刺激一段时间后，在刺激不变的情况下，敏感性会降低，人的感觉会逐渐减小以致消失，产生感觉器官的适应现象。

（4）相互作用

一种感受器官只能接受一种刺激和识别某一种特征。眼睛只接受光刺激，耳朵只接受声刺激。人的感觉印象 83% 来自眼睛，11% 来自耳朵，6% 来自其他器官。同时，有多种视觉信息或多种听觉信息，以及视觉与听觉信息同时输入时，人们往往倾向于注意一个而忽视其他信息。在一定条件下，各种感觉器官对其适宜刺激的感受能力都将受到其他刺激的干扰影响而降低，由此使感觉性发生变化的现象称为感觉的相互作用。

**表 3.2 部分感觉器官对刺激信号能量频谱分布的感受范围和分辨能力**

| 感觉 | 刺激信号能量频谱分布感受范围 | | 刺激信号能量频谱分布辨别能力 | |
| --- | --- | --- | --- | --- |
| | 最低频率（感觉阈下限） | 最高频率（感觉阈上限） | 相对辨别 | 绝对辨别 |
| 色调 | 300nm | 1500nm | 对中等强度的可见光谱约可分辨出 128 个色度等级 | 12~13 个色度等级 |
| 白光闪光 | — | 占空比为 0.5 的中等强度白光约在 50Hz 产生融合 | 占空比为 0.5 的中等强度白光在 1~15Hz 的频率范围内可分辨出 375 个等级 | 不超过 6 个等级 |
| 纯音 | 20Hz | 20000Hz | 在 20~20000Hz 频率范围内响度为 60dB 时约可分辨出 1800 个等级 | 4~5 个声调 |
| 间歇白噪声 | — | 占空比为 0.5 的中等强度白噪声约在 2000Hz 产生融合 | 占空比为 0.5 的中等强度，白噪声间歇率为 1~45Hz 时大约可分辨出 460 个等级 | — |
| 机械振动 | — | 高强度刺激时可察觉到 10000Hz 的振动 | 在 1~320Hz 范围内，可辨出 180 个等级 | — |

如果同时输入两个相等强度的听觉信息，对其中一个信息的辨别能力将降低 50%，并且只能辨别最先输入的或是强度较大的信息。当视觉信息与听觉信息同时输入时，听觉信息对视觉信息干扰最大，视觉信息对听觉信息的干扰较小。

（5）对比

同一感受器官接受两种完全不同但属同一类的刺激物的作用，而使感受性发生变化的现象称为对比。

感觉的对比分为同时对比和继时对比两种。几种刺激物同时作用于同一感受器官时产生的对比称为同时对比。例如，同样一个灰色图形，在白色背景上看起来显得颜色深一些，在黑色背景上则显得颜色浅一些；而灰色图形置于红色背景呈绿色，置于绿色背景则呈红色，这种图形向彩色背景的补色方向产生颜色变化的现象叫作颜色对比。几个刺激物先后作用于同一感受器官时，将产生继时对比现象。例如，左手放在冷水里，右手放在热水里，过一会以后，再同时将两手放在温水里，则左手感到热，右手会感到冷。

（6）余觉

刺激取消以后，感觉可以在极短时间存在，这就是余觉现象。

**2. 知觉**

知觉是人脑对直接作用于感觉器官的客观事物和主观状况的整体反映。它为人们对外界的感觉信息进行组织和解释，包括获取感官信息、理解信息、筛选信息、组织信息。人的知觉一般分为空间知觉、时间知觉、运动知觉和社会知觉等。它们有如下共同特征：

（1）整体性

人们对物体整体的认识通常要快于对局部的认识，此特性使得人们可以根据客观事物的部分特征，将其作为一个整体而产生知觉。

知觉之所以具有整体性，是因为客观事物对人而言是一个复合的刺激物。由于人在知觉时有过去经验的参与，大脑在对来自各感官的信息进行加工时，就会利用已有经验对缺失部分加以整合补充，将事物知觉为一个整体。如图 3.1 所示，虽然不能看到纸牌的全部，但不影响对其整体性的判断和感知。

图 3.1 不完整的扑克牌

一般来说，刺激物的显示较为突出的部分在知觉的整体性中起决定作用。如图 3.2 所示，图 3.2a 中的多个圆圈整体看起来像 4 条竖线排列组成的图形；图 3.2b 的基本形式与图 3.2a 类似，但是其中有部分黑点突出显示，使图 3.2b 整体看起来像是 4 条横线排列组成的图形；图 3.2c 也是由多个圆圈排列组合，由于两侧留有较大的空隙的位置，所以整体看起来像两个长方形排列组成的图形。

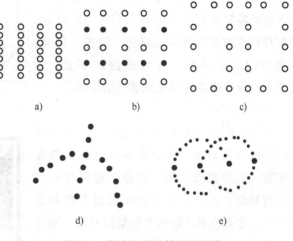

图 3.2 影响知觉整体性的因素

（2）恒常性

尽管作用于感官的刺激在不断地变化，但对物体的知觉却保持着相当程度的稳定性。知觉恒常性是经验在知觉中起作用的结果，即人总是根据记忆中的印象、知识、经验去知觉事物的。在视知觉中，恒常性表现得特别明显。

视知觉恒常性主要有以下几个方面：

1）大小恒常性。看远处物体时，人的知觉系统补偿了视网膜映像的变化，因而知觉的物体是其真正的大小。

2）形状恒常性。看物体的角度有很大改变时，对物体的知觉仍然保持同样的形状。形状恒常性和大小恒常性可能都依靠相似的感知过程。例如，当一扇门打开时，人的知觉总是认为门是长方形的。

3）明度恒常性。一件物体，不管照射它的光线强度怎么变化，它的明度是不变的。邻近区域的相对照明，是决定明度保持恒定不变的关键因素。例如，无论在白天还是在黑夜，白衬衣总是被知觉为白色的。

4）颜色恒常性。一般来说，即使光源的波长变动幅度相当宽，只要照明的光线既照在物体上也照在背景上，任何物体的颜色都将保持相对的恒常性。

恒常性还包括味道恒常，如看到"草莓"的图片或者听到"草莓"一词就想到它的味道。

（3）理解性

知觉的理解性指的是人在知觉某一客观对象时，总是利用已有的知识经验（包括语言）去认识它。人在知觉过程中并不仅分析其对新事物的照相式的反映，还会加入过去的经验参与对新事物的理解。

在知觉信息不足或复杂情况下，知觉的理解性需要语言的提示和思维的帮助，语言的指导能唤起人们已有的知识和过去的经验，使人对知觉对象的理解更迅速、完整。但是，不确切的语言指导会导致歪曲的知觉。如图 3.3 所示为语言对知觉理解性的影响。

（4）选择性

知觉的选择性是指人们能迅速地从背景中选择出知觉对象。客观事物每时每刻都在影响着人们的感觉器官，但并不是所有的对象都被知觉。人们总是有选择地以少数对自己有重要意义的刺激物作为知觉的对象。知觉的对象能够得到清晰的反映，而背景只能得到比较模糊的反映。人们在观察双关图形时，常常会在不同的两个图形知觉中来回转换，这说明知觉过程中存在着竞争，如图 3.4 所示。

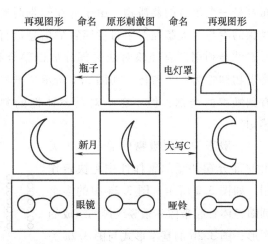

图 3.3 语言对知觉理解性的影响

图 3.4 知觉的选择性
a）老妇-少女双关图  b）人头-花瓶双关图

知觉适应是指在刺激输入变化的情况下，仍然能够调整知觉，使其返回到原来的状态。

从知觉背景中区分出对象来，一般取决于下列条件：

1）对象和背景的差别。对象和背景的差别越大（包括颜色、形态、刺激强度等），对象越容易从背景中区分出来，并优先突出，给予清晰的反映。

2）对象的运动。在固定不变的背景上，活动的刺激物容易成为知觉对象，如航标用闪光做信号，各种仪表上的指针、街头闪烁的霓虹灯等都易被知觉。

3）主观因素。人的主观因素对于选择知觉对象相当重要，当任务、目的、知识、经验、兴趣、情绪等因素不同时，选择的知觉对象便不同。"仁者见仁、智者见智"说明了主体的需求状态对知觉选择性的影响。

（5）错觉

错觉是对外界事物不正确的知觉，是知觉恒常性的颠倒。错觉表明，尽管视网膜上的映像没有变化，人知觉的刺激却不相同。

**3. 感觉和知觉的关系**

感觉和知觉既有联系，又有区别。两者都是客观事物直接作用于感觉器官而在大脑中产生对所作用事物的反映。人脑中产生的具体事物的印象总是由各种感觉综合而成的，没有反映个别属性的知觉，也就不可能有反映事物整体的感觉。所以，知觉是在感觉的基础上产生的，知觉是感觉的综合，感觉到的事物个别属性越丰富、越精确，对事物的知觉也就越完整、越正确。

感觉反映个别属性，是简单加工过程；知觉反映整体属性，是复杂加工过程。感觉取决于客观事物自身的属性，知觉不仅取决于客观事物自身的属性，还与人的知识、经历、训练有关。可以通过空间知觉测试实验进一步增加对知觉的认知。

**【空间知觉测试实验】**

空间知觉主要包括大小知觉、形状知觉、方位知觉、深度知觉等，人对空间的感知是由多种感觉器官协调活动的结果。通过测定辨别复杂图形的反应时，来测试被试的空间知觉能力。空间知觉测试仪如图 3.5 所示。该仪器的灯光显示器可以随机显示条形、块形、不规则形 3 种图案，每种图案有Ⅰ、Ⅱ两大类，每类有 4 种图形，如图 3.6 所示。测试中，被试者应尽快确定刺激类型与按键的对应关系。因此，可以测试出被视者的空间知觉。

图 3.5　空间知觉测试仪

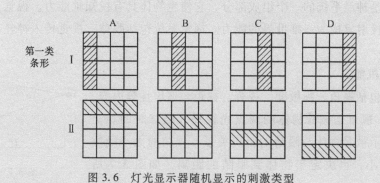

图 3.6　灯光显示器随机显示的刺激类型

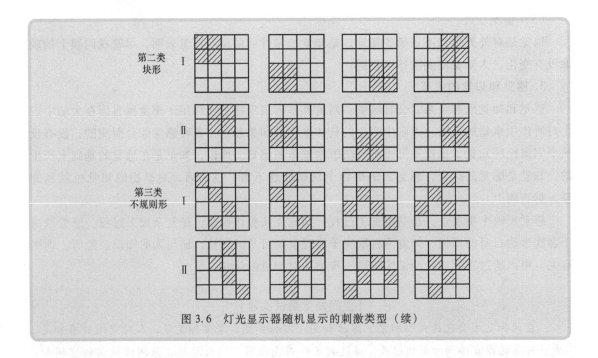

图 3.6  灯光显示器随机显示的刺激类型（续）

### 4. 人的视觉机能和特性

视觉是可见光波刺激视分析器所产生的感觉，是人和动物最重要的感觉通道。外界物体的大小、明暗、颜色、动静等对机体生存具有重要意义的各种信息中，约有 83% 需要经过视觉器官获得。当视觉信息与其他同时信息矛盾时，人主要根据视觉信息做出相应的反应行为。

（1）视觉刺激

视觉的适宜刺激是光，光是辐射的电磁波。人类所能接收的光波，即可见光，其波长范围为 380～780nm，约占整个光波波长范围的 1/70，在此波长范围之外的电磁波射线（380nm 以下的紫外线和 780nm 以上的红外线），人眼是无法感觉到的。视觉中的色调、明度、饱和度是由光波的物理性质决定的。

（2）视觉系统

视觉系统是神经系统的一个组成部分，它使生物体具有视知觉能力。视觉系统具有将外部世界的二维投射重构为三维世界的能力。视觉系统包括眼球、视觉传入神经和大脑皮层视区 3 部分。

（3）视觉机能

视觉机能包括视角、视敏度、视野、视距、适应性等内容。

1）视角。视角是被看物体的两点光线投入眼球时的相交角度，用来表示被看物体与眼睛的距离关系。视角的大小既决定于物体的大小，也决定于物体到眼睛的距离，如图 3.7 所示，则：

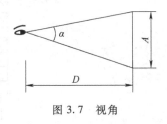

图 3.7  视角

$$\tan\frac{\alpha}{2} = \frac{A}{2D} \tag{3.1}$$

式中　$\alpha$——视角（°）；

　　　$D$——人眼角膜到物体的距离；

　　　$A$——物体的大小。

可以看出，视角的大小与人眼到物体的距离成反比。眼睛对目标细节刚能区分和不能区分的临界状态下的视角，称为临界视角。一定条件下，人们是否能看清物体并不取决于物体的尺寸本身，而是取决于视角的大小。

2）视敏度。视敏度是指对相邻目标或目标细节的分辨能力（即临床医学上称的视力），以临界视角的倒数来表示。视敏度的基本特征在于分辨两点之间的距离，距离越小，即临界视角越小，表明视敏度越高，视力越好。

研究表明，驾驶员的视敏度随着车速的升高而逐渐下降。对于健康的人眼而言，当车速为 0（静止）时，视力为 1.2；当车速为 30km/h 时，视力为 0.9；当车速为 40km/h，视力为 0.8；当车速为 70km/h 时，视力为 0.5。由此可见，当车速达到 72km/h 时，其视力下降 58%，这将严重影响驾驶员对外界事物的辨别能力，极易导致交通事故的发生。

影响视敏度的主要因素是亮度、对比度、背景反射与物体的运动等。亮度增加，视敏度可提高，但过强的亮度反而会使视敏度下降。在亮度好的情况下，随着对比度的增加，视敏度也会更好。视敏度因时间变化差别很大，清晨视敏度较差，夜晚更差，只有白天的 3%~5%。

3）视野。视野是指身体保持在固定位置且头部和眼球不动时，眼睛观看正前方所能看到的空间范围，常以视角来表示。眼睛观看物体可分为静视野、注视野和动视野三种状态。静视野是在头部固定、眼球静止不动的状态下的可见范围；注视野是指头部固定而转动眼球注视某中心点时所见的范围；动视野是头部与眼睛随注视目标转动时，能依次注视到的所有的空间范围。

视野又可分为单眼视野（仅一只眼睛对应的视野）、双眼视野（两只眼睛共同的视野）和综合视野（包含单眼视野和双眼视野），按水平方向和垂直方向等不同方位分为水平视野和垂直视野，如图 3.8 所示。

① 综合视野。在水平面内的视野，右、左眼视野界限分别在左、右约 60°范围内。人的最敏感的视力是在标准视线每侧 1°的范围内。单眼视野界限为标准视线每侧 94°~104°。

在垂直面内的视野，最大可视区域的界限在标准视线以上 50°和标准视线以下 70°。颜色辨别界限在标准视线以上 30°和标准视线以下 40°。实际上，人的自然视线是低于标准视线的。正常视线是指头部和两眼都处于放松状态，头部与眼睛轴线之夹角为 105°~110°时的视线，该视线在水平视线下 25°~35°，如图 3.9 所示。

最佳的视野范围如图 3.10~图 3.12 所示。

注视野最佳值=直接视野最佳值+眼球可轻松偏转的角度（头部不动）　　（3.2）

动视野最佳值=眼动视野最佳值+头部可轻松偏转的角度（躯干不动）　　（3.3）

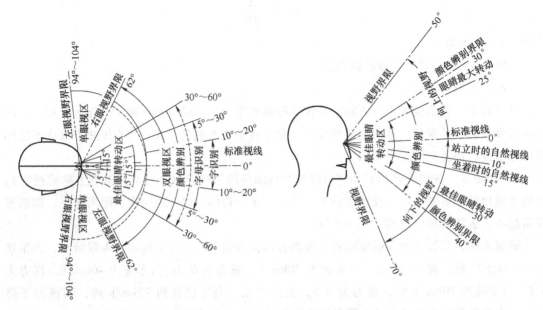

图 3.8　人的水平视野和垂直视野

a）水平视野　b）垂直视野

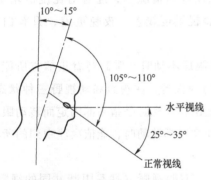

图 3.9　人眼的正常视线

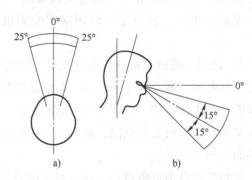

图 3.10　最佳静视野

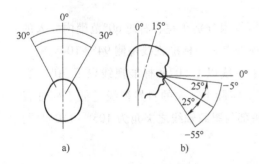

图 3.11　最佳注视野

a）水平方向　b）垂直方向

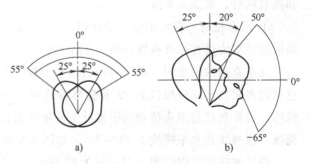

图 3.12　最佳动视野

a）水平方向　b）垂直方向

② 色觉与色觉视野。人眼的视网膜除能辨别光的明暗以外，还有很强的辨色能力。光有能量大小与波长长短的不同。光的能量表现为人对光的亮度感觉；而波长的长短则表现为人对光的颜色感觉。人眼大约可以分辨出 180 多种颜色，但主要是红、橙、黄、绿、青、蓝、紫 7 种。在波长为 380～780nm 的可见光谱中，光波波长只要相差 3nm，人眼就可分辨。日常人们看见的光线都是由不同波长的光混合而成的。

有些人由于生理因素而导致缺乏辨别某种颜色的能力，称为色盲；若仅对辨别某种颜色的能力较弱，称为色弱。可见光谱中各种颜色的波长不同，对人眼刺激不同，人眼的色觉视野也不同，如图 3.13 所示。白色视野范围最宽，水平方向达 180°，垂直方向达 130°；其次是黄色和蓝色；最窄是红色和绿色，水平方向达 60°，垂直方向，红色为 45°，绿色只有40°。色觉视野还受背景颜色的影响，如图 3.14 所示。

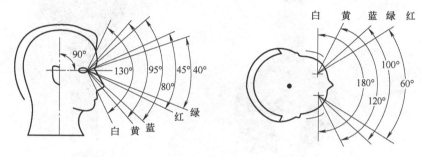

图 3.13　人的水平和垂直方向的色觉视野

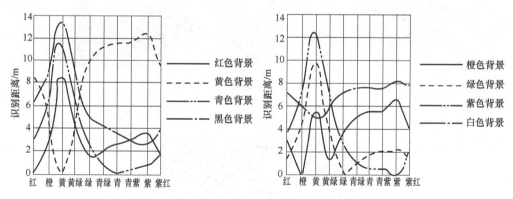

图 3.14　不同颜色背景下观察色彩的识别距离

注：图样直径为 5mm。

## 【彩色分辨视野实验】

该实验使用 BD-Ⅱ-108 型彩色分辨视野仪，如图 3.15 所示。

这种彩色分辨视野仪可测定红、黄、绿、蓝和白色的视野范围。该仪器有一个可以转动的黑色半圆弧，弧上有能滑动并能分别呈现出不同大小的红、黄、绿、蓝及白色的滑块装置。在弧的中心有一个黄色注视点。被试者将下巴放在固定头部的支架上，左眼或右眼视线固定于中心位置，注视中心黄色圆点。测试时用一张视野纸分别画出左眼及右眼视野（图3.16）。在视野图上做记录时需特别注意，当刺激在左边时，所测得的结果应记录在图的右边；刺激在右边时应记录在图的左边。因为彩色视野图表明对人体外部的不同彩色的可见范围，而不是视网膜上不同的彩色区域，所以视野图与视网膜上的左右部位相反，与上下部位颠倒。

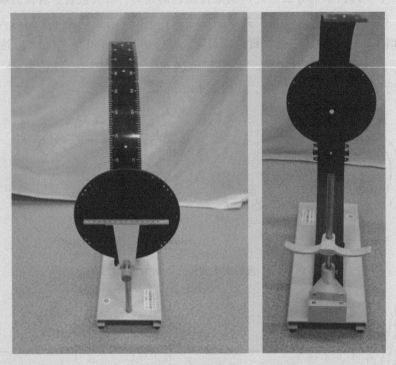

图 3.15　BD-Ⅱ-108 型彩色分辨视野仪

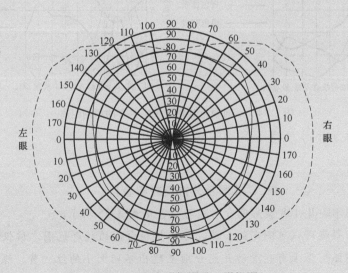

图 3.16　左右眼视野及双眼视野

③ 视区。视区即视力范围，在视网膜上的中央部位分布着很多视锥细胞，其感色力强，同时能清晰地分辨物体，用这个部位视物称为中央视觉。视网膜上视杆细胞多的边缘部位感受多彩的能力较差或不能感受，故分辨物体的能力差。但由于这部分的视野范围广，故能用于观察空间范围内和正在运动的物体，称为周围视觉或边缘视觉。一般情况下，既要求操作者的中央视觉良好，也要求其周围视觉正常。而对视野各方面都在 10° 以内者称为工业盲。在放松状态下，视力范围可相应扩大。在头部眼球固定不动且不必看得太清的情况下，视力范围可扩大到 38°；在头部不动，眼球转动且不必看得太清的情况下，视力范围可达 120°；头部眼球均可动且不必看得太清的情况下，视力范围可达 220°。按对物体的辨认效果，即辨认的清晰程度和辨认速度，可将视区分为 4 种，见表 3.3。

表 3.3　视区范围及特点

| 视区名称 | 范围 | | 辨认效果 |
| --- | --- | --- | --- |
| | 垂直方向 | 水平方向 | |
| 中心视区 | 1.5°～3° | 1.5°～3° | 最为清晰 |
| 最佳视区 | 视水平线下 15° | 20° | 在短时间内能辨认清楚物体形象 |
| 有效视区 | 上 10°，下 30° | 30° | 需要集中精力，才能辨认清楚物体形象 |
| 最大视区 | 上 60°，下 70° | 120° | 可感到物体形象存在，但轮廓不清楚 |

4）视距。视距是人眼观察操作系统中指示装置的正常距离。视距过大或过小都会影响认读的速度和准确性，而且观察距离与工作的精细程度密切相关。一般操作的视距在 380～760mm，小于 380mm 会使人感到眼晕，大于 760mm 会看不清细节，其中以 580mm 为最佳距离。实际操作中，应根据具体要求来选择最佳视距，见表 3.4。

表 3.4　几种工作视距的推荐值

| 任务要求 | 视距/cm | 固定视野直径/cm | 举例 | 备注 |
| --- | --- | --- | --- | --- |
| 最精细的工作 | 12～25 | 20～40 | 安装最小部件（表、电子元件） | 完全坐着，部分依靠视觉辅助手段 |
| 精细工作 | 25～35（多为 30～32） | 40～60 | 安装收音机、电视机 | 坐着或站着 |
| 中等粗活 | <50 | 60～80 | 印刷机、钻井机、机床旁工作 | 坐着或站着 |
| 粗活 | 50～150 | 30～250 | 包装、粗磨 | 多为站着 |
| 远看 | >150 | >250 | 看黑板、驾驶车辆 | 坐着或站着 |

5）适应性。当光的亮度不同时，视觉器官的感受性也不同，亮度有较大变化时，感受性也随之变化。视觉器官的感觉随外界亮度的刺激而变化的过程，或这一过程达到的最终状态称为视觉适应，其机制包括视细胞或神经活动的重新调整，瞳孔的变化及明视觉与暗视觉功能的转换。人眼的视觉适应包括明适应和暗适应两种。

当人从亮处进入暗处时，刚开始看不清物体，而需要经过一段适应的时间后，才能看清物体，这种适应过程称为暗适应。暗适应过程开始时，瞳孔逐渐放大，进入眼睛的光通量增加。同时对弱刺激敏感的视杆细胞也逐渐转入工作形态，因而整个暗适应需 30min 左右才趋于完成。

与暗适应情况相反的过程称为明适应。明适应过程开始时，瞳孔缩小，使进入眼中的光通量减少；同时转入工作状态的视锥细胞数量迅速增加，因为对较强刺激敏感的视锥细胞反应较快，因而明适应过程一开始，人眼感受性迅速降低，30s 后变化很缓慢，大约 1min 后明适应过程就趋于完成。暗适应和明适应曲线如图 3.17 所示。

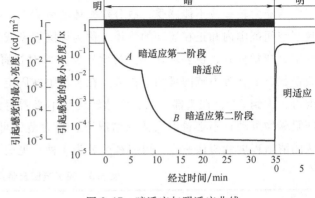

图 3.17　暗适应与明适应曲线

人的视觉器官虽有一定的亮暗适应特征，但如果亮暗频繁变换，眼睛需要频繁调节，就不能很快适应光亮的变化，这样不仅增加人眼的视觉疲劳，而且还会造成观察和判断失误，从而有可能导致安全生产事故发生。因此，在实际生产中，要避免光线亮度的频繁改变，无法避免时，应尽量采取措施缓和光线的亮度变化。例如，要求工作面的亮度变化均匀，避免阴影；环境和信号的明暗差距变化平缓；工厂车间的局部照明和普通照明不要相差悬殊；从一个车间到另一个车间要经过车间到车间外空旷地带，即眼睛由暗变亮的适应过程，再到另一个车间，即由车间外较亮处到较暗处，眼睛由亮到暗的适应过程。所以，经常出入两车间的工人应配备墨镜，尤其是阳光强烈的时候更应该加强对眼睛的防护。

（4）视错觉

视错觉是指注意力只集中于某一因素时，由于主观因素的影响，感知的结果与事实不符的特殊视知觉。视错觉是视觉的正常现象。这是因为人们观察物体和图形时，由于物体或图形受到形、光、色干扰，加上人的生理、心理原因，会产生与实际不符的判断性视觉错误。引起视错觉的图形多种多样，根据它们引起错觉的倾向性可分两类：一类是数量上的视错觉，包括在大小、长短方面引起的错觉；另一类是关于方向的错觉。图 3.18 所示为常见的几种视错觉。

图 3.18a 中均为等长的线段，因方向不同或附加物的影响，感觉竖线比横线长，上短下长，左长右短。

图 3.18b 中左边两角大小相等。因两者包含的角大小不等，感觉右边的角大于左边的角；五条垂线等长，但因各线段所对的角度不等，感觉自左至右逐渐变长。

图 3.18c 中两圆直径相等，因光渗作用引起浅色大、深色小的错觉，即感觉到左圆大、右圆小。

图 3.18d 中的水平线和正方形，由于其他线的干扰，感觉发生弯曲。

图 3.18e 中，当眼睛注视的位置不同时，图形使人感觉有翻转变化。

图 3.18f 中，由于线段末附加有箭头，使人感觉有图形方向感和运动感。

视错觉有害也有益。在人机系统中，视错觉有可能造成观察、监测、判断和操作的失误。但在工业产品造型中，可以利用视错觉获得满意的心理效应。例如，利用圆形制作交通标志会产生比同等面积的三角形或正方形显得要大 1/10 的视错觉，因此，相关标准规定用圆形表示"禁止"或"强制"等标志。

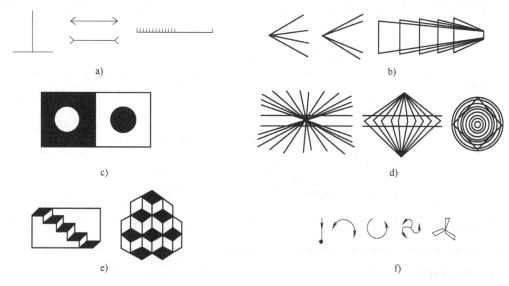

图 3.18　常见的几种视错觉

a) 长度错觉　b) 对比错觉　c) 光渗错觉　d) 位移错觉　e) 翻转错觉　f) 运动错觉

**【错觉实验】**

　　本实验主要是证实缪勒-莱伊尔（Muller-Lyer）视错觉现象的存在和研究错觉量大小。缪勒-莱伊尔错觉是指两条等长的线段，由于一条两端画着箭头，另一条两端画着箭尾，看起来前者比后者短，如图 3.19 所示。这是由于人的知觉整体性引起的错觉。主要技术指标为：线段总长度（200mm，箭头线与箭尾线长度可调，可调范围为 ±20mm），错觉量长度读数误差（<0.1mm，位于仪器的背面），箭羽长度（25mm），箭羽线夹角（30°、45°、60°）。实验设备为 BD-Ⅱ-113 型错觉实验仪及选用一种夹角箭羽线时的挡板（2 块）。

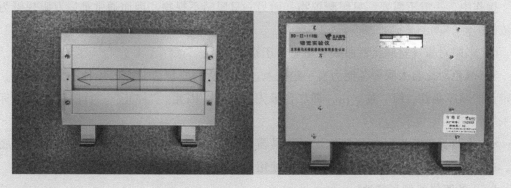

图 3.19　BD-Ⅱ-113 型错觉实验仪

（5）眩光

当视野内出现的亮度过高或对比度过大时，人会感到刺眼并降低观察能力，这种刺眼的光线叫作眩光。眩光可能引起作业人员不舒服、厌恶甚至对视力造成影响，引起视觉疲劳。生产中应采取措施减轻眩光，国际照明委员会（CIE）对于眩光限制的质量等级见表 3.5。

表 3.5　CIE 对于眩光限制的质量等级

| 质量等级 | 作业或活动的类型 |
| --- | --- |
| A（很高质量） | 非常精确的视觉作业 |
| B（高质量） | 视觉要求高的作业，中等视觉要求的作业，但需要注意力高度集中 |
| C（中等质量） | 视觉要求中等的作业，注意力集中程度中等，工作者有时要走动 |
| D（质量差） | 视觉要求和注意力集中程度的要求比较低，而且工作者常在规定区域内走动 |
| E（质量很差） | 工作者不要求限于室内某一工位，而是走来走去，作业的视觉要求低，或不为同一群人持续使用的室内区域 |

（6）视觉特征

1）眼睛的水平运动比垂直运动快，即先看到水平方向的东西，后看到垂直方向的东西。根据眼睛沿水平方向运动比沿垂直方向运动快而且不易疲劳的特点，很多仪表外形都设计成横向长方形。

2）视线运动习惯于从左到右、从上至下顺时针进行。所以，在进行显示装置设计时，仪表的刻度方向设计应遵循这一规律。

3）人眼对物体尺寸和比例的估计，表现为水平方向比垂直方向准确、迅速，且不易疲劳。因此，水平式仪表的误读率（28%）比垂直式仪表的误读率（35%）低。

4）当眼睛偏离视中心时，在偏离距离相同的情况下，注视区的优先顺序通常为左上、右上、左下、右下。因此，视区内的仪表布置必须考虑这一特点。

5）两眼的运动总是协调、同步的，在正常情况下不可能一只眼睛转动而另一只眼睛不动。操作中，一般不需要一只眼睛视物，而另一只眼睛不视物，因而通常都以双眼视野为设计依据。

6）人眼对直线轮廓比对曲线轮廓更易于接受。

7）颜色对比与人眼辨色能力有一定关系。当人从远处辨认前方的多种不同颜色时，其易辨认的顺序是红、绿、黄、白，即红色最先被看到。因此，"停止""危险"等信号标志都采用红色。

8）当两种颜色相配在一起使用时，易辨认的顺序是：黄底黑字、黑底白字、蓝底白字、白底黑字等。公路两旁的警示标志应使用黄底黑字，交通指示牌一般使用蓝底白字。

**5. 人的听觉机能和特性**

听觉是指声波作用于听觉器官，使其感受细胞兴奋，并引起听神经的冲动发放传入信息，经各级听觉中枢分析后引起的感觉。由于听觉是除触觉以外最敏感的感觉通道，在传递信息量很大时，不会像视觉器官那样容易疲劳，因此一般用作警告显示，通常和视觉信号联用，以提高显示装置的功能。

（1）听觉刺激

在人-机-环境系统中，听觉是仅次于视觉的第二重要感觉，听觉的适宜刺激物是声波。声波是声源在介质中向周围传播的振动波。振动的物体是声音的声源，振动在弹性介质中以波的方式进行传播，所产生的弹性波称为声波，一定频率范围的声波作用于人耳就可以产生声音的感觉。

（2）听觉系统

人的听觉系统主要是听觉器官，即人的耳朵。人耳的结构有外耳、中耳、内耳 3 个组成部分。

（3）听觉特征

人耳的听觉特征即听觉的物理特性，可用以下特性来描述。

1）可听范围。可听范围即可听声或频率响应，主要取决于声音的频率范围。听觉的频率响应特性对听觉传示装置的设计是很重要的。具有正常听力的青少年（12~25 岁）能够觉察到的频率范围是 16~20000Hz。一般人的最佳听阈频率范围是 20~20000Hz，以 1000~3000Hz 是最为敏感，低于 20Hz 的次声和高于 20000Hz 的超声，人耳听不到。人在 25 岁左右时，开始对 15000Hz 以上频率声音的灵敏度显著降低，当频率高于 15000Hz 时，听阈开始向下移动，而且随着年龄的增长，频率感受的上限呈逐年连续降低的趋势。对频率小于 1000Hz 的低频率范围，听觉灵敏度几乎不受年龄的影响。图 3.20 所示为年龄对听力敏感性的影响。

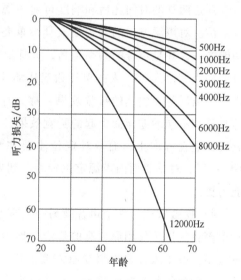

图 3.20　年龄对听力敏感性的影响

2）可听声的强度。可听声除取决于声音的频率以外，还取决于声音的强度。听觉的声强动态范围可用下列比值表示：

$$听觉的声强动态范围 = 正好可忍受的声强 / 正好能听见的声强 \qquad (3.4)$$

① 听阈：在最佳的听闻频率范围内，一个听力正常的人刚刚能听到给定各频率的正弦式纯音的最低声强 $I_{min}$，称为相应频率下的听阈值。

② 痛阈：对于感受给定各频率的正弦式纯音，开始产生疼痛感的极限声强 $I_{max}$，称为相应频率下的痛阈值。

③ 听觉区域：由听阈与痛阈两条曲线所包围的听觉区（阴影部分），听觉区中包括标有"音乐"与"语言"标志的两个区域。

通常，人耳刚刚能感觉到的最小声压，当频率为1000Hz时，大约是$2×10^{-5}$Pa，是人们定义该声压所代表的声级为0dB（A）的主要原因。人耳的痛阈一般为20Pa，相当于120dB（A）的声级。人类听觉感受的动态范围很宽，能感受到的最小声压级为0dB（A），能耐受的最大声压级可达140dB（A）。人耳可听声音的大小用声强表示的话，各频率与可听最低声强与极限声强绘出的听阈、痛阈如图3.21所示。

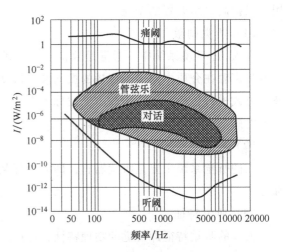

图3.21 人的听阈、痛阈及听觉区域

3）方向敏感性。人耳对不同频率、不同方向的声音的感受能力不同，通过对人的右耳进行方向敏感性测试发现，频率越高，响应对方向的依赖程度越大。由于头部的掩蔽效应造成声音频谱的改变，人耳通过判断声音到达两耳的时间先后和响度可对声源进行定位。对声源方向的判定是人耳最重要的功能之一，并且声音的频率越高，人耳对声源方向的判定越准确。人耳可觉察到的声信号入射的最小偏角为3°。人的单耳和双耳都具有定位的能力。单耳定位是耳壳（廓）各部位对入射声波反射而引起的听觉效果，称为耳壳（廓）效应。双耳定位是入射声波到达人的两耳时具有不同的差异而引起的听觉效果，称为双耳效应，或称为立体声效应。单耳定位主要表现在竖直方向上，而双耳定位主要在水平面内。人耳对水平面内声源定位的准确度为10°~15°，对垂直面内声源定位较差。如果声音来自背后，由于耳郭的屏蔽作用，方位辨别能力更差。

4）掩蔽效应。一个声音被另一个声音所掩盖的现象，称为掩蔽。一个声音的听阈因另一个声音的掩蔽作用而提高的效应，称为掩蔽效应。相对于视觉适应而言，听觉适应时间要短得多。由于人耳的听阈复原需要经历一段时间，掩蔽去掉以后，人耳的效应不能立即消除，这种现象称为掩蔽残留，其值可用来判断听觉疲劳程度。掩蔽声对人耳的刺激时间和强度直接影响人耳的疲劳持续时间和疲劳程度，刺激越长或越强，则疲劳越严重。在设计听觉传示装置时，根据实际需要，有时要对掩蔽效应的影响加以利用，有时则要避免或克服声音的掩蔽效应。

（4）听觉感受性

人主观感觉的声音响度与声强成对数关系，即声强增加10倍，主观感觉响度只增加1倍。听觉感受性有绝对感受性和差别感受性之分，与之相应的刺激值称为绝对阈值和差别阈值。

1）听觉绝对阈值。声音要达到一定的声级才能被听到，这种引起声音感觉的最小可听声级称为听觉的绝对阈值，它是听觉绝对感受性的表征量。图3.22是国际标准组织（ISO）提出的标准听阈曲线。图中，MAP曲线是由耳机和仿真耳测定的最小可听声压级，是测听器的各个纯音声压级的起点，即 0dB（A）；MAF 曲线是听者在自由的声场中确定的声压级。

从图中可见，人耳的听觉感受性随频率不同而变化。最灵敏处在 1000~4000Hz。这可用外耳的谐振放大来解释，听觉的绝对阈限受时间积累作用的影响。声音持续不足 300ms 时声级与延续时间呈互补关系。若将达到阈限的纯音由 200ms 减少至 20ms，必须把声音强度提高 10dB（A）才能听到。此外，个体的年龄因素对听觉阈值的影响也很大。

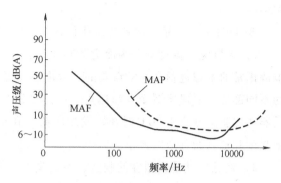

图 3.22 标准听阈曲线（ISO）

2）听觉差别阈限。差别阈限指人耳对声音的某一特性（如强度、频率）的最小可觉差别，图 3.23 为标准声音频率和强度函数的强度辨别阈限的立体图解，它是听觉差别感受性的表征量。差别阈限可以是绝对值，也可以是相对值。例如，一个 100dB（A）强度的声音，强度增减 5dB（A）即可被察觉。这里 5dB（A）（$\Delta I$）是绝对差，$\Delta I/I$ 是相对差。听觉差别阈限一般用相对量（韦伯比例）表示。

噪声和纯音有不同的强度差别阈限。前者服从韦伯定律（即 $\Delta I/I$ 接近常数），后者由声强和频率的关系共同决定，如图 3.23 所示。从图中可知，在一定的频率范围内，频率和强度的不同组合能产生相同的主观响度。例如，强度为 120dB（A）、频率为 100Hz 的纯音与强度为 100dB（A）、频率为 1000Hz 的纯音响度相等。

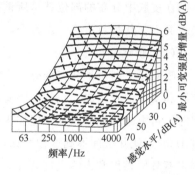

图 3.23 标准声音频率和强度函数的强度辨别阈限的立体图解

### 6. 人的其他感知特性

（1）肤觉

皮肤是人体很重要的感觉器官，感受着外界环境中与它接触物体的刺激。从人的感觉对人机系统的重要性来看，肤觉是仅次于听觉的一种感觉。人体皮肤上分布着 3 种感受器：触觉感受器、温度感受器和痛觉感受器，分别对应人的触觉、温度觉和痛觉。

1）触觉。触觉是微弱的机械刺激触及了皮肤浅层的触觉感受器而引起的；压觉是较强的机械刺激引起皮肤深部组织变形而产生的感觉，由于两者性质上类似，通常称触压觉。对皮肤施以适当的机械刺激，在皮肤表面下的组织将引起位移，在理想的情况下，小到 0.001mm 的位移，就足够引起触的感觉，即触觉阈限。皮肤的不同区域对触觉敏感性有相当大的差别，这种差别主要是由于皮肤的厚度、神经分布状况引起的。触觉感受器在体表面各部分不同，舌尖、唇部和指尖等处较为敏感，背部、腿和手背较差。通过触觉，人们可以辨别物体大小、形状、硬度、光滑度及表面机理等机械性质。

触觉有以下特征：

① 触觉适应：当人体受到一个恒定的机械刺激时，人对刺激强度的感觉会因持续时间

的增长而逐渐变小。

② 触觉的形状编码：形状编码就是将控制装置的手柄做成各种不同的形状，不需要借助视觉，只要用触觉就可以准确地进行识别的方法。编码的参数主要有两个，即形状和大小。

③ 盲目定位：靠操作者对作业位置的熟练记忆和触觉感知给动作定位的方法。

2）温度觉。温度觉分为冷觉和热觉两种。人体的温度觉对保持机体内部温度的稳定与维持正常的生理过程是非常重要的。温度感受器分为冷感受器和热感受器，它们分布在皮肤的不同部位，形成所谓冷点和热点。冷感受器在皮肤温度低于30℃时开始发放冲动；热感受器在皮肤温度高于30℃时开始发放冲动，升到47℃为最高。温度觉的强度取决于温度刺激强度和被刺激部位的大小。

3）痛觉。凡是剧烈性的刺激，不论是冷、热接触或压力等，肤觉感受器都能接受这些不同的物理和化学的刺激，而引起痛觉。痛觉可以导致机体的保护性反应。各个组织的器官内都有一些特殊的游离神经末梢，在一定刺激强度下，就会产生兴奋而出现痛觉。这种神经末梢在皮肤中分布的部位就是所谓痛点。每平方厘米的皮肤表面约有100个痛点，在整个皮肤表面上，其数目可达一百万个。

（2）嗅觉

嗅觉感受器位于鼻腔深处，主要局限于上鼻甲、中鼻甲上部的黏膜中。嗅黏膜主要由嗅细胞和支持细胞构成，嗅觉的感受器是嗅细胞。嗅觉的特点是适应较快。当某种气味突然出现时，可引起明显的感觉，但如果引起这种气味的物质继续存在，感觉就会很快减弱，大约过1min后就几乎闻不到这种气味。嗅觉的适应现象，不等于嗅觉疲劳。影响嗅觉感受性的因素有环境条件和人的生理条件。温度有助于嗅觉感受，最适宜的温度是37~38℃。清洁空气中嗅觉感受性高。人在伤风感冒时，感受性显著降低。

人们敏锐的嗅觉可以避免生产生活中意外泄漏的有害气体进入体内。另外，在视觉、听觉损伤的情况下，嗅觉作为一种距离分析器具有重大作用。盲人、聋哑人常常运用嗅觉根据气味来认识事物，了解周围环境。

## 3.1.2 眼动信号

### 1. 眼动信号基础

人的眼动有三种基本模式：注视（Fixation）、眼跳（Saccade）和追随运动（Pursuit Movement）。为了看清楚某一物体，两眼的运动方向必须保持一致，才能使物体在视网膜上成像，这种将眼睛对准对象的活动叫注视。为了实现和维持获得对物体最清楚的视觉，眼睛还必须进行眼跳和追随运动。下面具体介绍这三种模式。

（1）注视

注视的目的是将眼睛的中央凹对准某一物体。事实上，当眼睛注视一个静止的物体时，它并不是完全不动的，而是伴有三种运动：漂移（Drift）、眼震颤（Nystagmus）和微小的不随意眼跳（Involuntary Saccade），也称为微眼跳（Microsaccade）。

1）漂移。漂移是不规则的、缓慢的视轴变化。1907 年，道奇（Dodge）发现了视轴的漂移，指出漂移的速度差异比较大，从 0′到 30′（1°＝60′）不等。亚尔布斯（1967）在实验中要求被试注视一个点，同时记录其眼动，图 3.24 记录的是被试者注视某一个静止点时的眼动情况，可以十分清楚地看到漂移。由此可以看出，注视过程中的视轴漂移是一种不规则的运动。需要指出的是，在这个注视过程中，注视点的成像一直在中央凹上。

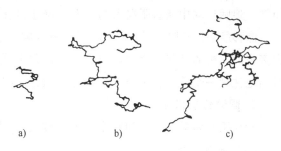

2）眼震颤。眼震颤是一种高频率、低振幅的视轴震动。震颤的振幅为 20″～40″（1′＝60″），每秒钟 70～90 次。任何漂移都伴有震颤，但两者相互独立。

图 3.24　被试者注视某一个静止点时的眼动状况
a）注视 10s　b）注视 30s　c）注视 60s

3）微小的不随意眼跳。当对静止物体上某一点的注视超过一定时间（0.3～0.5s），或当注视点在视网膜上的成像由于漂移而远离中央凹时，就会出现不随意眼跳。许多研究者发现双眼跳动在持续时间、幅度和方向上是相同的。不随意眼跳是为了调整漂移导致的注视位置的移动，以校正视网膜上所成的像。

1952 年，Ratliff 在以 75ms 的示速测验被试的视敏度，同时记录其眼睛的震颤。结果发现，视敏度越差，眼漂移的幅度越大，眼震颤的幅度也越大。

（2）眼跳

眼跳是指注视点间的飞速跳跃，是一种联合眼动（即双眼同时移动），其视角为 1°～40°，持续时间为 30～120ms，最高速度为 400～600°/s。眼跳的功能是改变注视点，使下一步要注视的内容落在视网膜最敏感的区域——中央凹附近，这样就可以清楚地看到想要看到的内容了。通常人们不容易觉察到眼睛在跳动，而觉得它在平滑地运动。例如，看书时，人们往往认为自己的眼睛沿着书上一行行字句平滑运动，事实上，眼睛总是先在对象的一部分上停留一段时间，注视以后再跳转到另一部分，然后对新的部分进行注视。

在眼跳动期间，由于图像在视网膜上移动过快和眼跳动时视觉阈限升高，几乎不获得任何信息。眼跳的功能是改变注视点，使即将注视的内容落在视网膜最敏感的区域（中央窝）附近，以形成视网膜上清晰的图像。眼跳有两个特点：一是双眼跳动具有一致性；二是眼跳的速度很快。

（3）追随运动

当人们观看一个运动物体时，如果头部不动，为了保持注视点总是落在该物体上，眼睛则必须跟随对象移动，这就是眼球的追随运动。此外，当头部或身体运动时，为了注视一个运动物体，眼球要做与头部或身体运动方向相反的运动。这时，眼球的运动实际上是在补偿头部或身体的运动，这种眼动也称补偿眼动。当物体运动过远时，眼球追随到一定程度后，便会突然转向相反方向跳回到原处，接着再追随新的对象。在这种情况下，眼球的运动是按追随向相反方向的跳跃—再追随再跳跃的方式反复进行的，这就是视觉回视过程。

追随运动必须有一个缓慢移动的目标，在没有目标的情况下一般不能执行。当物体运动速度在 $50°/s \sim 55°/s$ 以下时，眼睛通过追随运动跟踪物体，当速度过快时，为了保证清晰的知觉，追随运动中便有眼跳参与。对于静止目标，只存在眼跳。

漂移经常伴有眼震颤。眼震颤是一种高频率、低振幅的视轴振动（Oscillatory Movement）。大多数的注视通常伴有漂移和眼震颤，但并不是所有的注视都伴有不随意眼跳。当眼睛较长时间地注视一个静止物体时，就会伴有漂移、眼震颤和不随意眼跳。

**2. 眼动分析指标**

利用眼动实验进行的研究常用的参数主要分为直观性指标和统计分析指标。

（1）直观性指标

直观性指标主要包括热点图、注视轨迹图。

1）热点图。热点图是通过使用不同的标志将图或页面上的区域按照受关注程度的不同加以标注并呈现的一种分析手段，标注的手段一般采用颜色的深浅、点的疏密以及呈现比重的形式。眼动研究中通过眼球注视时间的叠加形成热点图，可分析个体对于刺激材料的哪些区域是更为关注的，进而可作为分析参考。

2）注视轨迹图。轨迹图是将眼球运动信息叠加在图像上形成注视点及其移动的路线图，它最能具体、直观和全面地反映眼动的时空特性，由此来判定在不同刺激情境下、不同任务条件下、不同个体之间或同一个体不同状态下的眼动模式及其差异性。

（2）统计分析指标

选择优秀而完备的指标是完成一个好的眼动研究的关键。指标要根据研究内容、各个指标的优缺点及适用范围来确定。所谓适用，是针对研究者的实验研究来说的，是相对的，并没有完全适用某项研究的眼动指标。一般来说，实验中应选取 $2 \sim 3$ 个指标进行分析，不宜记录过多，也不宜只选取 1 个指标。选取的指标应该恰好能够反映研究者所关注的问题，但每个指标都有其局限性，所以选取的指标应该互相补充、相互支持，并能够使研究者从多维度进行数据分析。眼动研究报告中常见的指标如下：

1）注视次数：是指被试对某一兴趣区域的注视次数。注视次数越多，表明这个区域对于观察者来说越重要，更能引起注意。

2）注视时间：是指被试在某一兴趣区内所有注视时间之和。注视时间越长，表明信息提取越困难，或是目标更具吸引力。

3）首次注视开始时间：是指开始观看后，经过多长时间第一次注视某一区域。

4）首次注视时长：是指被试对某一区域第一次注视所持续的时间。

5）平均注视时长：是指被试在某一兴趣区内注视的平均时长，单位为 ms。停留时间反映信息提取的难度。较短的时间说明初测者进行的是较为简单的视知觉过程，而较长的时间说明被测者进行的是较高级的心理过程。平均注视时间的长短也可以表示这个材料对被测者的吸引程度。

6）眼跳距离：是指从单次眼跳开始到此次眼跳结束之间的距离。有研究者发现，阅读材料的难度越大,被试者的眼跳距离越短,因此认为,眼跳距离越大,说明被试者在眼跳前的注视中所获得的信息相对越多,眼跳使阅读速度更快。所以研究者通常把眼跳距离看作反映阅读者阅读效率和该阅读材料加工难度的指标。

7) 回视次数:回视是指眼睛退回到已注视过的内容上。兴趣区回视次数是指对划定的兴趣区域回视的数量,单位为"次"。

8) 兴趣区停留时间:兴趣区停留时间指对该区域的包括第一次注视时间在内的时间的总和。

9) 兴趣区的注视点百分比:指对该区域的所有的注视点百分比。

10) 瞳孔直径:瞳孔直径反映了个体的兴趣,个体观看有兴趣的事物时,瞳孔直径会变大。通过研究发现,瞳孔直径变化幅度与进行信息加工时的心理努力程度密切相关。当心理负荷比较大时,瞳孔直径增加的幅度也比较大;因此,瞳孔直径指标可以检测人员视觉疲劳状态,从而准确地检测疲劳,进行疲劳预警、降低疲劳风险。但应注意,不同状况引发的疲劳可能导致瞳孔直径增大,也可能导致瞳孔直径减小。例如,慧斌等模拟民航塔台管制软件操作,用眼动仪采集了被试的瞳孔数据,通过分析不同航班流量下疲劳前后瞳孔直径的差异显著性以及变化趋势,指出:被动疲劳随工作时间增加而增大,瞳孔直径减小;主动疲劳随航班流量增加而增大,瞳孔直径增大。当工作时间累积达到一定量时,被动疲劳对瞳孔直径的影响占主要因素,瞳孔直径逐渐减小,两种疲劳形式产生拮抗作用,共同制约瞳孔直径的变化。

11) 注视位置:是指注视点所处的位置,当前的注视位置既是前一次眼跳的落点位置,也是下一次眼跳的起跳位置。在眼动记录数据时,注视位置一般是以二维坐标 $(x, y)$ 系统采样,单位为像素。在数据分析时需要对注视位置数据进行转换。注视位置可以有效地反应被试的实时眼动过程,通过结合时间分析,可以对注视路径进行分析。

12) 眨眼频率:J. A. Stern 等心理学家认为眼睛越疲劳,眨眼频率(Blinking frequency)越高。潘晓东提出,使用眨眼时间均值作为评定疲劳程度的指标,在相关性、稳定性和显著性方面非常好,因而可以用作观测驾驶人觉醒状态的评定标准,同时指出,用眨眼时间均值观测驾驶疲劳时,将被试以年龄分组更加全面且合理。

13) 再注视比率:再注视比率就是首次观看兴趣区被多次注视的概率,它等于首次观看兴趣区被多次注视的频率与该兴趣区被单一注视和多次注视的频率之和的比值。该指标对许多认知变量反应敏感,是视觉导向任务、记忆导向任务中的重要指标。

14) PERCLOS 值:PERCLOS 是指眼睛闭合时间占某一特定时间的百分率。眼睛闭合时间的长短与疲劳程度之间有密切关系,眼睛闭合的时间越长,疲劳程度越严重,它也是公认的、有效测量视觉疲劳程度的指标。

采用 PERCLOS 值评价驾驶疲劳的有效性,其计算公式如下:

$$\text{PERCLOS} = \frac{\text{眼睛闭合时间}}{\text{检测时间}} \times 100\% \tag{3.5}$$

PERCLOS 评价方法的常用标准如下:

$P_{70}$：眼睑遮住瞳孔的面积超过 70% 就计为眼睛闭合，统计在一定时间内眼睛闭合时间所占的时间比例。

$P_{80}$：眼睑遮住瞳孔的面积超过 80% 就计为眼睛闭合，统计在一定时间内眼睛闭合时间所占的时间比例。

EM（EYEMEAS）：眼睑遮住瞳孔的面积超过一半就计为眼睛闭合，统计在一定时间内眼睛闭合时间所占的时间比例。

图 3.25 显示了 PERCLOS 值的测量原理，如图所示，只要测量出 $t_1 \sim t_4$ 值就能计算出 PERCLOS 的值。

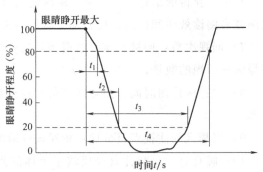

图 3.25　PERCLOS 值的测量原理

$$PERCLOS = \frac{眼睛闭合时间}{检测时间} \times 100\% = \frac{t_3 - t_2}{t_4 - t_1} \times 100\% \tag{3.6}$$

式中　PERCLOS——眼睛闭合时间占某一特定时间的百分率；

　　　　$t_1$——眼睛睁开最大时刻（最大瞳孔）至闭合到 80% 所用的时间；

　　　　$t_2$——眼睛睁开最大时刻至闭合到 20% 所用的时间；

　　　　$t_3$——眼睛睁开最大时刻至下一次 20% 瞳孔睁开所用时间；

　　　　$t_4$——眼睛睁开最大时刻至下一次 80% 瞳孔睁开所用时间。

### 3.1.3　脑电信号

脑电图（EEG）是人体生物体电现象之一。人无论是处于睡眠还是觉醒状态，都有来自大脑皮层的动作电位，即脑电波。人脑生物电现象是自发和有节律性的。在头部表皮上通过电极和高感度的低频放大器可测得这种生物电现象。脑电分为自发脑电和诱发脑电（Evoked Potential，EP）两种。自发脑电是指在没有特定的外加刺激时，人脑神经细胞自发产生的电位变化。这里，所谓"自发"是相对的，指的是没有特定外部刺激时的脑电。自发脑电是非平稳性比较突出的随机信号，不但它的节律随着精神状态的变化不断变化，而且在基本节律的背景下还会不时地发生一些瞬念，如快速眼动等。诱发脑电是指人为地对感觉器官施加刺激（光的、声的或电的）所引起的脑电位的变化。诱发脑电按刺激模式可分为听觉诱发电位（Auditory Evoked Potential，AEP）、视觉诱发电位、体感诱发电位（Somatosensory Evoked Potential，SEP），以及利用各种不同的心理因素，如期待、预备以及各种随意活动进行诱发的事件相关电位等。

事件相关电位（Event-related Potential，ERP）是一种特殊的脑诱发电位，它是指通过有意地赋予刺激以特殊的心理意义，利用多个或多样的刺激所引起的脑的电位。它反映了认知过程中大脑的神经电生理的变化，也被称为认知电位，也就是指当人们对某课题进行认知加工时，从头颅表面记录到的脑电位。事件相关电位把大脑皮层的神经生理学与认知过程的心理学进行了融合，它包括 P300（反映人脑认知功能的客观指标）、N400（语言理解和表达的相关电位）等内源性成分。ERP 和许多认知过程有密切相关的联系，如心理判断、理解、辨识、注意、选择、做出决定、定向反应和某些语言功能等。谢宏等采用图片随机轮换的视觉诱发刺激模式来诱发 P300，发现疲劳时的 P300 波峰值约为清醒时幅值的 50%，由清醒和疲劳两个状态的极值可以对中间状态的疲劳程度做大致的线性描述，认为 P300 幅值可作为标定疲劳程度的指标。

自发脑电信号反映了人脑组织的电活动及大脑的功能状态，其基本特征包括周期、振幅、相位等，如图 3.26 所示。

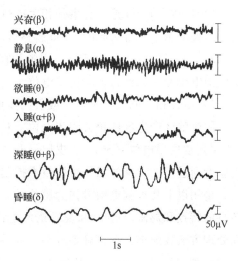

图 3.26　不同兴奋状态下的脑电图

大脑日常活动时脑电波往往是短波长的 α 波和 β 波，但当人十分疲劳时，脑电波则变成波长较长的 δ 波和 θ 波，因此可以利用脑电波的频率可评价人脑的觉醒状态。关于 EEG 的分类，国际上一般按频带、振幅不同可将 EEG 分为下面几种波：

（1）δ 波

频带范围为 0.5~3Hz，振幅一般为 100μV 左右。在清醒的正常人脑电图中，一般记录不到 δ波。在成人昏睡时，或者在婴幼儿和智力发育不成熟的成人脑电图中，可以记录到这种波。在受某些药物影响时，或大脑有器质性病变时也会引起 δ 波。

（2）θ 波

频带范围为 4~7Hz，振幅一般为 20~40μV，在额叶、顶叶较明显，一般困倦时出现，是中枢神经系统抑制状态的表现。如果成年人脑电图中发现比较明显的 θ 波，表明此人的精神状态异常，如意愿可能受到了挫折，精神可能受到了创伤等，但当精神状态由抑郁转为愉快时，这种波又可随之消失。

（3）α 波

频带范围为 8~13Hz，波幅一般为 10~40μV，正常人的 α 波的振幅与空间分布存在个体差异。α 波的活动在大脑各区都有，不过以顶枕部最为显著，并且左右对称。人在安静及闭眼时出现 α 波最多，波幅最高，睁眼、思考问题时或接受其他刺激时，α 波消失而出现其他快波。

（4）β 波

频带范围为 14~30Hz，振幅一般不超过 30μV，分布于额、中央区及前中颞，在额叶最容易出现。发生生理反应时，α 波消失，出现 β 波。β 波与精神紧张和情绪激动有关。所以，通常认为 β 波属于"活动"类型或去同步类型。

（5）γ 波

频带范围为 30~45Hz，振幅一般不超过 30μV，额区及中央最多，它与 β 波同属快波，快波增多、波幅增高是神经细胞兴奋性增高的表现。

通常认为，正常人的脑波频率范围为 4~45Hz。

事件相关电位把大脑皮层的神经生理学与认知过程的心理学融合了起来，由于事件相关电位和许多认知过程密切相关，使得事件相关电位成为了解认知的神经基础的最主要信息来源，如心理判断、理解、辨识、注意、选择、做出决定、定向反应和某些语言功能等都与 ERP 有关。典型的事件相关电位如下：

1）P300。P300 是一种事件相关电位，其峰值大约出现在事件发生后 300ms，相关事件发生的概率越小，所引起的 P300 越显著。

2）视觉诱发电位（VEP）。视觉器官受到光或图形刺激后，在大脑特定部位所记录的脑电图电位变化，称为视觉诱发电位。

3）事件相关同步（ERS）或去同步电位（ERD）。在进行单边的肢体运动或想象运动时，同侧脑区产生事件相关同步电位，对侧脑区产生事件相关去同步电位。

4）皮层慢电位（SCP）。皮层慢电位是皮层电位的变化，持续时间为几百毫秒到几秒，实验者通过反馈训练学习，可以自主控制皮层慢电位幅度产生正向或负向偏移。

采用以上几种脑电信号作为脑机接口（Brain-Computer Interface，BCI）输入信号，具有各自的特点和局限。P300 和视觉诱发电位都属于诱发电位，不需要进行训练，其信号检测和处理方法较简单，且正确率较高，不足之处是需要额外的刺激装置提供刺激，并且依赖于人的某种知觉（如视觉）。其他几类信号的优点是可以不依赖外部刺激就可产生，但需要大量的特殊训练。

精神疲劳作业中，以脑电图的研究最为广泛。当大脑皮层处于不同状态时，脑电图的表现不同。脑电图属于接触式测量，其准确度高，可提供测量标准，脑电图分析检测疲劳作业是公认的"金标准"。但由于对作业人员进行测量时，条件及要求苛刻，价格过高，因而难以投入实际运用。近年来，伴随近红外光谱技术的发展近红外光谱脑功能成像（Functional Near Infrared Spectroscopy，FNIRS）成为一种新型光学脑成像技术。该技术利用具有高穿透性的近红外光（波长为 850nm 左右）测量大脑的不同状态，对大脑不同区域进行成像，实现对脑功能的无损伤性测量。其基本原理是利用近红外光与脑组织中脱氧血红蛋白和氧合血红蛋白之间的吸收和散射关系，通过考察在特定状态下大脑组织中脱氧血红蛋白和氧合血红蛋白的浓度变化，以探讨特定行为与脑内血氧变化之间的关系，从而揭示大脑的功能。该技术因具有生态效度高、可移动等优势而迅猛发展，并成为当今脑成像领域不可或缺的技术。

从近些年的研究来看，通过测量脑电图在一定程度上能反映视觉显示终端（Visual Display Terminal，VDT）引起的视觉疲劳，但是脑电图变化反映的疲劳更接近脑力疲劳，其与视觉疲劳的影响程度需要进一步研究。

## 3.1.4 其他生理信号

除眼动信号、脑电信号外，目前的研究还经常用到心电、脉搏、皮电、皮温、呼吸表面肌电等信号。本部分内容将对心电、脉搏、皮电、皮温、呼吸等信号进行简要介绍，表面肌电信号将在第 4 章介绍。

**1. 心电信号分析**

（1）心电信号

心电信号的产生原理是心脏有节奏的收缩和舒张活动，心肌激动所产生的微小电流可经过身体组织传导到体表，体表部位在每一心动周期中发生有规律的电变化。心脏搏动在体表形成电位变化，从而形成心电信号。心电图是利用心电图机从体表记录心脏每一心动周期所产生的电活动变化图形的技术。

心电信号有如下特点：①心电信号是微弱生物电信号，其幅度为 $0.8 \sim 1mV$，频谱多集中在 $0.05 \sim 100Hz$；②心电信号表现出较强的不确定性；③心电信号中混有各种强干扰，如工频干扰、基线漂移、肌电干扰及运动伪迹等不同类型的噪声，且各种噪声频带相互重叠。

心电信号可以直接反映心脏功能，心电信号分析主要包括心电预处理、特征波形检测、心电自动诊断及心率变异分析等方面。分析方法主要包括心率分析、心率变异性分析及心电信号的波形分析（即 T 波幅值分析）等。在生理指标研究中，心电信号用于疲劳指示性，在交通安全驾驶行为领域有很好的应用。也用于工作脑力负荷和警戒性研究。图 3.27 为心电波形图，无线心电传感器佩戴方式如图 3.28 所示。

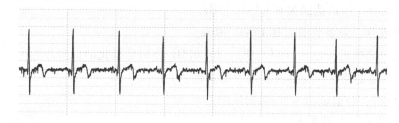

图 3.27　心电波形图

（2）心率变异性

心率变异性（Heart Rate Variability，HRV）就是由连续的 R 波与下一个 R 波的间期组成的时间序列。

心率变异性的产生主要受到体内神经体液因素对心血管系统的精细调节，其结果反映了神经、体液各因素与窦房结调节相互作用的平衡关系，体现了神经体液的变化程度。心率变异性受到自主神经系统（Autonomic Nervous System，ANS）即交感神经系统（Sympathetic Nervous System，SNS）和迷走神经系统（Parasympathetic Nervous System，PNS）的共同控制。迷走神经系统对心率的作用是由迷走神经释

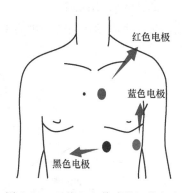

图 3.28　无线心电传感器佩戴方式

放的乙酰胆碱产生的，它导致心率减慢、传导减慢等抑制性效应。交感神经对心率的影响是通过释放去甲肾上腺素调节的。在安静的情况下，迷走神经兴奋占优势，心率的变化主要受到迷走神经调节；而在运动、情绪紧张、疼痛等情况下，交感神经兴奋占优势。心率变异性分析包括时域分析、频域分析和非线性动力学的分析方法。目前，以时域分析和频域分析最为常用。

1）时域分析指标。具体如下：

SD：正常 R-R 间期标准差（单位：ms）。

ASD：连续 5min 正常 R-R 间期标准差均值（单位：ms）。

SDA：连续 5min 正常 R-R 间期均值的标准差（单位：ms）。

RMSSD：相邻正常 R-R 间期差值均方根（单位：ms）。

PNN50：相邻正常 R-R 间期超过 50ms 的百分比。

前 4 个指标分别被正常 R-R 间期均数（单位：s）除，得如下各心率校正值：

SDC：SD 的心率校正值。

ASDC：ASD 的心率校正值。

SDAC：SDA 的心率校正值。

RMSSDC：RMSSD 的心率校正值。

2）频域分析指标。具体如下：

ULF：超低频成分，频谱范围为 0～0.0033Hz。

VLF：极低频成分，频谱范围为 0.0033～0.04Hz。

LF：低频成分，频谱范围为 0.04～0.15Hz。

HF：高频成分，频谱范围为 0.15～0.40Hz。

LH：低频与高频成分之比（LF/HF），LF 和 HF 分别是量化的低频段功率与高频段功率值，能直接反映迷走神经、交感神经调节的变化。

TOT：总成分，频谱范围为 0～0.5Hz。

3）图解法指标。具体如下：

① 三角指数：正常窦性心搏（NN）间期的总个数除以 NN 间期直方图的高度。

② TINN：用最小方差法，求出全部 NN 间期的直方图近似三角形底边宽度（ms）。

每一个心动周期的长度为 R-R 间期，如图 3.29 所示。

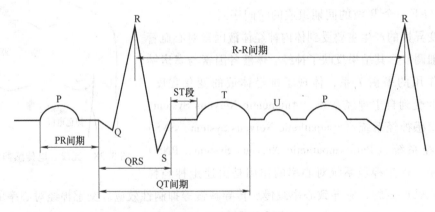

图 3.29　心动周期示意图

由于 P 波难以检测，因此以 R-R 间期作为一个心搏的持续间期，心跳速度会受体温影响。心率及心率变异性的应用非常广泛，但非常容易受到外界的干扰，如噪声环境、热环境、体力活动量的变化对心率的影响就非常明显。心率变异性可以用于评价体力负荷对人体的影响，已有文献采用心率和心率变异性这两个指标对邮递员的耗氧量进行测量，并且发现这两个指标可以有效地衡量氧耗量。

**2. 脉搏信号分析**

（1）脉搏

脉搏主要用于测量人体生理情绪唤醒状态，是人们广泛熟知的一类重要的生理信号，它包含着人体心脏器官和血液循环系统丰富的生理、病理信息。人体的心脏和血管组成了有机的循环系统，心脏不断地进行周期性的收缩和舒张活动，血液从心脏射入动脉，再由静脉返回心脏，动脉压力也相应发生周期性的波动，由此引起的动脉血管波动称为动脉脉搏，其频率与心率相同。因此脉搏可以反映心电的变化情况，心率变异性（HRV）也是脉搏的常用指标，因此后续对脉搏数据的分析主要是指对心率变异性的数据分析。

（2）脉搏波

心脏的周期性收缩与舒张形成有节律的间歇性射血，导致主动脉内血液压力时高时低的脉动以及动脉管壁时张时缩的振荡，将逐步波及和影响整个动脉管系。这种随着心脏的间歇收缩和舒张、血液压力、血流速度和血流量的脉动，以及血管壁的变形和振动在血管系统中的传播，统称为脉搏波，而血液压力的脉动或血管壁的振荡沿着动脉管传播的速度称为脉搏波的传播速度。

脉搏波的波形幅度和形态反映了心脏血管状况的重要生理信息。脉搏波所呈现的形态（波形）、强度（波幅）、速率（波速）和节律（周期）等方面的综合信息，很大程度上反映人体心血管系统中许多生理、病理的血流特征。脉搏波压力曲线的上升支，表示心室收缩、快速射血、主动脉血量增加和动脉血压升高的过程。曲线最高点为收缩期的最高血压，称为收缩压，它代表心室收缩、血液流向主动脉的力量。脉搏波压力曲线的下降支部分表示心室舒张，动脉内的血液趋向回流，即血液向主动脉瓣的方向反流，因而在迅速下降的脉搏波下降支上出现一个切迹；之后，血液逆流冲击动脉瓣，但因瓣膜紧闭使血液不能流入心室，故压力曲线下降支继切迹之后又出现一个向上的小波，称作重搏波。由于压力波从外周向回反射，在收缩压波峰的后缘，还将出现一个潮波的压力小阶梯，它的大小和位置高低与动脉硬化和阻力密切联系。重搏波之后，由于血液继续向前流动，脉搏波压力迅速下降，下降到最低的压力点，表示心室舒张末期的压力，称作舒张压。

以上分析表明，脉搏波的幅值与波形变化反映出在心动周期中动脉血压随时间的脉动变化。脉搏波中所包含的高血压和动脉硬化等信息主要反映在脉搏波的幅值与波形变化之中，并通过血压、血流、血管阻力和血管壁弹性等血流参数的变化表示出来。

（3）光电容积脉搏波（Photo Plethysmo Graph，PPG）

光电容积脉搏波信号是人体重要的生理信号，包含着人体心脏器官和血液循环系统丰富的生理、病理信息。当一定波长的光束照射到皮肤表面时，光束将通过投射或反射方式传送到光电传感器。由于受到皮肤肌肉组织和血液的吸收衰减作用，光电传感器检测到的光电强度会有一定程度的减弱。当心脏收缩时，外周血管扩张，血容量最大，光吸收最强，因此检测到的光信号强度最小；当心脏舒张时，外周血管收缩，血容量最小，光吸收最弱，因此检测到的光信号强度最大，使得光电传感器检测到的光强度随心脏搏动而呈现脉动性变化。将此光强度变化信号转换为电信号，再经放大后即可反映出外周血管血流量随心脏搏动的变化。

光电容积脉搏波传感器通过发射红光或红外光到人体皮下血管中，检测血液灌注程度随脉搏、呼吸的变化，光信号经过血液的吸收、反射、透射等过程，由探测器接收，该技术已经被广泛应用于临床监护类设备中。

用光电容积脉搏波传感器获得的信号包括光信号经皮下组织吸收后反射回的恒定不变的直流部分和经血液吸收后反射回的随脉搏而改变的交流部分，这一部分是计算心率的有用信号。

典型脉搏波形图如图 3.30 所示。无线脉搏传感器的佩戴方式如图 3.31 所示，脉搏传感器需将耳夹夹在耳朵上，然后将传感器用腕带固定在手腕上。

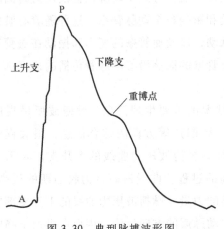

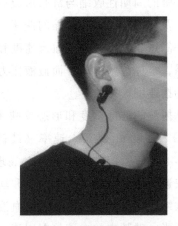

图 3.30　典型脉搏波形图　　　　图 3.31　无线脉搏传感器的佩戴方式

（4）脉搏与心电信号的差别

众所周知，心电信号和脉搏波信号之间存在着本质的联系，它们的周期相同，可以利用心电信号的 R 波来增大脉搏波的信息量，也可以利用脉搏波来增大心电信号的信息量。

心电波形中的 R 波与脉搏波的波峰与波谷之间存在着一定的时延关系。根据 R 波，可以将脉搏波划分为一个个周期，可以在一个周期内确定脉搏波的波峰与波谷，也可以根据它们之间的时延关系，进一步确定波峰与波谷的范围。它们之间的实验关系依赖于心电电极的位置及被试者自身情况。实验结果表明，被试的身高越高，胳膊越长，体重越重，脉搏波的波峰与 R 波之间的时延就越大。

由于生物电信号都是非线性、非平稳的微弱信号，心电信号的主要频率段为 0.05~100Hz，而脉搏波信号频率主要分布于 0~20Hz，因此它们都极易受到各种各样噪声的影响。心电信号的噪声主要有 3 类：①工频干扰是由供电网络及其设备产生的空间电磁干扰在人体的反映，由 50Hz 及其谐波构成；②基线漂移是由测量电极的接触不良、呼吸等引起的低频干扰信号；③肌电干扰是由于人体运动、肌肉收缩而引起的，频率为 5~200Hz。由于人体运动、肌肉收缩、人体本身的电磁场、呼吸等因素的影响，脉搏波信号极易淹没在噪声之中，无法被正确检测，从而无法得到正确的诊断结果。

所采集的脉搏波信息是关于脉搏跳动情况的信号，反映脉搏跳动的信号可以是动脉血管壁的压力信号，也可以是动脉血管中血流量的变化信号。根据动脉血管中血流量随着心脏跳动发生有节奏的周期性变化这一现象可测得脉搏波信号，用来测得这一信号并把它转换成电信号的器件就是光电脉搏传感器。但是从传感器输出的信号十分微弱，而且有用信号被淹没在噪声中，因此需要对原始信号进行放大和滤波处理。脉搏波信号的频率范围为 0.1~5Hz，属于低频信号。为了提高脉搏波信号的分辨率，要求脉搏波放大器应具有千倍左右的放大倍数。电路中采用一个低通滤波器，可消除部分工频干扰，同时也可以抑制其他高频噪声。另外，由于脉搏波信号极易受到运动伪迹等低频干扰，所以电路中设计了截止频率为 0.1Hz 的高通滤波器来抑制低频干扰。

光电脉搏传感器可以选择人体不同的体表位置进行无损伤测量。以手指为例，让一定波长的光透射手指中的动脉血管，通常入射光是恒定不变的，透射光受动脉、静脉、皮肤和肌肉组织的影响。动脉对光强的影响是按心脏搏动节奏变化的，其他部分的光强的影响恒定不变。将透射光的交流分量与直流分量分离，可以获得脉搏波信号。进行谱分析后得到以下 5 类特征参数：

1）$f_0$：功率谱基频，反映了脉搏（心脏）振动的基本频率，即心脏跳动的快慢。

2）$N$：功率谱谐波个数，反映了脉搏的节律。

3）SER：谱能比，反映了脉搏的能量随频率的分布。

4）$c_0$：倒谱零分量，反映了脉搏的强度大小。

5）$c_1/c_0$：第一倒谐波的幅值与倒谱零分量之比，反映了脉象的流利程度。

**3. 皮电信号分析**

出现在皮肤上的电现象叫作皮肤电，简称皮电，它是随汗腺活动而出现的一种"电现象"。皮电的数值越大，表明导电性越强。皮电的高低与个体的紧张情绪有关，当个体处于应激状态时，交感神经兴奋，汗液分泌增多，从而导致皮电值增大。由于与心电、脑电相比，皮电更敏感、变化更显著，所以研究者喜欢用它作为情绪活动后心理和生理反应的指标。另外，由于汗腺仅受交感神经而不受副交感神经支配，所以可以用皮电来研究交感和副交感神经的相对兴奋问题。但是皮电受个体差异和气候等因素的影响很大，所以用皮电的基础值作为生理反应的指标在数值比较方面存在着一定困难，不过皮电的变化幅度和恢复速度可作为重要的参考指标。

皮肤电导（SC）：皮肤表面两点之间电信号传递过程。在表皮上用一个恒定电压可以测出皮肤电导的大小，其单位是微姆欧（μmho），由于它是用一个外加电压来测量皮肤电导的，所以叫外源性测量。皮肤电导值（单位：mho）的倒数就是皮肤电阻 SR（单位：Ω）。

皮肤电导水平（SCL）：跨越皮肤两点的皮肤电导的绝对值，也可称作基础皮肤电传导。一般认为它是在平静状态下生理活动的基础值。

皮肤电反应（SCR）：在皮肤电导水平中出现的一个瞬时的、较快的波动，是由刺激而引起的生理和心理激惹状态。

皮电信号的影响因素及特征如下：

（1）皮肤电基础水平的影响因素

1）觉醒水平：在正常温度范围内，手掌和足掌特别能反应觉醒水平，因此这两个区域是测量皮肤电反应的适宜部位。有证据表明，睡眠时皮肤电水平较低，但觉醒后，就会很快升高。

2）温度：身体皮肤电主要反映身体的温度调节机制。因此，当气温较高，身体需要散热时，皮肤出汗，电水平就高，而气温较低，身体需要保存热量时，皮肤电水平就低。人的手掌和足掌也常参与温度调节，但主要是在极端的气温情况下才参与。

3）活动：被试者准备某项任务时，皮肤电水平会逐渐上升；开始从事某一活动时，皮肤电水平将相应地升高到一个较高的水平；休息时，皮肤电水平降低；如果长时间从事某项难度不大的工作，皮肤电水平会缓慢下降，但若从事难度较大的工作，这种变化就不明显。

（2）电导水平与电导反应的区别

电导水平：人在安静时，在皮肤表面两点之间的基础值就是电导水平值。这种水平值常常波动，个体活跃时，电导水平相对增高，松弛时电导水平相对较低。过去人们对电导水平没有给予足够的重视，其实它是对运动势能的一种很好的评价参数。

电导反应：人受到刺激处于强烈的激情状态如愤怒时，产生瞬时的大幅度的波动就是皮肤电导反应。

皮肤电导水平可作为皮肤电导反应的基础值或参照点，因此电导水平和电导反应是连续的过程。如果电导水平越低，电导反应越强，则两者的区别就越显著；皮肤电导水平和皮肤电导反应两项指标常常在心理学、医学心理学和康复医学的研究和治疗中应用。

（3）皮肤电反应的特性

1）周期性：皮肤电导随交感神经系统活动的变化而变化，也就是随个体的机警程度而改变。一般皮肤电导在早晚时较低，而在中午时最高，此外，体力劳动者与脑力劳动者一日的波动情况也有差别。

2）应急性：被试者在实验开始时的准备期、给予刺激时以及从事积极的智力活动等情况下，其皮肤电导水平都有改变。

3）反应性：几乎所有形式的刺激都能引起皮肤电反应，而且刺激并不需要很强。在实验过程中偶尔也能见到自发的皮肤电反应。

4）适应性：适应性是人类长期进化过程中的一种保护性功能。实验证明，连续刺激产生的反应很快降低，最后出现即使使用强刺激也不引起皮肤电反应的情况。但是，如果间隔数日后再重新进行实验，则皮肤电反应又会重新出现，说明皮肤电反应具有适应性。

5）条件性：皮肤电反应很容易形成条件反射，用无关的滴答声与强电击结合几次就可形成对滴答声出现皮肤电反应的条件反射。

6）情绪性：许多试验证明皮肤电导水平和皮肤电反应可作为良好的"情绪指标"。

7）非随意性：皮肤电反应因受自主神经系统控制，具非随意性，即不可控性。皮肤电反应的非随意性是指在皮肤电反应指标的强度和速度等方面，很少受到测试人的主观调控的影响，反应发生的速度很快，而且强度很大。有时被试者可能由于咳嗽、打瞌睡、吸鼻子、扭动身体等动作引起皮肤电的变化，所以要在测试中对被试者提出要求，以避免这种因素对皮肤电反应带来的影响，从而保证皮肤电反应的非随意性。皮肤电活动是受皮层下结构、主要是植物性神经（也叫自主神经）中的交感神经系统控制的诸多生理活动中的一种。自主神经系统受控于杏仁核和下丘脑等脑区。皮肤电反应表明了皮肤电阻或电导的变化，一般认为这一变化与汗腺有关，因此皮肤电阻或电导随皮肤汗腺机能的变化而改变。汗腺受自主神经系统（ANS）的交感神经的支配，但取决于末梢器官的胆碱能的传递。由于汗内盐分较多，使皮肤导电能力增强（电阻值减小），形成较大的皮肤电反应。因此，如果测得的被试者的皮肤电反应变化较大，那么就说明其汗液分泌较多，汗腺活动较强，即交感神经活动兴奋，也就可以说明其情绪活动较为强烈。同时，由这一机制可以看出皮肤电反应受到自主神经系统中的交感神经的调节与控制，并不是被试者随便就能控制的，这就是皮肤电反应的非随意性。

8）敏感性：皮肤电反应是反映人的交感神经兴奋变化的最有效、最敏感的生理指标，是国际上最早、最广泛应用，并得到普遍承认的多导心理测试指标。它通过测量人手心发汗的程度而直接反映人的心理紧张状态的变化，其反应幅度大，灵敏性高，不易受大脑皮层意识直接控制。皮肤电反应是测量情绪的指标之一，而情绪是脑皮层与皮层下结构协同活动的结果，但是大脑皮层只是起到调控作用，发挥显著作用的是皮层下结构的神经过程，其中下丘脑和杏仁核的功能尤其重要。在情绪发生、发展及其变化过程中，由于神经系统的调节，特别是在脑的整合作用下，伴随着心理体验的变化有机体的皮肤电反应也会发生一系列变化，称为情绪心理反应。而脉搏的变化完全是受自主神经系统控制的，远没有皮肤电反应的灵敏度高，在犯罪心理生理检测中，大部分情况下脉搏变化不明显。很多时候，即便是与被试者有密切关系的相关刺激引起的脉搏变化也不明显，或脉搏跳动的快慢没有达到显著差异。

皮肤电反应是由自主神经系统中的交感神经支配的，它的变化能够充分反映交感神经系统的变化，并能进一步说明被试者在听到不同类型的刺激时所产生的情绪变化。并且由于上述的交感神经系统中的下丘脑和杏仁核在神经系统的独特地位和作用，由它们所控制的皮肤电反应具有其他生理指标所难以达到的很强的非随意性。与脉搏呼吸相比，皮电的反应灵敏性更高。同时，在生理和心理依据方面，皮电的理论研究得到了更多医学、心理学证据的支持，更加完善且具有说服力。因为这些方面的原因，皮肤电反应成为心理测试中最具代表性的生理指标。

**4. 皮温信号分析**

（1）皮温信号

人体皮肤温度，简称皮温（SKT），一方面是反映人体冷热应激程度和人体、环境之间热交换状态的一个重要生理参数，另一方面，皮肤表面的温度反映了皮肤下血管的血流量。

当交感神经被激活时，接近皮肤表面的血管壁的平滑肌就会收缩，致使血管管腔缩小，血流量减少，因此皮肤表面温度下降。相反，当交感神经的兴奋性下降时，血管壁的平滑肌松弛，血管管腔扩张，血流量增加，皮肤温度上升。在环境因素恒定的情况下，皮肤的变化与交感神经系统的兴奋性密切相关，而交感神经的活动又能反映出与情感有关的高级神经活动，因此皮肤温度既可反映出体内到体表的热流量，也可反映出在衣服遮盖下的皮肤表面的散热量或得热量之间的动态平衡状态。

运用无线皮温传感器可测量人体的皮肤温度，使用时将温度探头置于手指指尖，皮温波形图及无线皮温传感器的佩戴方式如图 3.32 和图 3.33 所示。

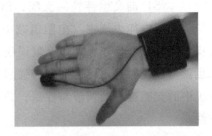

图 3.32　皮温波形图　　　　　　　图 3.33　无线皮温传感器的佩戴方式

目前，皮温作为衡量疲劳的指标并不是大多数研究者们考虑的方法，主要因为皮温受环境影响较大，如在环境参数保持稳定的情况下，皮温的测量数值也会相对稳定，但如果在环境状态不断变化的状态下，温度、湿度、光照、风速等发生变化，皮温数据易产生较为明显的波动。因此，皮温作为测定疲劳的指标参数时仅适用于环境参数稳定的室内。

人体皮肤温度是反映人体冷热应激程度和人体与环境之间热交换状态的一个重要生理参数。皮肤温度既可反映体内到体表的热流量，也可反映在衣服遮盖下的皮肤表面的散热量或得热量之间的动态平衡状态。

在舒适环境中测定一组人的 14 个部位的皮肤温度，经统计表明人体平均皮肤温度为 33.5℃，均方差为 0.5℃，维持舒适的平均皮肤温度是保证人体热舒适的重要条件。平均皮肤温度是指按相应部位的皮肤面积计算的人体皮肤温度的加权平均值。

人体各部位的温度不同，头部较高，足部较低。不同的皮肤温度是由人体核心至皮肤表面的热流与皮肤表面至环境散热之间的热平衡决定的。人体皮肤温度的高低与局部血流量有密切的关系。凡能影响皮肤血管扩张与收缩的因素，如冷热刺激、情绪激动等，都可引起皮肤温度的变化。皮肤温度反映动脉的功能状态，动脉血管扩张时，皮肤血流量增加，皮肤温度升高；动脉血管收缩时，皮肤血流量减少，皮肤温度就会降低。在冷或热环境中，皮肤温度与血流速度的变化是人体为保持体内热平衡的主要体温调节手段，舒适的平均皮肤温度是保证人体热舒适的重要条件。现有的研究表明，人体皮肤温度与热舒适以及热感觉有密切联系。人体的皮肤感受器对热舒适与热感觉的产生起着重要作用。

（2）皮温信号与情绪的关系

人体的皮肤温度信号与人的情绪有关，这点可以从人们的日常生活中感受到。当人兴奋或者害羞时，就会面红耳赤，这时人体皮肤表面的温度会有明显升高；当人过度紧张或者受到惊吓时，会打冷颤或者手足发凉，这时也能直观地感受皮肤的温度有明显下降。

当然，这些情境都是当人处在比较极端的情绪下才有的明显的生理反应，大部分时候，人们情绪的变化并没有那么明显。其实，即使是小幅度的情绪变化，也会导致人体血液循环发生变化，从而间接地改变人体的体表温度，只是不是特别明显。关于人的情绪与人体皮肤温度关系的研究没有如皮肤电那么多，原因在于，一方面皮肤温度是相对而言变化比较缓慢的信号，在情绪激烈程度不高的情况下变化并不明显；另一方面，人体的皮肤温度很容易受到环境中其他因素的影响，不太容易准确测量。

**5. 呼吸信号**

（1）呼吸（Respiration）

呼吸是指人体与外界环境进行气体交换的总过程。人体通过呼吸作用不断地从外界环境摄取氧，以氧化体内的营养物质，供应能量和维持体温；同时将氧化过程中产生的二氧化碳排出体外，以免扰乱人体机能，从而保证新陈代谢的正常进行。所以，呼吸是人体的一个重要的生理过程。对人体呼吸的监护检测是现代医学监护技术的一个重要组成部分。

（2）呼吸类型

根据参与呼吸的肌肉工作情况，呼吸可以分为胸式呼吸（Thoracic Breathing）、腹式呼吸（Abdominal Breathing）和胸腹混合式呼吸。胸式呼吸以肋间肌收缩为主，胸壁起伏明显；腹式呼吸以膈肌、腹肌活动为主，腹壁的起落明显；胸腹混合式呼吸时肋间外肌和膈肌同程度活动，胸腹部均起伏明显。

（3）呼吸设备的佩戴方式

呼吸带环扎于被试者胸部和腹部（呼吸时胸或腹扩张最大处），胸呼吸带上缘至腋下5cm，腹呼吸带上缘位于肚脐位置。为了得到最好的灵敏度，最佳的松紧度为被试者完全呼气状态下，感觉尼龙绑带有一点紧。

（4）呼吸评测指标

呼吸信号的生理指标主要有呼吸频率和呼吸幅度。

1）呼吸频率：描述单位时间内呼吸的次数，它受到各种内源性和外源性因素的影响。

2）呼吸幅度：是指人体胸廓内气体压力随着呼吸而发生的变化。

呼吸频率是呼吸行为一项比较重要的参数，通过对呼吸频率的研究分析，可以获得许多隐藏在其背后的内在的生理信息，并且对它的检测也较易实现，所以现有的呼吸监护设备主要监测的就是呼吸频率。呼吸信号的频谱分量的瞬时变化，也表现了自主神经系统的动态特性。

（5）呼吸与情绪识别

已有研究证实，当人体情绪发生改变时，人的呼吸信号会相应的发生变化，这主要体现在呼吸频率以及呼吸幅度的改变。有研究对人体处于平静、快乐以及悲伤三种情绪状态下的电生理信号参数情况进行了分析，结果显示，人体的呼吸频率在三种情绪下表现出了明显不同，而呼吸幅度则与被试者的性别有关。还有学者对人体分别处于正性情绪和负性情绪时电生理信号参数的情况进行研究，其中关于呼吸信号的研究结果表明，人体处于正性情绪时呼吸频率最高，处于负性情绪时次之，当人体处于平静状态下时，呼吸频率最低，人体处于正性情绪下呼吸频率较高是因为人处在高兴、快乐、愉悦等精神状态下时往往会笑，而"笑"这个运动则会直接导致人的呼吸波产生快速变化，从而使呼吸频率增加。使用不同的情绪诱导方法对人体呼吸信号产生影响的研究结果也证明了人体呼吸信号与人体情绪的变化有密切的关系。

## 3.2 人的心理特性

从事同一项工作的人，由于心理因素（精神状态）不同，工作效率有明显差异。若精神状态好，则工作效率高；若精神状态不好，则工作效率低，并且会出现差错和事故。人的心理因素包括下列 5 个方面。

### 3.2.1 性格

性格是指一个人在生活过程中所形成的对现实比较稳定的态度和与之相适应的习惯行为方式。例如，认真、马虎、负责、敷衍、细心、粗心、热情、冷漠、诚实、虚伪、勇敢、胆怯等就是人的性格的具体表现。性格是一个人个性中最重要、最显著的心理特征。它是一个人区别于他人的主要差异标志。人的性格构成十分复杂，概括起来主要有两个方面：一是对现实的态度，二是活动方式及行为的自我调节。对现实的态度又分为对社会、集体和他人的态度，对自己的态度，对劳动、工作和学习的态度，对利益的态度，对新的事物的态度等。行为的自我调节属于性格的意志特征。

性格可分为先天性格和后天性格。先天性格由遗传基因决定，后天性格是在成长过程中通过个体与环境的相互作用形成的。因此，必须重视性格的可塑性。以前人们认为性格是与生俱来的，是不可变的，现在则普遍认为性格是可变的。这个观点对人机工程学特别重要，如能通过各种途径注意培养人的优良品格，摒弃与要求不相适应的性格特征，将会为社会、为发挥人自身的潜能带来巨大的裨益。

### 3.2.2 能力

**1. 能力及其分类**

能力是指人能够顺利完成某种活动所需具备的个性心理特征或人格特征。它包含实际能力和潜在能力。实际能力是指目前表现出来的能力或已达到的某种熟练程度；潜在能力是指尚未表现出来，但通过学习或训练后可能具有的能力或可能达到的某种熟练程度。能力多种多样，可以按不同标准对能力进行划分。

（1）按能力作用的活动领域划分

按能力作用的活动领域不同，可将能力划分为一般能力和特殊能力。一般能力是指个体从事各种活动中共同需要的能力，是指共有的基本能力。一般能力和认识活动密切联系，如观察、记忆、理解以及问题解决能力等都属于一般能力。特殊能力是指在某种特殊活动范围内发生作用的能力，它是顺利完成某种专业活动的心理条件，如操作能力、节奏感、对空间比例的识别力、对颜色的鉴别力等。一般能力和特殊能力是有机联系的，一般能力是特殊能力的重要组成部分。例如，人的一般听觉能力既存在人的音乐能力中，也存在人的语言能力中。一般能力越是发展，就越为特殊能力的发展创造有利条件；反之，特殊能力的发展也促进一般能力的发展。平时所说的智力就是指一般能力。美国心理学家瑟斯顿认为，人的智力由计算能力、词语理解能力、语音流畅程度、空间能力、记忆能力、知觉速度及推断能力组成。

（2）按能力表现形态划分

按能力表现形态不同，可把能力划分为认知能力、操作能力和社交能力。认知能力是人脑进行信息加工、存储和提取的能力，如观察力、记忆力、注意力、思维力和想象力等认知能力可以通过实验测得，如注意力可通过注意分配能力注意集中能力实验测试获取。人们认识客观世界，获得各种知识主要依赖于人的认知能力。操作能力是指人操纵自己的身体完成各项活动的能力，如劳动能力、艺术表现能力、体育运动能力、实验操作能力等。操作能力与认知能力关系密切，通过认知能力积累的知识和经验是操作能力形成和发展的基础；反之，操作能力的发展也促进了认知能力的发展。社交能力是人们在社交活动中表现出的能力，如语言感染能力、沟通能力、交际能力和组织管理能力等。这种能力对促进人际交往和信息沟通具有重要作用。

---

**【注意分配能力测试实验】**

采用如图 3.34 所示的 BD-Ⅱ-314 型注意分配实验仪进行测试。该仪器主试面板设有开关、功能选择键、数码显示器、音量调节旋钮等。被试面板设有低音、中音、高音 3 个反应键、8 个发光管和与其对应的 8 个光反应键。

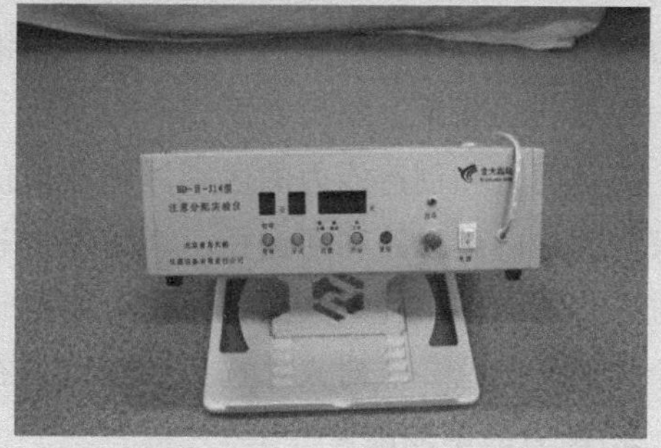

1）声音刺激分为高音、中音、低音 3 种，要求被试者对仪器连续或随机发出的不同声音刺激做出判断和反应，用左手按下不同音调相应的按键。按此方法反复地操作 1 个单位时间，由仪器记录下正确及错误的反应次数。

图 3.34　BD-Ⅱ-314 型注意分配实验仪

2）光刺激由 8 个发光管形成环状分布，要求被试者对仪器连续或随机发出的不同位置的光刺激做出判断和反应，然后用右手按下与发光管相应位置的按键，使该发光管灭掉。按此方法快速反复操作 1 个单位时间，由仪器记录下正确及错误的反应次数。

3）以上两种刺激可分别出现，也可同时出现，用功能选择键选定测试状态。

4）两种刺激随机、自动、连续地按规定时间出现。操作的单位时间分为 1~9min 共 9 档。可按需要用功能选择开关来选择测试时间。

5）分别记录设定时间内对光或声反应的正确次数及错误次数，最大次数为 999 次。

6）自动计算注意分配量 $Q$ 值。

**【注意集中能力测试实验】**

采用如图 3.35 所示的 BD-Ⅱ-310 型注意力集中能力测定仪，可测定被试者的注意集中能力，并可作为视觉-动觉协调能力的测试与训练仪器。仪器由一个可换不同测试板的转盘及控制、计时、记数系统组成。转盘转动，使测试板透明图案产生运动光斑（有点状、三角形、四边形等不同形状），用测试棒追踪光斑，注意力集中能力的不同量将在追踪成功时间及失败次数上体现。

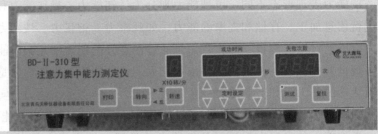

图 3.35　BD-Ⅱ-310 型注意力集中能力测定仪

（3）按能力参与的活动性质划分

按能力参与的活动性质不同，可把能力划分为模仿能力和创造能力。模仿能力是指通过观察别人的行为、活动来学习各种知识，然后以相同的方式做出反应的能力。模仿是人类一种重要的学习能力。创造能力是指产生新的思想或新发现，以及创造新事物的能力。有创造能力的人往往会摆脱具体的知觉情景、思维定式、传统观念的束缚，在习以为常的事物和现象中发现新的联系，提出新思想。

模仿能力和创造能力的区别体现在模仿能力只是按现成的方式去解决，而创造能力能提供解决问题的新思路和新途径。模仿能力和创造能力又有密切联系，人们经常是先模仿，然后进行创造。在某种意义上，模仿可以说是创造的前提。人的模仿能力和创造能力具有明显的个体差异，这一点对人才选拔和使用具有现实意义。

**2. 能力的影响因素**

作业者的能力是有差异的，能力的形成与发展依赖于多种因素的相互作用，主要表现为身体素质、知识、教育、环境和实践活动、人的主观努力程度等因素。

（1）身体素质

身体素质又称为天赋，是个体与生俱来的解剖生理特点。它包括感觉器官、运动器官、身体的结构与机能以及神经系统的解剖生理特点。遗传对能力的影响主要表现在身体素质上。

（2）知识

人类知识是人脑对客观事物的主观表征，是活动实践经验的总结和概括。知识有不同的形式，一种是陈述性知识，即"是什么"的知识；另一种是程序性知识，即"如何做"的知识，如计算机数据输入的知识等。人一旦有了知识，就会运用这些知识指导自己的活动。

从这个意义上来说，知识是活动的自我调节机制中一个不可缺少的构成要素，也是能力基本结构中的一个不可缺少的组成成分。

能力是在掌握知识的过程中形成和发展的，离开对知识的不断学习和掌握，就难以发展能力。能力与知识的发展不是完全一致的，往往能力的形成和发展远较知识的获得要慢。

（3）教育

能力不同于知识、技能，但又与知识、技能有密切关系。人的发展能力与系统学习和掌握知识技能是分不开的，良好的教育和训练是能力发展的基础。一般能力较强的作业者往往受过良好的教育和训练，良好的教育和训练使作业者知识和能力趋于同步增长。

（4）环境

环境包括自然环境和社会环境两个方面。实验研究表明，丰富的环境刺激有利于能力的发展。自然环境优越，有利于形成和发展作业者的能力，社会环境同样影响作业者能力的形成和发展。

（5）实践活动

人的各种能力是在社会实践活动过程中最终形成的。离开了实践活动，即使有良好的素质、环境和教育程度，能力也难以形成和发展。实践活动是积累经验的过程，因此对能力的形成和发展起着决定性作用。教育和环境只是能力发展的外部条件，人的能力必须通过主体的实践活动才能得到发展。人的能力随实践活动的性质、活动的广度和深度不同而不同。只要坚持不懈地坚持实践活动，能力就会相应地得到提高。

（6）人的主观努力程度

能力提高离不开人的主观努力。一个人积极向上、刻苦努力，具有强烈的求知欲和广泛的兴趣，能力就会得到发展。相反，对工作无要求，对事业无大志，对周围事物冷淡、无兴趣的人，在工作中缺少自觉性，局限于完成规定的任务，能力不可能得到很好的发展。

### 3.2.3　动机

**1. 动机的含义及功能**

动机是由目标或对象引导、激发和维持个体活动的一种内在心理过程或内部动力。动机是一种内部的心理过程，不能直接观察，但可通过任务选择、努力程度、对活动的坚持性和言语表达等外部行为间接推断出来。通过任务选择可以判断动机的方向和目标，通过努力程度和坚持性判断动机强度大小。动机必须有目标，目标引导个体行为方向，并且提供原动力。

从动机和行为的关系分析，动机具有激发、调节、维持和停止行为的功能。即动机能推动个体产生某种行为，并使行为指向一定对象或目标；同时，动机具有维持作用，表现为行为的坚持性。个体活动能否坚持下去，受动机的调节和支配。

**2. 动机与需要**

需要是有机体内部的一种不平衡状态，它表现为有机体对内部环境或外部环境条件的一种稳定的需求，并成为机体活动的源泉。人的某种需要得到满足后，不平衡状态会暂时解除，当出现新的不平衡时，新的需要又会产生。关于需要结构，马斯洛（Maslow）提出了比较著名的需要层次理论。他把人的需要分为五个层次：生理需要、安全需要、归属和爱的需要、尊重需要和自我实现需要。这些需要是人的基本需求，需要的层次越低，力量越强，潜力越大。当低级需要满足之后，就会表现出高级需要。另外，个体对需要的追求也表现出不同的情况，有的人对自尊的需要超过了对爱的需要和归属感的需要。

人的动机是在需要的基础上产生的。当某种需要没有得到满足时，就会推动人们去寻找满足需要的对象，从而产生活动动机。当需要推动人们的活动指向一个目标时，需要就成为人的动机。需要作为人的积极性的重要源泉，是激发人们进行各种活动的内部动力。

**3. 动机与工作效率**

动机与工作效率的关系主要表现为动机强度与工作效率的关系上。人们普遍认为，动机强度越大，效率越高；反之，动机强度越低，效率越低。但心理学研究表明，中等强度的动机有利于任务的完成，工作效率最高，一旦动机超过这个水平，对行为反而产生一定的阻碍作用。例如，动机太强，急于求成，会产生紧张焦虑心理，使效率下降，错误率提高。

心理学领域专家耶克斯和道德森的研究（1908）表明，各种活动都存在一个最佳的动机水平。动机不足或过分强烈，都会使工作效率下降。研究还发现，动机的最佳水平随任务性质的不同而不同。在比较容易的任务中，工作效率随动机的提高而上升；随着任务难度的增加，动机的最佳水平有逐渐下降的趋势，即在难度较大的任务中，较低的动机水平有利于任务的完成（图 3.36）。

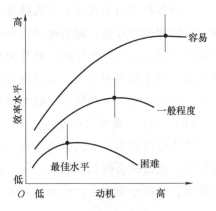

图 3.36　动机强度、任务难度与工作效率的关系

人们对工作所持的动机是多种多样的，由于动机的不同，工作态度和效率是千差万别的，因此，在因素分析中，要把动机看成影响工作结果的重要因素之一。

随着行为科学的发展，人们创立了很多激励动机的学说。经常被引用的理论主要如下：

（1）赫兹伯格（Herzberg）的双因素理论

他调查发现，使职工感到满意的，是属于工作本身或工作内容方面的，他称为激励因素；使职工感到不满的，是属于工作环境或工作关系方面的，他称为保健因素。其中，保健因素相当于"需要层次理论"的前三个阶段的需要，激励因素相当于后两个阶段的需要。保健因素只能防止不满意，而不能起到激励效率的作用。

（2）利克特（Likert）的集体参与理论

他认为只有员工受到信赖，得到鼓励，参与管理和决策才能激励效率。

（3）弗鲁姆（Vroom）的期望理论

他认为人的行为是对目标追求的结果，这个过程不是简单的情绪表现，而是理性的决策。人的动机是多种多样的，既包括经济动机，也包括非经济动机。

### 3.2.4　情　绪

情绪是人对客观事物的态度体验及相应的行为反应，它是以个体的愿望和需要为中介的一种心理活动。当客观事物或情境符合主体的需要和愿望时，就能引起满意、愉快、热情等积极、肯定的情绪，如渴求知识的人读到一本好书会感到满意。当客观事物或情境不符合主体的需要和愿望时，就会产生不满意、郁闷、悲伤等消极、否定的情绪，如工作失误会出现内疚和苦恼等。由此可见，情绪是个体与环境之间某种关系的维持或改变（坎波斯，1970）。

情绪是由独特的主观体验、外部表现和生理唤醒三种成分组成的。主观体验是个体对不同情绪和情感状态的自我感受。人的主观体验与外部反应存在着某种相应的联系，即某种主观体验是和相应的表情模式联系在一起的，如愉快的体验必然伴随着欢快的面容或手舞足蹈的外显行为。情绪与情感的外部表现通常称为表情。它是在情绪和情感状态发生时身体各部分的动作量化形式，包括面部表情、姿态表情和语调表情。面部表情模式能精细地表达不同性质的情绪和情感，因此是鉴别情绪的主要标志。姿态表情是指面部表情以外的身体其他部分的表情动作，包括手势、身体姿势等，如愤怒时的摩拳擦掌行为。生理唤醒是指情绪产生时的生理反应，是一种生理激活水平。不同情绪时生理激活水平不同，如愤怒时心跳加速、血压增高等。

人的典型情绪状态可分为心境、激情和应激三种。

**1. 心境**

心境是一种持久、微弱、影响人的整个精神活动的情绪状态。一种心境的持续时间依赖于引起心境的客观刺激的性质，也与人的气质、性格有一定的关系。例如，若一个人取得了重大的成就，在一段时期内会处于积极、愉快的心境中；同一事件对某些人的心境影响较小，而对另一些人的心境影响则较大；性格开朗的人往往无介于怀，而性格内向的人则容易耿耿于怀。

心境产生的原因是多方面的。生活中的顺境和逆境、工作中的成功与失败、人们之间的关系是否融洽、个人的健康状况、自然环境的变化等，都可能成为引起某种心境的原因。

心境对人的生活、工作、学习、健康有很大的影响。积极向上、乐观的心境，可以提高人的活动效率，增强信心，使其对未来充满希望，有益于健康；消极悲观的心境，会降低认知活动效率，使人丧失信心和希望，经常处于焦虑状态，有损于健康。人的世界观、理想和信念决定着心境的基本倾向，对心境有重要的调节作用。

**2. 激情**

激情是一种强烈、短暂、爆发式的情绪状态。这种情绪状态通常是由对个人有重大意义的事件引起的。如重大成功后的狂喜、惨遭失败后的绝望、突如其来的危险所带来的异常恐惧等，都会使人处于激情状态。激情状态往往伴随着生理变化和明显的外部行为表现，人在激情状态下往往出现"意识狭窄"现象，即认识活动的范围缩小，理智分析能力受到抑制，自我控制能力减弱，进而使人的行为失去控制，甚至做出一些鲁莽的行为或动作。

人能够意识到自己的激情状态，也能够有意识地调节和控制它。因此，要善于控制自己的消极激情，做自己情绪的主人。实际工作中，可通过培养坚强的意志品质、提高自我控制能力来达到控制激情状态下失控行为的目的。

**3. 应激**

应激是指人对某种意外的环境刺激所做出的适应性反应。例如，人们遇到某种意外危险或面临某种突发事件时，必须应用自己的智慧和经验，动员自己的全部力量，迅速做出选择，采取有效行动，此时人的身心处于高度紧张状态，即应激状态。

应激状态的产生与人面临的情景及人对自己能力的估计有关。当情景对一个人提出要求，而他意识到自己无力应付当前情景的过高要求时，就会体验到紧张而处于应激状态。

人在应激状态下，会引起机体的一系列生理性反应，如肌肉紧张度、血压、心率、呼吸以及腺体活动都会出现明显的变化。这些变化有助于适应急剧变化的环境刺激，维护机体功能的完整性。但是，如果引起紧张的刺激持续存在，阻抗持续下去，此时必需的适应能力已经用尽，机体会被其自身的防御力量所损害，导致适应性疾病。可见，应激状态是在某些情况下可能导致疾病的机制之一。

情绪对人们的工作效率、工作质量有重要的影响，关系到人的能力的发挥及身心健康。因此，应当特别关注影响情绪的因素（社会的、工作的、人际的以及家庭的和自身的），对其进行相关研究并加以改善。

### 3.2.5 意志

意志是人自觉地确定目的，并支配和调节行为，克服困难以实现目的的心理过程。也可以说意志是一种规范自己的行为，抵制外部影响，战胜身体失调和精神紊乱的抵抗能力。意志在一个人的性格特征中具有十分重要的地位，性格的坚强和懦弱等常以意志特征为转移。良好的意志特征包括坚定的目的性、自觉性、果断性、坚韧性和自制性。意志品质的形成是与一个人的素质、教育、实践及社会影响分不开的。为了出色地完成各种工作，人们应当重视个人意志力的培养和锻炼。

人的行为内部交织着各种复杂的心理因素。因此，在分析某种行为的时候，应分别对各种心理因素进行分析，在分析集体的行为时，应尽可能收集各种因素所具备的条件。个体差异是指在因素条件相同的情况下，人与人之间的差别。

## 3.3 人的生理数据的应用实例

本节以眼动信号为例，对相关试验的具体内容及其数据分析进行介绍。

### 3.3.1 试验设计

**1. 试验设备与对象**

使用 Tobii X2-30 眼动仪采集被试者的眼动数据。呈现刺激材料的显示屏尺寸为 19.7 英寸（44cm×24cm），屏幕分辨率是 1920×1080。被试者距离显示屏为 45~60cm。

**2. 试验材料**

以地铁内禁止跳下的安全标志为参考，设计图的比例、尺寸及颜色参照《图形符号 安全色和安全标志　第 1 部分：安全标志和安全标记的设计原则》（GB/T 2893.1—2013），同时对原安全标志的设计不足之处进行二次设计，共得到 3 张图片作为试验刺激材料，试验过程中导入的刺激材料类型为图片。试验刺激材料见表 3.6。

表 3.6　试验刺激材料

| 安全标志类型 | 原图 | 设计图 1 | 设计图 2 | 设计图 3 |
|---|---|---|---|---|
| 禁止跳下 | | | | |

为了控制变量，试验材料中同种含义的标志边框颜色样式一致。禁止标志的设计依照图 3.37 所示比例，外径 $d_1 = 0.025L$，内径 $d_2 = 0.800d_1$，斜杠宽 $c = 0.080d_1$，斜杠与水平线的夹角 $\alpha = 45°$；$L$ 均为观察距离。标志原图大小与同一页面的二次设计标志图大小一致。

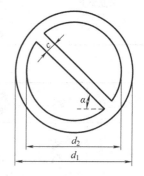

图 3.37　禁止标志设计比例

## 3.3.2　试验数据分析

**1. 数据初步处理**

运用眼动数据分析模块完成眼动数据的预处理——兴趣区（Area of Interest，AOI）划分，提取兴趣区内眼动数据，试验刺激材料共包括 4 个兴趣区。AOI 的划分为出现的页面中每一个安全标志轮廓的内部区域，禁止跳下兴趣区划分示例图如图 3.38 所示。

将数据导入 SPSS 处理分析。用线性回归方法进行缺失值处理，定义所有数据中小于 0 的数据为缺失值，接着进行缺失值替补，由于此次试验数据中缺失值不足 5%，因此选择的缺失值处理方法对结果影响不大，故选择序列平均值进行替换。

图 3.38　禁止跳下兴趣区划分示例

试验数据包括两部分，基于被试者主观调查的定性数据和客观眼动指标的定量数据。主观数据主要基于深度访谈探究其选择某一安全标志的原因，探寻人们对安全标志理解的影响因素；眼动指标包括对安全标志的注视轨迹图、热点图、兴趣区内的首次进入时间（AOI Time to First Fixation）、进入兴趣区的第一个注视点的持续时间，即首个注视持续时间（AOI First Fixation Duration）、兴趣区注视总的持续时间，即总注视持续时间（AOI Total Fixation Duration）、兴趣区的注视次数（AOI Fixation Count）。眼动仪利用红外追踪技术精准追踪被试眼球位置，获取眼动数据，不同的眼动指标反映被试者的某种真实状态。各眼动指标代表的具体含义，需要进一步结合实际数据进行分析。

**2. 主观数据讨论**

按照试验要求，被试者需根据安全标志的文字提示，自主选择与文字含义更贴近、更形象、更符合文字内容的安全标志图片样式，根据被试者自主选择结果，得到不同类型不同样式的安全标志被选中的比例，比例 $= \dfrac{\text{选择某一安全标志的人数}}{\text{总人数}} \times 100\%$。最终统计结果见表 3.7、表 3.8。

**表 3.7　不同样式的安全标志被选中的比例**

| 标志名称 | 编号 | 不同样式"禁止跳下"标志被选中的比例（%） |
|---|---|---|
| 禁止跳下 | 原图占比 | 5.00 |
| | 1 图占比 | 17.50 |
| | 2 图占比 | 57.50 |
| | 3 图占比 | 20.00 |

**表 3.8　安全标志原图与二次设计图的对比分析**

| 标志类型 | 原图 | 选择比例最高的标志 | 个人因素 | 情境因素 | 经验因素 |
|---|---|---|---|---|---|
| 禁止跳下 | | | 新图动作到位，美观大方 | 新图符合跳跃的情景状态；原图没有体现跳跃瞬间的效果 | 原图站台过高，看起来像坠落 |

**3. "禁止跳下"的眼动数据分析**

分析地铁原"禁止跳下"安全标志（简称"原图"）与二次设计中最优（即选择比例最高）的安全标志（简称"优化图"）在眼动数据上是否存在显著的差异性，进而研究现有的安全标志是否有必要改进和优化。

（1）眼动指标的描述性统计分析

"禁止跳下"眼动数据的描述性统计结果见表 3.9。

**表 3.9　"禁止跳下"眼动数据的描述性统计结果**

| 兴趣区 | | 首次进入时间/s | | 首个注视持续时间/s | | 总注视持续时间/s | | 注视次数 | |
|---|---|---|---|---|---|---|---|---|---|
| | | 均值 | 标准差 | 均值 | 标准差 | 均值 | 标准差 | 均值 | 标准差 |
| 禁止跳下 | 原图 | 1.85 | 0.81 | 0.37 | 0.24 | 0.91 | 0.70 | 2.25 | 1.28 |
| | 优化图 | 1.81 | 1.08 | 0.52 | 0.29 | 2.29 | 1.26 | 4.70 | 2.54 |

首个注视持续时间中，对优化图的首次注视高出原图 40.5%，而首次注视时间越长，表明安全标志越容易引起被试者的关注。从表 3.9 描述的统计结果来看，优化图的首个注视持续时间的均值高于原图，表明被试者关注到优化图后，认真获取最优设计图的内容，由此表明优化图对被试者的吸引程度较高，能使被试者获取想要的信息。总注视持续时间和注视次数均是在整个任务过程中获取的兴趣区内的数据，优化图对应的总注视时间及注视次数的

均值均高于原图，即被试对优化图的注视时间更长，但是原图与优化图是否存在显著的差异性还有待进一步分析。

（2）差异性分析

为研究各类安全标识原图与比例最高的二次设计图的眼动数据是否有差异，属于差异性检验，原图与设计图为独立的研究对象，未采用配对设计，且分析变量为连续性变量，检验数据在 $P=0.05$ 水平下是否符合正态分布（由于样本数量 40<50，选择 Shapiro-Wilk 检验）；若指标的两个变量同时符合正态分布，则使用两独立样本 $t$ 检验，若某指标的两个变量未同时满足正态分布，则考虑使用 Wilcoxon 秩和检验（Mann-Whitney U 统计量是由 Wilcoxon W 统计量构成的）。数据的正态性检验及分析方法选择见表 3.10，原图与优化图差异性分析结果见表 3.11。

表 3.10　数据的正态性检验及分析方法选择

| 指标 | 变量 | $P$ 值 | 正态性 | 分析方法 |
|---|---|---|---|---|
| 首次进入时间 | 原图 | 0.128 | 是 | Mann-Whitney U 检验 |
|  | 优化图 | 0.011 | 否 |  |
| 首个注视持续时间 | 原图 | 0.002 | 否 | Mann-Whitney U 检验 |
|  | 优化图 | 0.128 | 是 |  |
| 总注视持续时间 | 原图 | 0.000 | 否 | Mann-Whitney U 检验 |
|  | 优化图 | 0.174 | 是 |  |
| 注视次数 | 原图 | 0.000 | 否 | Mann-Whitney U 检验 |
|  | 优化图 | 0.074 | 是 |  |

表 3.11　原图与优化图的差异性分析结果

| 指标 | $P$ 值 | 有无显著性差异 |
|---|---|---|
| 首次进入时间 | 0.560 | 无 |
| 首个注视持续时间 | 0.015 | 有 |
| 总注视持续时间 | 0.000 | 有 |
| 注视次数 | 0.000 | 有 |

由表 3.11 可见，原图和优化图的兴趣区内的首次进入时间无显著的差异性，说明"禁止跳下"原图与优化图的醒目程度相差不大；在首个注视持续时间、总注视持续时间和注视次数上，原图和优化图的兴趣区内存在显著的差异性，说明安全标志经过优化后比原图更能吸引被试者，被试者对优化图的关注程度更高，信息提取得更完整。

此外，结合眼动的可视化数据进行分析，被试者的眼动轨迹图和热点图分别如图 3.39 和图 3.40 所示。

由图可知，被试者的关注重点在优化图的跳跃动作上，说明最优设计图更生动形象，能够吸引被试者关注，且能达到较好的表达效果，易于理解。因此，原图与优化图相比，优化图由于其鲜明的动作形态更能引起被试者的关注。

图 3.39　被试者的眼动轨迹图　　　　　图 3.40　"禁止跳下"热点图

## 复　习　题

3.1　人的视觉机能特性是什么？请举例说明。

3.2　感觉的对比分为哪两种？

3.3　影响视敏度的主要因素有什么？

3.4　人类视力所能接受的光波只占整个电磁光谱的一小部分，人眼所能感觉到的波长大约是多少 nm？

3.5　"久而不闻其香"是为什么？

3.6　眩光会有哪些影响？如何避免这些影响？

3.7　试调查某一教室的室内灯光布置是否满足人机工程学要求，若不满足要求，请提出存在的问题和改进措施。

3.8　什么叫暗适应、明适应？请做出具体说明。

3.9　人的听觉机能特性是什么？谈谈你在生活中的实际感受。

3.10　眼动信号的研究主要包括哪些参数？各有什么意义？

3.11　眨眼参数和瞳孔直径如何测量并用于分析？

3.12　PERCLOS 分析的应用意义是什么？

3.13　用什么指标来衡量人的疲劳程度？具体规律是什么？

3.14　用眼部行为评定觉醒状态的主要参数有哪些？

3.15　PERCLOS 方法的常用标准有哪三种？

3.16　如何应用人的个性心理理论搞好安全生产管理？

3.17　研讨：寻找生活中能体现人的感知和心理特性的设计的产品，分析其安全人机工程学原理。

# 4 第4章
## 人体生物力学特性与职业性损伤

【本章学习目标】

1. 掌握影响人体操纵力以及人体运动输出的影响因素；掌握表面肌电在职业性肌肉骨骼疾病（WMSDs）中的应用；掌握职业性肌肉骨骼疾病的主要影响因素及预防措施。

2. 理解表面肌电的产生机理及表面肌电的特征，理解表面肌电的检测方法与分析方法；理解职业性损伤的影响因素。

3. 了解人体运动特性、人体生物力学特性；了解职业性肌肉骨骼疾病的调查方法；了解快速上肢评估（RULA）发展现状。

## 4.1 人体生物力学特性

### 4.1.1 人体运动特征

人体不管是进行日常简单活动还是从事复杂的劳动作业，都需要人体运动系统提供支持。运动系统是人体完成各种动作和从事生产劳动的器官系统，由骨、关节和肌肉3部分组成。全身的骨依靠关节连接构成骨骼，肌肉附着于骨，且跨过关节。肌肉的收缩与舒张牵动骨，再通过关节的活动而能产生各种运动。所以，在运动过程中，骨是运动的杠杆；关节是运动的枢纽；肌肉是运动的动力。三者在神经系统的支配和调节下协调一致，随着人的意志，共同准确完成各种动作。

**1. 骨的功能与骨杠杆**

人体全身骨的总数是206块，其中177块直接参与人体运动。按照结构形态和功能，人体骨骼系统可分成颅骨、躯干骨、四肢骨3大部分。颅骨包括8块脑颅骨和15块面颅骨；脑颅骨构成颅腔，脑髓位于其中，它起着脑髓保护壳的作用；面颅骨构成眼眶、鼻腔、口腔。躯干骨包括椎骨、胸骨和肋骨；椎骨构成脊柱，支持和保护脊髓组织；胸骨和肋骨形成胸廓，对肺、心、肝、胆等内脏具有支持和保护作用。四肢骨分为上肢骨和下肢骨。在人体骨骼系统中，脊柱与四肢骨与操作活动有特别密切的关系。

附着于骨的肌肉收缩时，牵动着骨绕关节运动，使人体形成各种活动姿势和操作动作。因此，骨是人体运动的杠杆。安全人机工程学中的动作分析都与这一功能密切相关。

人体骨杠杆的原理和参数与机械杠杆完全一样。在骨杠杆中，关节是支点，肌肉是动力源，肌肉与骨的附着点称为力点，而作用于骨上的阻力（如重力、操纵力等）的作用点称为重力（阻力点）。人体活动时，主要有以下 3 种骨杠杆的形式：

1）平衡杠杆支点位于重点和力点之间，类似于天平秤的原理，如通过寰枕关节调节头的姿势的运动。

2）省力杠杆重点位于力点与支点之间，类似于用木棒撬重物的原理，如支撑腿起步抬足跟时踝关节的运动。

3）速度杠杆力点在重点和支点之间，阻力臂大于力臂，如手执重物时肘部的运动。此类杠杆的运动在人体中较为普遍，虽用力较大，但其运动速度较快。

由机械学的等功原理可知，利用杠杆省力但不省功，得之于力则失之于速度（或幅度），即产生的运动力量大而范围小；反之，得之于速度（或幅度）则失之于力，即产生的运动力量小而运动范围大。最大的力量和最大的运动范围两者是无法同时实现的，因此，在设计操纵动作时，必须考虑这一原理。

**2. 关节的运动形式**

人体四肢骨之间普遍由关节连接。上肢骨间的连接大多为活动灵活度大的典型关节，如肩关节、肘关节、桡腕关节等。下肢骨间的连接关节有髋关节、膝关节、踝关节以及足部各种关节等。关节的功能主要在于它可使人的肢体有可能做屈伸、环绕和旋转等运动。假使肢体不能做这几种运动，那么，即使最简单的运动（如走步、握物等动作）也是不可能实现的。

关节的运动形式与关节的形态结构有关。每一种运动都是围绕某个运动轴在一定的基本平面进行的。关节的基本运动有屈伸、外展与内收、回旋、环转和水平屈伸，如图 4.1 所示。

屈伸：运动环节绕额状轴在矢状面内做的运动。一般来说，向前运动为屈，向后运动为伸。但膝关节及其以下关节则相反，如前后摆臂动作。

外展与内收：运动环节绕矢状轴在冠状面做的运动。运动环节末端远离正中面为外展，向身体正中面靠近为内收，如侧摆腿动作。

回旋：运动环节绕垂直轴在水平面内做的运动。由前向内旋转为内旋（或旋前），由前向外旋转为外旋（或旋后）。

环转：运动环节以近侧端为支点，绕额状轴、矢状轴以及它们之间的中间轴做连续的圆周运动。此运动可描绘成一个圆锥体图形的运动，因此又称圆锥运动。如上肢在肩关节处做向前或向后的绕环运动。

水平屈伸：运动环节在水平面内绕垂直轴做前后运动，是体育运动中的一种运动形式，生活中少见，如上肢（或下肢）在肩关节（或髋关节）处，外展90°后再向前运动称为水平屈，如向后运动则称为水平伸，如扩胸动作。

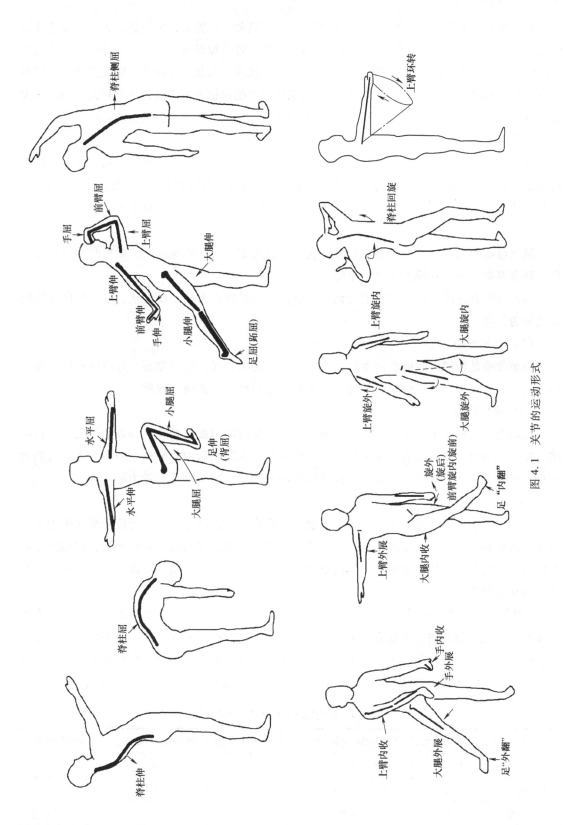

图 4.1　关节的运动形式

在关节中有 4 类神经末梢，主要功能是向中枢提供关节位置变化的信息、关节活动速度的信息、关节实际位置的信息及感受痛觉的信息。关节中各类神经末梢产生的神经冲动传入大脑皮层的投射区，经大脑加工后又以神经冲动形式传向肌肉，引起肌肉收缩，肌肉收缩引起肌肉所附的骨及相应的关节活动。关节中的各类感觉神经末梢再把关节活动的信息传向大脑，经大脑分析综合后发出神经冲动，调节肌肉及关节的活动。如此不断反复，直至达到目的。

### 3. 肌肉与肌力

肌肉依其形状构造、分布和功能特点，可分为平滑肌、心肌和横纹肌 3 种。其中，横纹肌大都跨越关节，附着于骨，又称骨骼肌；又因骨骼肌的运动均受意志支配，又称随意肌，参与人体运动的肌肉都是横纹肌。人体横纹肌有 600 多块，约占体重的 40%（女性约占 35%）。

肌肉运动的基本特征是收缩与放松。收缩时长度缩短，横断面增大，放松时则成相反变化，两者都是由神经系统支配而产生的。

肌肉收缩表现产生张力和长度变化，依肌肉收缩时的张力和长度变化，可将肌肉收缩的形式分为 3 类：

（1）缩短收缩

缩短收缩是指肌肉收缩所产生的张力大于外加的阻力时，肌肉缩短，并牵引骨杠杆做相向运动的一种收缩形式。缩短收缩时，肌肉起止点靠近，又称向心收缩。

（2）拉长收缩

当肌肉收缩所产生的张力小于外力时，肌肉积极收缩但被拉长，这种收缩形式称拉长收缩。拉长收缩时，肌肉起止点逐渐远离，又称为离心收缩。肌肉收缩产生的张力方向与阻力相反，肌肉做负功。在人体运动中，拉长收缩起着制动、减速和克服重力等作用。

（3）等长收缩

当肌肉收缩产生的张力等于外力时，肌肉积极收缩但长度不变，这种收缩形式称为等长收缩。等长收缩时，负荷未发生位移，从物理学角度认识，肌肉没有对外做功，但仍消耗很多能量。等长收缩是肌肉静力性工作的基础，在人体运动中对运动环节固定、支持和保持身体某种姿势起重要作用。

3 种肌肉收缩形式反映了肌肉收缩的不同特征。人体任何一种运动动作的实现，都有赖于 3 种肌肉收缩形式的协调配合。另外，有人对 3 种肌肉收缩形式产生的张力水平进行过研究，结果表明，拉长收缩产生的最大力量，大大超过等长和缩短收缩。拉长收缩产生的力量约比缩短收缩大 50%，比等长收缩大 25% 左右。表 4.1 对肌肉的 3 种收缩形式进行了比较。

表 4.1　肌肉的 3 种收缩形式的比较

| 工作形式 | 肌肉长度变化 | 外力与肌张力的比较 | 在运动中的功能 | 肌肉对外所做的功 | 能量供给率 |
| --- | --- | --- | --- | --- | --- |
| 缩短收缩 | 缩短 | 小于肌张力 | 加速 | 正 | 增加 |
| 拉长收缩 | 拉长 | 大于肌张力 | 减速 | 负 | 减少 |
| 等长收缩 | 不变 | 等于肌张力 | 固定 | 未 | 小于缩短收缩 |

## 4.1.2　人体操纵力及其影响因素

人体生物力学侧重于研究人体各部分的力量、活动范围和速度，人体组织对于不同阻力发挥出力量的数值，人体各部分的重量、重心变化以及做动作时的惯性等问题，其研究目的是使人在人机系统中更好地发挥作用，尽量避免做无用功，使人能有效地工作，提高活动效率，减少作业疲劳，确保人身安全。

**1. 人体的操纵力**

人的操纵力是指操作者在操作时为达到操作的某一目的而付出的一定数量的力。人的头、躯干、肩膀、四肢、手掌、脚掌、脚趾均可发出一定的操作力。在设计人机系统时，从安全人机工程的角度考虑，必须很好地考虑操纵力的数值以及操纵者的生理状况能否付出所需要的操纵力。

（1）人体操纵力特性

在操作活动中，肢体所能发挥的力量的大小除了取决于人体肌肉的生理特征外，还与施力姿势、施力部位、施力方式和施力方向有密切关系。只有在这些综合条件下的肌肉出力的能力和限度才是操纵力设计的依据。

在直立姿势下弯臂时，不同角度的力量分布如图 4.2 所示。可知大约在与铅垂轴成 70°处可达最大值，即产生相当于体重的力量。这正是许多操纵装置（如方向盘、手轮等）置于人体正前方的原因所在。

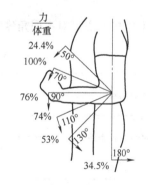

图 4.2　立姿弯臂时的力量分布

1）人体用力的一般原则如下：

① 所有动作应该是有节律的，各个关节要保持协调，则可减轻作业疲劳。

② 在操作时，只有各关节的协同肌群与拮抗肌群的活动保持平衡，才能使动作获得最大的准确性。

③ 瞬时用力要充分利用人体的质量做尽可能快的动作。

④ 大而稳的力量取决于肌体的稳定性，而不是肌肉的收缩。

⑤ 任何动作必须符合解剖学、生理学和力学的原理，以提高工效。

2）人用力的特殊情况如下：

① 肘关节肌群屈曲时所产生的力的大小依赖于手的方向，当手掌面向肩部时，产生的力最大。

② 人体发出的力，以坐在带固定靠背的椅子上，两脚蹬踩时产生的力最大。

③ 提取重物时，必须用体重与负荷做对抗性平衡。

④ 坐姿作业难以向下用力。

⑤ 头部与脊柱上端在保持平衡的情况下进行操作最有利，否则易引起作业疲劳。

⑥ 指、腕、肘、肩关节依次活动时，指关节力量最小，精确性最高；肩关节力量最大，精确性最低。

⑦ 用脚施加压力时，动作的精确性是通过踝关节而不是足跟运动来控制的。

（2）手的操纵力

生产生活中，手动操纵装置是最为常见的，手的发力与作业姿势和出力方式有关。

1）坐姿操纵力。坐姿时不同角度上臂测试如图 4.3 所示。这些数据一般健康男性均可达到。

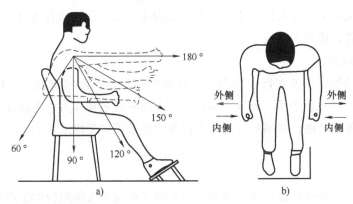

图 4.3　坐姿操纵力

a）侧视图　b）俯视图

手臂在坐姿下对不同角度和方向的操纵力见表 4.2。

表 4.2　手臂在坐姿下对不同角度和方向的操纵力

| 手臂的角度/（°） | 拉力/N | | 推力/N | |
|---|---|---|---|---|
| | 左手 | 右手 | 左手 | 右手 |
| 180（向前平伸臂） | 向后 | | 后前 | |
| | 230 | 240 | 190 | 230 |
| 150 | 190 | 250 | 140 | 190 |
| 120 | 160 | 190 | 120 | 160 |
| 90（垂臂） | 150 | 170 | 100 | 160 |
| 60 | 110 | 120 | 100 | 160 |
| 180 | 向上 | | 向下 | |
| | 40 | 60 | 60 | 80 |
| 150 | 70 | 80 | 80 | 90 |
| 120 | 80 | 110 | 100 | 120 |
| 90 | 80 | 90 | 100 | 120 |
| 60 | 70 | 90 | 80 | 90 |
| 180 | 向内侧 | | 向外侧 | |
| | 60 | 90 | 40 | 60 |
| 150 | 70 | 90 | 40 | 70 |
| 120 | 90 | 100 | 50 | 70 |
| 90 | 70 | 80 | 50 | 70 |

由表 4.2 可知：

① 左手力量小于右手。

② 手臂处于侧面下方时，推拉力都较弱，但其向上和向下的力较大。

③ 拉力略大于推力。

④ 向下的力略大于向上的力。

⑤ 向内的力大于向外的力。

2）立姿操纵力。立姿直臂操纵时的拉力和推力分布如图 4.4 所示。

由图 4.4 可知，最大拉力产生在肩的下方 180°位置上，手臂的最大推力则产生在肩的上方 0°位置上。所以，以推拉形式操纵的控制装置，安装在这两个部位时操纵力最大。

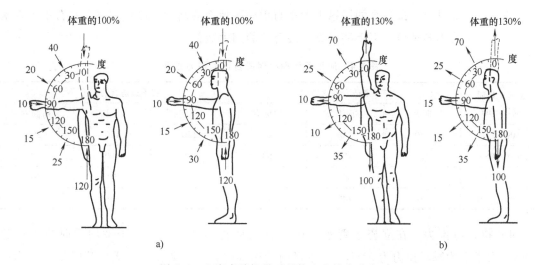

a)　　　　　　　　　　　　　　　　　　　　　　b)

图 4.4　立姿直臂操纵时的拉力和推力分布

3）握力。一般人右手的握力大于左手。一般青年男子右手平均瞬时最大握力约为550N，左手约为421N。保持 1min 后，右手平均握力降到 274N，左手降至 244N。可见，握力与手的姿势和施力持续时间有关。表 4.3 给出了日本学者测量的不同年龄男性的右手的握力数据。

表 4.3　不同年龄男性的右手的握力数据

| 性别 | 年龄（周岁） | 握力/N | | |
| --- | --- | --- | --- | --- |
| | | 最小值 | 最大值 | 标准值 |
| 男性 | 16 | 274 | 480 | 343~441 |
| | 18 | 324 | 529 | 392~460 |
| | 20 | 344 | 556 | 418~487 |
| | 23 | 373 | 579 | 442~510 |
| | 25 | 379 | 585 | 448~516 |

人们在劳动过程中，要使用各种手持工具进行操作，如钳子、镊子、锄头、斧头等。在

使用手持工具时，人手和工具组成统一的整体。因此，所设计的工具把柄必须和手统一起来。手持工具把柄的外形、大小、长短、重量以及制造材料除应满足操作的要求外，还要符合操纵者的生理特点和生物力学特点，以减小劳动强度，提高劳动效率和劳动质量，在进行人机系统设计时，要考虑操作者的握紧强度。握紧强度是人能够施加在手柄上的最大握力。在设计手工工具、夹具和操纵机构时，都需要考虑握紧强度的数值。

年龄在30岁以上时，可用下式近似计算手操纵的握紧强度：

$$T_s = 608 - 2.94A \tag{4.1}$$

式中　$T_s$——手操纵握紧强度（N）；

　　　$A$——年龄（周岁）。

利用手柄操纵时，最适合的操纵力大小与手柄距地面的高度、操纵方向、左右手等因素有关。表4.4给出各种情况下手柄操纵时最合适的用力数值。

表4.4　应用手柄操纵时最合适的用力数值

| 手柄距地面高度/mm | 左手最适合的用力/N | | | 右手最适合的用力/N | | |
|---|---|---|---|---|---|---|
| | 向上 | 向下 | 向侧方 | 向上 | 向下 | 向侧方 |
| 500~650 | 140 | 70 | 40 | 120 | 120 | 30 |
| 650~1050 | 120 | 120 | 60 | 100 | 100 | 40 |
| 1050~1400 | 80 | 80 | 60 | 60 | 60 | 40 |
| 1400~1600 | 90 | 140 | 40 | 40 | 60 | 30 |

4）拉力与推力。在立姿手臂水平向前自然伸直的情况下，男子平均瞬时拉力可达689N，女子平均瞬时拉力为378N。若手做前后运动时，拉力要比推力大。瞬时最大压力可达1078N，连续操作的拉力约为294N。当手做左右方向运动时，则推力大于拉力，最大推力约为392N。

5）扭力和提力。双臂做扭转操作时一般可分为身体直立、双手扭转，身体扭曲、双手扭转和弯曲双手扭转3种不同姿势。其中，身体直立、双手扭转长的把手时，男子的扭力为（381±127）N，女子的扭力为（200±138）N。有些把手很短，需要弯腰操作。据测量，弯腰双手扭转时，男子的扭力为（943±335）N，女子的扭力为（416±196）N。前臂水平前伸，手臂向下，往上提升物料，平均提力为214N。

由于手臂弯曲时，手在人的前方活动能发挥出较大的操纵力，所以操纵机构布置在操纵者的正前方可以得到较好的操纵效果，操作者站时臂伸直的最大拉力产生在图4.4中180°的位置上，即产生在垂直向上拉的位置上。所以，需要向上拉的操纵机构布置在下面能得到最大操纵力，操作者站立时臂伸直的最大推力产生在0°位置上，即垂直向上推的位置上，但由于受空间、设备和人的习惯所限，不在此方向布置操纵机构。人在伸直前臂时向前推较向侧面推所产生的力大些，所以推力操纵的机构尽量布置在操作者的前面（即最佳位置）。

一般人在平稳动作时，手臂所产生的最大操纵力可达800N，人在猛烈瞬间动作时，所产生的最大操纵力可达1000~1100N。正常情况下用手操作时，操纵机构所需的操纵力不应大于 127~150N，否则人将不能持久地进行劳动，极易出现作业疲劳。若在这种情况下仍坚持作业，则可能导致事故发生。

（3）脚的操纵力

生产中用脚进行操作的情况也比较常见，如汽车的离合器踏板、刹车踏板、缝纫机踏板、加工机械（如冲床、蒸汽锤等）的脚踏控制装置等。

脚产生力的大小与下肢的位置、姿势和方向有关。下肢伸直时脚所产生的力大于下肢弯曲时脚产生的力。坐姿有靠背支持时，脚可产生最大的力；立姿时，脚的用力比坐姿时用力大。一般坐姿时，右脚最大蹬力平均可达到 2568N，左脚为 2362N。据测定，膝部伸展角在 130°~150°或 160°~180°时，腿的出力最大。脚产生的操纵力一般都是以压力的形式出现的。坐姿时，下肢不同位置上的蹬力大小如图 4.5a 所示，图中的外围线就是蹬力的界限，箭头表示用力方向。脚产生的蹬力也与体位有关，蹬力的大小与下肢离开人体中心对称线向外偏转的角度大小有关，下肢向外偏转约 10°为最适应方向（图 4.5b）。

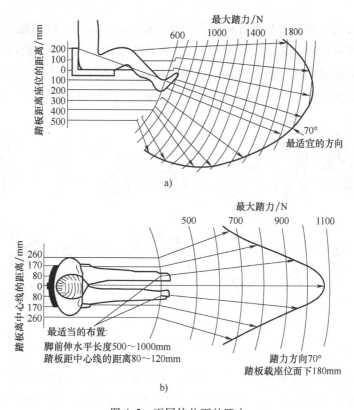

图 4.5　不同体位下的蹬力

一般来说，在坐姿情况下，脚的伸展力大于屈曲力，右脚的操纵力大于左脚的操纵力，男性的脚的操纵力大于女性的脚的操纵力。表 4.5 为脚的操纵力比较。脚力控制装置的操纵力最好不要超过 264N，否则极易引起作业疲劳。对于需要快速操纵的踏板，用力不应超过 20N。

右脚用力的大小、速度和准确性都优于左脚。操纵频繁的作业应考虑双脚交替操作。在操纵力较大（大于50N）时，宜用脚掌着力，此时脚掌与脚趾同时起作用；对于操纵力较小（小于50N）或需要连续、快速操作时，宜用脚趾操作。

表 4.5　脚的操纵力比较

| 部位 | 屈曲力/N | | 伸展力/N | |
|---|---|---|---|---|
| | 男性 | 女性 | 男性 | 女性 |
| 右脚 | 326 | 234 | 478 | 344 |
| 左脚 | 299 | 209 | 421 | 299 |

应当注意的是，肢体所有力量的大小都与持续时间有关。随着持续时间延长，人的力量很快衰减。例如，拉力由最大值衰减到1/4数值时只需4min。而且任何人劳动到力量衰减1/2的持续时间是差不多的。

**2. 影响人体作用力的因素**

（1）体重

体重对人体作用力的发挥存在有利和不利两方面影响。例如，提取地面重物时，身体及头部随重物的被提起而向上移动（克服重力），此时体重为不利因素，而向下用力时，体重有提高力的使用效率的作用。如果将物体放置在地面上（向下用力），站姿比坐姿好。操作时应尽量避免将力耗费在不合理的动作和身体的运动上（图4.6）。

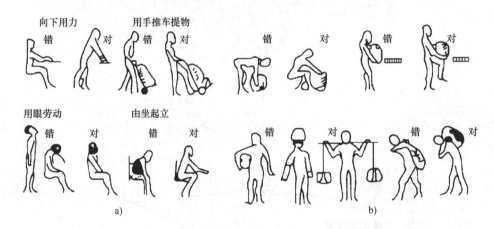

图 4.6　力的应用

作业中动作要对称，避免因用力过度而破坏身体的稳定性；动作要有节奏，防止肢体过度减速而浪费能量；动作要自然，力求在最合适的肌肉和位置、最自然的关节采取相应姿势，尽量使体重发挥作用。

有些工作要求人的各种动作必须连续、准确、有力、及时，并使动作协调，由于运动速度不适、力量不够而造成事故是比较常见的。

控制装置应能承受静止肢体的重量，这一点对于防止意外启动、保证安全和消除肢体处于静态作业状态非常重要。例如，汽车的足控踏板应能承受驾驶员下肢的静止重量，不同人群（包括体格和性格）的身体各部分的重量是不同的，其中以躯干和大腿的重量差别为最大。

当然控制装置所承受的只是人体重量的一部分，如作业者的脚放在蹬踏板上，该蹬踏板所承受的重量是脚、小腿的重量和一部分大腿的重量。一般认为，大腿、小腿与上臂、前臂及手的重心在距离各肢体上端的该肢体长度的45%处，而脚的重心则是从足跟算起，在全足长度的1/3处。

（2）体位

操作者的体位（立位、坐位、躺位）、躯干的稳定性对人的作用力也有一定的影响。作业者的立位作业可以经常改变操作的姿势，活动范围大，站立时也易于用力，但单调作业会引起生理和心理疲劳，立位可适当地走动，有助于维持工作能力，但立位又不易进行精确而细致的工作，不易转换操作，而且肌肉要做更多的功用以维持体重，易引起疲劳。

坐位作业则可以较长时间地进行精确而细致的工作，可以手足并用，但是坐位作业不易改变姿势，用力受限制，工作范围受局限，久坐会导致生理性疲劳。

躺位操作易疲劳，如汽车修理工修理汽车时就有时必须仰躺着工作。

在设计安全人机系统时，应综合考虑操作者的工作体位、姿势的改变等。体位正确可减少静态疲劳，有利于身体健康和保证工作质量，提高劳动生产效率并能保证安全。

（3）个体因素

不同人的人体力量相差很大，强壮的人的人体力量是虚弱的人的人体力量的6～8倍。影响人体力量的因素很多，如基因、人的尺寸、训练、动机、年龄和性别等。人在25～35周岁力量达到最大值，此后随着年龄的增长，人体力量开始下降。

## 4.1.3 人的运动输出

如前所述，对于常见的人机系统，人的信息输出有语言输出、运动输出等多种形式，其中，最重要的方式是运动输出。运动输出是指人可以通过身体的某个部位对系统施加影响。手、腿的运动，姿势的变化，甚至是眼神都是运动输出的具体形式。运动输出的质量指标包括反应时间、运动速度和运动准确性。

### 1. 反应时间

人的反应时间（RT）也称反应时或反应潜伏期，它是指从刺激呈现到机体做出动作反应所需的时间。刺激引起一种过程，这种过程包括刺激使感觉器官产生活动，经由传入神经传至大脑神经中枢，经过综合加工，再由传出神经从大脑传给肌肉，肌肉收缩，做出操作活动。

反应时间由两部分组成，即知觉时间（又称为反应时，即自刺激到开始执行操纵的时间）和动作时间（又称为运动时，即执行操纵的延续时间）。知觉时间，包括感觉系统感知信息时间、大脑对信息加工时间、神经传导信息指令时间。动作时间，即肌肉运动时间，其由下式表示：

$$R_T = t_z + t_d \tag{4.2}$$

式中    $R_T$——反应时间（s）；

       $t_z$——反应知觉时间（s）；

       $t_d$——动作时间（s）。

根据对刺激-反应要求的差异，通常可将反应时间分为简单反应时间和复杂反应时间。简单反应是指对某一刺激信息做出的反应，刺激仅有一个，做出的反应也仅为一个特定反应，过程简单，其反应时间最短。若呈现的刺激多于一个，并要求人对不同刺激做出不同反应，即刺激和反应之间存在一一对应关系，因此存在刺激辨认和反应选择两种较为复杂的过程，这就是选择反应，选择反应时间最长，其时间间隔称选择反应时间。如果呈现的刺激多于一个，但要求人只对某种刺激做出预定反应，而对其余刺激不做反应，则称为辨别反应，其时间间隔称为辨别反应时间。选择反应时间和辨别反应时间都属于复杂反应时间。辨别反应只存在刺激辨识过程，而不存在反应选择时间，其反应时间介于前两者之间。

**【视觉反应时测试试验】**

使用 BD-Ⅱ-511 型视觉反应时测试仪（图4.7），可以进行5大类17组实验。通过按键及指示灯选择任意一组实验。5大类试验内容主要包括：刺激概率对视觉反应时的影响、数奇偶不同排列的刺激特征对反应时的影响、数差大小排列的刺激特征对反应时的影响、信息量对反应时的影响、"刺激对"异同及时间间隔对反应时的影响。

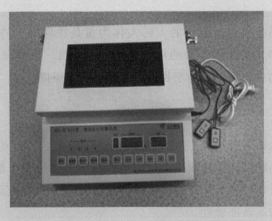

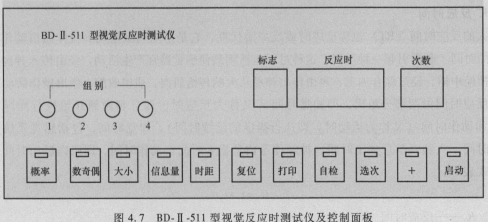

图4.7　BD-Ⅱ-511 型视觉反应时测试仪及控制面板

反应时间的长短不仅与反应类型有关，还受许多因素的影响。影响反应时间的因素主要有以下几个方面：

（1）感觉通道

人的感觉器官由于其构造和感觉阈限不同，其反应时间有着明显的差异。同一感觉器官接受的刺激不同，其反应时间也不同。此外，相同感觉器官，刺激部位不同，反应时间也不同。其中，以触觉的反应时间随部位的变化最明显，如对手和脸部的刺激反应时间最短，小腿的刺激反应时间最长。各种感觉通道的简单反应时间见表 4.6。听觉的简单反应时间比视觉快约 30ms。据此，在报警信号设计中，常以听觉刺激作为报警信号形式；在常用信号设计中，则多以视觉刺激作为主要信号形式。

表 4.6　各种感觉通道的简单反应时间

| 感觉通道 | 触觉 | 听觉 | 视觉 | 冷觉 | 热觉 | 嗅觉 | 痛觉 | 味觉 |
|---|---|---|---|---|---|---|---|---|
| 简单反应时间/ms | 117~182 | 120~182 | 150~225 | 150~230 | 180~240 | 210~290 | 400~1000 | 308~1082 |

（2）刺激信号的特性

人对各种不同性质刺激的反应时间是不同的，而对于同一种性质的刺激，其刺激强度和刺激方式的不同，反应时间也有显著的差异（表 4.7）。

表 4.7　不同强度刺激的辨别反应时间

| 刺激 | | 对刺激开始的反应时间/ms |
|---|---|---|
| 声 | 中强度 | 119 |
| | 弱强度 | 184 |
| | 阈限 | 779 |
| 光 | 强 | 162 |
| | 弱 | 205 |

当刺激信号的持续时间不同时，反应时间随刺激时间的增加而减少。但这种影响关系也有一定的限度，当刺激持续时间达到某一界限时，再增加刺激时间，反应时间不再减少。此外，刺激信号的数目对反应时间的影响最为明显，即反应时间随刺激信号数的增加而明显延长。辨别刺激信号时，若刺激信号的差异越大，则其可辨性越好，即反应时间越短；反之，反应时间越长。

在同一感觉通道，机体对复合刺激的反应时间要比单一刺激短（表 4.8）。例如，将光和声同时呈现给被试者，反应时间比光或声单独刺激要短。

表 4.8　对各种刺激的反应时间

| 刺激 | 光 | 电击 | 声音 | 光和电击 | 光和声音 | 声音和电击 | 光、声和电击 |
|---|---|---|---|---|---|---|---|
| 反应时间/ms | 176 | 143 | 142 | 142 | 142 | 131 | 127 |

若以两种颜色为刺激物，当对比强烈时，反应时间短；当色调接近时，反应时间长（表 4.9）。

表 4.9 反应时间与颜色的关系

| 颜色对比 | 白与黑 | 红与绿 | 红与黄 | 红与橙 |
|---|---|---|---|---|
| 反应时间/ms | 197 | 208 | 217 | 246 |

（3）动作执行器官

反应时间与执行动作的身体部位有关。由表 4.10 可知，手的动作最灵敏，且与动作特点有关。

表 4.10 人体各部位动作一次所需最短时间

| 动作部位 | 动作特点 | | 最短时间/ms |
|---|---|---|---|
| 手 | 抓取 | 直线 | 70 |
| | | 曲线 | 220 |
| | 旋转 | 克服阻力 | 720 |
| | | 无阻力 | 220 |
| 脚 | 直线 | | 360 |
| | 克服阻力 | | 720 |
| 腿 | 直线 | | 360 |
| | 脚向侧面 | | 720~1460 |
| 躯干 | 弯曲 | | 720~1620 |
| | 倾斜 | | 1260 |

（4）人体主体因素

人体主体因素的影响主要指习俗、个体差异、疲劳等方面的影响。通过练习可提高人的反应速度、准确度和耐久力。研究表明，辨认熟悉的图形信号与辨认不熟悉的图形信号相比，前者的反应速度比后者高 10~30 倍。

机体疲劳以后，会使注意力、肌肉工作能力、动作准确性和协调性降低，从而使反应时间变长。所以，在作业疲劳研究中，把反应时间作为测定疲劳程度的一项指标。

人的反应速度是有限的，一般条件反射反应时间为 0.1~0.15s，听觉反应时间稍短。当连续工作时，由于人的神经传递存在着 0.5s 左右的不应期，所以需要感觉指导的间断操作的间隙期一般应大于 0.5s；进行复杂选择的反应时间为 1~3s，进行复杂判断和认知的反应时间平均为 3~5s。因此，在安全人机系统设计中，必须考虑人的反应能力的限度。

【反应时运动时测试实验】

采用 BD-Ⅱ-513 型反应时运动时测试仪（图 4.8），可以测定人对目标刺激的反应时及运动时，检验优势手的反应时间与运动时是否相关，还可测试和记录被试者手臂等有节奏地敲击运动以及不同方向的运动速度，从而了解被试者在声音或灯光刺激下的反应时间和运动完成时间，判别被试者的敏捷性、持续性和准确性。

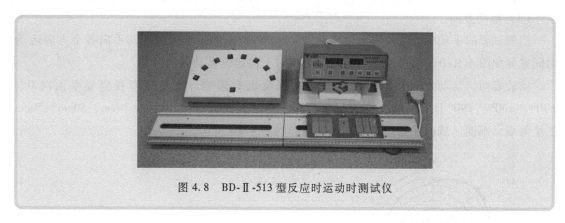

图 4.8 BD-Ⅱ-513 型反应时运动时测试仪

在实际操作中，反应时间还与操纵装置、显示装置的设计有关，操纵装置与显示装置的形状、位置、大小、操纵装置的用力方向、大小等因素都会影响反应时间。例如，线条运动能在视觉中枢引起有效的冲动发放，视觉显示中大量运用线条和指针是有依据的。如果用数字进行姿态显示，效果将很差。又如，红光和绿蓝光在神经系统引起完全不同的反应，所以不同颜色的照明有质的不同。因此，研究操纵装置、显示装置设计中人机工程学因素就成为提高工效的重要途径之一。

在普通信号设计中，多以视觉信号为主要形式；而在报警信号的设计中，则常以听觉信号为主。复合刺激信号在事故的报警装置中已得到广泛应用，如红灯闪烁和铃声，其效果明显优于单一的声或光刺激信号。此外，由于人的反应时间存在个体差异，因此职工的心理运动能力、信息处理能力等培训和提高，对于紧急情况下的反应和处理具有现实意义。

**2. 运动速度**

肢体动作速度的大小在很大限度上取决于肌体肌肉收缩的速度。不同的肌肉的收缩速度不同，如慢肌纤维收缩速度慢，快肌纤维收缩速度快。通常一块肌肉中，既有慢肌纤维也有快肌纤维。中枢神经系统则可能时而使慢肌纤维收缩，时而使快肌纤维收缩，从而改变肌肉的收缩速度。收缩速度还决定于肌肉收缩时所发挥的力量和阻力的大小，发挥的力量越大，外部阻力越小，则收缩速度越快。

运动速度可用完成运动的时间表示，而人的运动时间与动作特点、目标距离、动作方向、动作轨迹特征、负荷重量等因素有密切关系。

（1）动作特点

人体各部位动作一次所需最短时间见表 4.10。由此可知，即使同一部位，动作特点不同，其所需的最少平均时间也不同。

（2）目标距离

有人对定位运动时间与目标距离及目标宽度的关系进行过实验研究，该实验设定目标距离为 7.6cm、15.2cm 和 30.5cm 三个等级，目标宽度为 2.5cm、1.3cm、0.6cm 和 0.3cm 四个等级。要求测试者尽可能快地将铁笔从起点移向目标区，测定其相应的定位运动时间。实验结果发现，随着目标距离增加，定位运动时间增长；随着目标宽度增加，定位运动时间缩短。

（3）运动方向

当测试者的手从中心起点向 8 个方向做距离为 40cm 的定位运动，其手向各个方向运动时间差异如图 4.9 中曲线所示，表明从左下至右上的定位运动时间最短。

实验表明，运动方向和距离对重复运动速度也有影响。当被试者在坐姿平面向 0°、±30°、±60°、±90° 七个不同方位进行重复敲击运动，设定距离分别为 10cm、30cm、50cm 三个等级。不同区域内手指敲击运动速度差异如图 4.10 所示。

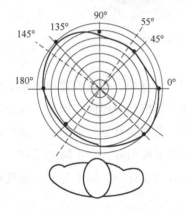

图 4.9　手向各个方向运动时间差异

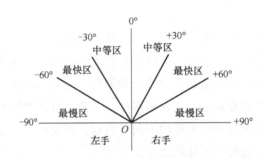

图 4.10　不同区域内手指敲击运动速度差异

人的左右手分别自 0° 转至 -30° 和 +30° 区域内，其敲击速度居中；自 ±30° 转至 ±60° 区域内，敲击速度最高；而自 ±60° 转至 ±90° 区域内，敲击速度最低。

当运动距离小于 10cm 时，各方位敲击速度差异不大；当运动距离大于 30cm 时，各方向之间敲击速度差异明显，而且差异随着运动距离的增加而增大。

（4）动作轨迹特征

按人体生物力学特性对人体惯性特点进行分析表明，动作轨迹特征对运动速度的影响极为明显，并获得下述几个基本结论：

1）连续改变和突然改变的曲线式动作相比，前者速度快，后者速度慢。

2）水平动作比垂直动作的速度快。

3）一直向前的动作速度比旋转时的动作速度快 1.5~2 倍。

4）圆形轨迹的动作比直线轨迹动作灵活。

5）顺时针动作比逆时针动作灵活。

6）手向着身体的动作比离开身体的动作灵活；向前、后的往复动作比向左、右的往复动作速度快。

此外，从运动速度与负荷重量的关系分析，最大运动速度与被移动的负荷重量成反比，而达到最大速度所需时间与负荷重量成正比。

人体从事快而准确的直线运动，其运动的平均速度和最大速度随移动距离的增加而增加（研究中的最大距离为 406.4mm），动作准确度的误差率，以短距离时最大，随着距离的增加，动作准确度的误差率减少。要求又快又准地做一种动作时，运动距离为 25mm、100mm

及 400mm 时的平均最大速度分别为 330mm/s、960mm/s 及 2420mm/s 是比较适宜的,用右手从左到右的运动要略快于从右到左的运动,以优势手完成运动的时间略短于双手运动,在准确度上却又存在差异。

在准确度及运动距离受一定限制的条件下,当距离分别为 203mm、406mm 和 609mm 时,测定作业中的手动速度分别为 850mm/s、1600mm/s 和 2210mm/s。这些数据表明,若运动距离限制在 600mm 左右及以下,只强调速度,而运动范围及准确度不加限制,那么速度可以超过 6000mm/s。

使用转动型控制装置时,作业者在能与指针运动相协调的连续操作中转动手轮的最大速度为 250~300r/min。大号手轮摩擦系数增加,不适合的体位以及把手不称手等因素均可使该速度降低。不同操作情况的最合适速度区(即误差率最低速度范围)不同,一般 180r/min 是大多数操作者最合适的速度。

有的操作要求迅速准确地操纵控制装置但常常不需要用眼睛观察或靠力度感受,如机动车驾驶员加大油门的操作,就需要控制设计,保障驾驶员能准确、迅速、安全地连续操作。控制装置安排在便于精确和快速调节的位置上,可以提高作业者的准确性,从而避免一些事故的发生。对于那些要求身体作较大范围动作的操纵工作,需要合理地选择控制装置,使作业者具有动作灵活性。动作灵活性包括动作速度和频率,而肢体的动作频率取决于动作部位和动作方式,表 4.11 给出了人体各部位动作速度与频率的限度。

**表 4.11　人体各部位动作速度与频率的限度**

| 动作部位 | 动作速度与频率 | 动作部位 | 动作速度与频率 |
| --- | --- | --- | --- |
| 手的运动/(cm/s) | 35 | 身体转动/(次/s) | 0.72~1.62 |
| 控制操纵杆位移/(cm/s) | 8.8~17 | 手控制的最大谐振截止频率/Hz | 0.8 |
| 手指敲击的最大频率/(次/s) | 3~5 | 手的弯曲与伸直/(次/s) | 1~1.2 |
| 旋转把手与驾驶盘/(r/s) | 9.42~20.46 | 脚掌与脚的运动/(次/s) | 0.36~0.72 |

需要注意的是,人体较短部位的动作比较长部位的动作灵活;人体较轻部位的动作比较重部位的动作灵活;人体体积较小部位的动作比较大部位的动作灵活。

**3. 运动准确性**

通常,人体运动的准确性比运动速度更为重要。比如,机动车驾驶员在遇到紧急情况的时候,能否准确踩中油门对驾驶安全十分重要。人体运动准确性主要考虑两个方面的内容,即具有视觉反馈的运动准确性和没有视觉反馈的运动准确性。

具有视觉反馈的运动准确性主要与运动时间有关。如果给予足够的时间,运动准确性就会较高。

没有视觉反馈的运动准确性的问题就要复杂一些,这也是安全人机工程学的研究重点。出现没有视觉反馈的控制,可能是由于当时环境过于黑暗或者是当时人的关注重点不在自身的动作上,还有一种情况是由于运动速度过快,无法利用视觉进行控制。没有视觉反馈的运动准确性受到目标位置、运动距离和运动速度等因素的共同影响。

运动准确性是运动输出质量高低的一个重要指标。在人机系统中，如果作业者发生反应错误或准确性不高，即使反应时间和运动时间都极短也不能实现系统目标，甚至会导致事故发生。影响动作准确性的主要因素有运动时间、运动类型、运动方向和操作方式。

（1）运动速度与准确性

运动速度与准确性两者之间存在着相互补偿关系，描述其关系的曲线称为速度-准确性特性曲线（图4.11）。该曲线表示速度越慢，准确性越高，但速度降到一定程度后，曲线渐趋平坦。在安全人机系统设计中，过分强调速度而降低准确性，或过分强调准确性而降低速度都是不利的。

曲线的拐点处为最佳工作点，该点表示运动时间较短，但准确性较高。随着系统安全性要求的提高，常将实际的工作点选在最佳工作点右侧的某一位置上。

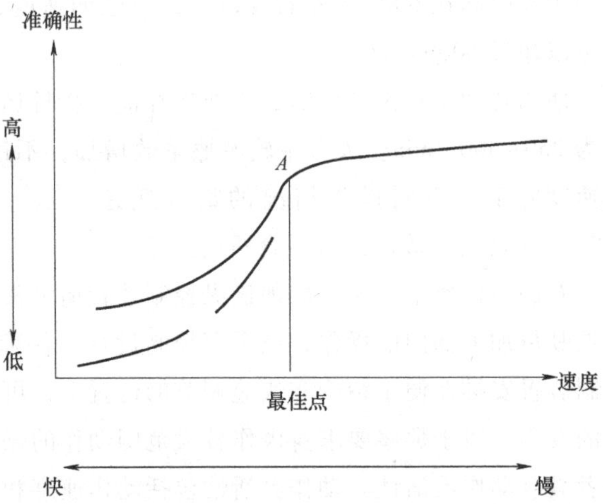

图 4.11　速度-准确性特性曲线

（2）盲目定位动作的准确性

在实际操作中，当视觉负荷很重时，往往需要人在没有视觉帮助的条件下，根据运动轨迹记忆和运动觉反馈进行盲目定位运动。有学者曾研究了手的盲目定位运动准确性，其方法是在被试者的左、前、右共270°范围内选定7个方位，相邻方位间相距45°，每个方位又分上、中、下3种位置，采用20个实验点，每点上悬有类似射击用的靶子。被试者在被遮掉视线后做盲目定位运动（图4.12）。图4.12中每个圆表示击中相应位置靶子的准确性，圆越小表示准确性越高；图中的黑圆点代表击中相应象限的准确性，黑圆点越小，准确性越高。

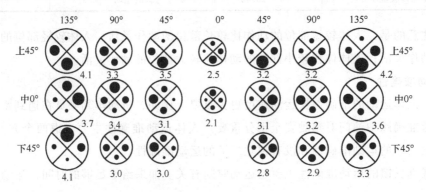

图 4.12　不同方位盲目定位运动准确性

研究结果表明，正前方盲目定位准确性最高，右方稍优于左方，在同一方位上，总体呈现出下方和中间优于上方（左135°除外）。

（3）运动方向与准确性

图 4.13 所示为手臂运动方向对连续控制运动准确性的影响。当被试者握笔沿图中狭窄的槽运动时，笔尖碰到槽壁即为一次错误，此错误可作为手臂颤抖的标志。结果表明，在垂直面上，手臂作前后运动时颤抖最大，其颤抖是上下方向的；在水平面内，做左右运动的颤抖最小，其颤抖方向是前后的。

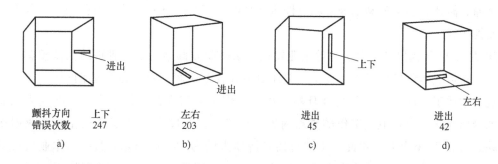

| 颤抖方向 | 上下 | 左右 | 进出 | 进出 |
| 错误次数 | 247 | 203 | 45 | 42 |
| | a) | b) | c) | d) |

图 4.13　手臂运动方向对连续控制运动准确性的影响

（4）控制对准确性的影响

由于手的解剖学特点和手的不同部位随意控制能力的不同，使手的某些运动比另一些运动更灵活、更准确。不同控制操作方式对准确性的影响如图 4.14 所示，由该图可知，上排优于下排。该研究结果为人机系统中控制装置的设计提供了有益思路。

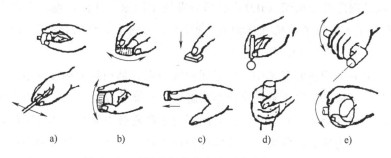

图 4.14　不同控制操作方式对准确性的影响

# 4.2 职业性损伤

生产劳动过程中，由于各种原因，有时需要劳动者长时间保持某种特定的姿势或处于一种强迫体位，也可能由于劳动负荷过大或节奏过快等原因，引起机体某些部位的损伤或疾病。此外，拉伤、压迫或摩擦等原因也可使机体某些器官或组织发生功能性或器质性变化，甚至形成职业性疾病。

## 4.2.1 职业性肌肉骨骼疾病简介

随着工业化进程的加快，工艺技术的革新等，与工作场所工效学因素有关的职业性肌肉骨骼疾病、精神疾病等问题日益显著。肌肉骨骼损伤造成的职业性肌肉骨骼疾病（WMSDs），也称职业性肌肉骨骼损伤（OMSI），美国劳工部劳工统计局将职业性肌肉骨骼疾病定义为：由于暴露于工作场所中相关危险因素所导致的肌肉、神经、肌腱、关节、软骨和椎间盘等的损伤或疾病，包括由于身体部位长期静态姿势或重复性活动所导致的扭伤、负重、撕裂伤、背痛腕管综合征、肌肉骨骼系统或结缔组织疾病，主要表现为下背、肩、颈、肘、手及手腕等部位疼痛、僵硬、痉挛和麻木等。职业性肌肉骨骼疾病是一种常见的影响范围广、危害严重的职业性疾病。

20 世纪 90 年代以来，美、日等工业发达国家的职业健康与卫生管理的工作理念、工作范畴、工作重点等都发生了重大变革。关注肌肉和骨骼疾病、职工心理健康问题，追求职业活动过程中适于人的"舒适"作业环境，预防工作疲劳与提升工作效率等，已成为工业发达国家当前职业健康与卫生工作的重点内容。在美国，2012 年因手工搬运作业职业损伤导致的缺勤约有 90.6 万起，由此带来的直接经济损失约为 151 亿美元。其中，作业人员下背部疼痛（LBP）导致的赔偿费用高达 1000 亿美元，是职业损伤赔偿的主要原因。美国国家职业安全卫生研究所（NIOSH）把它列为重点研究的 10 个职业健康与卫生问题之一。2012年，日本共报告与职业相关的疾病 7743 例，其中，因职业活动引起的工伤腰背痛有 4789 例（占到 61.85%），集中在制造业、保健产业和交通运输业。为此，日本第 12 个五年规划（2013 年—2017 年）进一步将过度负荷、心理健康和腰痛问题作为职业健康与卫生工作的重点内容。职业性肌肉骨骼疾病等问题，不仅是美国、日本等工业发达国家重要的职业健康与卫生问题，也是国际劳工组织（ILO）和部分发展中国家关注的问题。有学者对某汽车制造企业的 1566 名工人进行了随机抽样调查，WMSDs 患病率最高的是腰部（66.5%），其次是颈部（57.4%）和肩部（49.4%）。

ILO 2010 年公布的职业病名单中，属于职业性肌肉骨骼损伤的职业病包括：①重复性运动、外力作用和腕部极端姿势所致的桡骨茎突腱鞘炎；②重复性运动、外力作用和腕部极端姿势所致的手腕部慢性腱鞘炎；③肘部长时间压力所致鹰嘴滑囊炎；④长时间跪姿所致髌前滑囊炎；⑤重复性外力所致上髁炎；⑥长期跪位或者蹲坐位所致半月板损伤；⑦重复性用力工作、振动作业和腕部极端姿势，或者三者结合所致腕管综合征；⑧上述条目中没有提到的任何其他肌肉骨骼疾病。确定该职业病的条件是有科学证据证明或者根据国家条件和实践以适当方法确定工作活动中有害因素的接触和工人罹患的肌肉骨骼疾病之间存在直接的联系。ILO 在 2013 年度"世界职业安全卫生日"的"预防职业病"主题报告中指出：从全球范围来看，传统的职业病（如尘肺病）依然存在，新的职业病（如肌肉骨骼疾病、精神疾病）的发病率也在上升。欧洲 27 个欧盟成员国最为常见的职业病为肌肉骨骼疾病；丹麦建筑工人的腰背部疾病患病率达 65%；法国护理女工患病率达 47%，腰背部患病率在 40%～65%；韩国的肌肉骨骼疾病从 2001 年的 1634 例增加到 2011 年的 5502 例，带来的经济损失占到该国 GDP 的 0.7%。

现场调查结果还显示，工作性质、工作中的反复用力、工作场所工效学因素及工作环境中的一些有害因素与该类疾病的发生密切相关。随着对职业性肌肉骨骼损伤研究的深入，人们逐渐认识到不仅静态负荷、强迫姿势、连续操作时间等是职业性肌肉骨骼损伤主要危险因素，心理社会因素对职业性肌肉骨骼损伤也有非常重要的影响。NIOSH 指出，工作满意感、高工作负荷、工作单调、工作控制和社会支持 5 类心理社会因素均与下背痛和上肢肌肉骨骼疾病存在相关性。国际上通用的肌肉骨骼疾病的现场调查表为北欧肌肉骨骼疾患调查表（NMQ）和荷兰肌肉骨骼疾病调查表（DMQ）。国内学者已经将这两个问卷条目合并、简化，并进行效度、信度研究，应用于国内的相关调查研究中。在实验室通过表面肌电图及生物力学分析证实，工作中的姿势及受力是影响肌肉骨骼损伤的重要因素。

**1. 肌肉骨骼疾病**

（1）下背部疼痛（LBP）

下背部疼痛是肌肉骨骼损伤中最常见的一种，一般呈间歇性，严重发作时可丧失劳动力，间歇期数月至数年不等，不发作时症状消失且能进行正常活动。站姿工作和坐姿工作均可发生下背部疼痛，其中以站立负重工作发病率最高。美国卫生保健政策与研究协会（AHCPR）将下背部疼痛定义为由于背部及与背部有关的腿部疼痛（位于胸 7- 骶 1 及臀部）症状导致的活动不舒适（包括酸、麻、胀、痛和活动受限），半数以上的劳动者在工作年龄曾患过下背部疼痛。职业性下背部疼痛发病原因主要有：①抬举或用力搬移重物；②弯腰和扭转（姿势不当）；③身体受振动；④气候因素（冷、潮湿、受风）；⑤重体力劳动；⑥与工作相关的心理社会因素（如应激、寂寞、缺乏社会支持、工作满意度低）等。

（2）颈、肩、腕损伤

颈、肩、腕损伤主要见于坐姿工作，表现为疼痛、肌张力减弱、感觉过敏或麻木、活动受限等，严重者只要工作就可立即产生剧烈疼痛，以至于不能坚持工作。腕部损伤可以引起腱鞘炎、腱鞘囊肿或腕小管病（Carpal Tunnel Disease），主要见于工作时腕部反复屈伸的人员，由于腕小管内渗出增多，压力增高，正中神经受到影响，严重者还可引起手部肌肉萎缩。

近年来，腕管综合征的高危人群趋向于计算机操作者。经常反复机械地点击和移动鼠标，会使右手食指及连带的肌肉、神经、韧带处于一种不间歇的疲劳状态中，使腕管神经受到损伤或压迫，导致神经传导被阻断，从而造成手部的感觉与运动发生障碍。此外，由于不停地在键盘上打字，肘部经常低于手腕，而手部高抬，导致神经和肌腱经常被压迫，出现手部发麻、手指失灵等症状。这种病症也称为现代文明病——"鼠标手"。

颈、肩腕损伤可以单独发生，也可以两种或三种损伤共同出现。这种损伤主要原因是长时间保持一种姿势，特别是不自然或不正确的姿势。例如，头部过分前倾，头部重心的偏移增加了颈部负荷；工作台高度不合适，前臂和上臂抬高，肩部肌肉过度紧张；手部频繁反复曲、伸、用力等活动或进行重复、快速的操作。常见的职业活动主要包括键盘操作者（如打字员、计算机操作人员）、流水线工人（如电子元件生产、仪表组装、食品包装）、手工工人（如缝纫、制鞋、刺绣）、音乐演奏者（如钢琴、手风琴演奏）等。

**2. 下肢静脉曲张**

劳动引起的下肢静脉曲张多见于长期站立或行走的工作人员，如警察、纺织工等。如果站立的同时还需要负重，则发生这种疾病的机会就更多。这种疾病的发病率随工龄延长而增加，女性比男性更容易患病，常见部位在小腿内上部。出现下肢静脉曲张后感到下肢及脚部疲劳、坠胀或疼痛，严重者可出现水肿、溃疡、化脓性血栓静脉炎等。

**3. 扁平足**

工作过程中足部长期承受较大负荷，如立姿工作、行走、搬运或需要经常用力踩动控制器，可使趾、胫部肌肉过劳，韧带拉长、松弛，导致趾弓变平，成为扁平足。扁平足形成比较缓慢，但青少年从事上述工作则该病的发生和发展均较快。扁平足的早期表现为足跟及跖骨头疼痛，随着病情继续发展，可有步态改变、下肢肌肉疲劳、坐骨神经痛、腓肠肌痉挛；严重时，站立及步行均出现剧烈疼痛，可伴有胫部水肿。

**4. 腹疝**

腹疝的发生多见于长期从事重体力劳动的人群。由于负重或用力，使腹肌紧张，腹内压升高，久之可形成腹疝，青少年从事重体力劳动更容易发生这种疾病。腹疝发生时一般无疼痛感，对身体影响不大。劳动中突然发生的腹疝称为创伤性疝，疼痛剧烈，但很快可缓解或转为钝痛。

国内近年来的资料表明，我国相关行业因不良姿势或不适宜工作负荷等职业工效学因素导致的职业性肌肉骨骼疾病日益增多，这是造成工人缺勤、工作能力下降和影响职业生命的重要因素。我国 WMSDs 的患病率较高。国内学者的一项大样本量的调查表明，膝部肌肉骨骼损伤的年患病率为 25.5%；对焊接工进行的肌肉骨骼损伤调查表明，下背部疼痛患病率为 41.55%，与对照组相比差异有统计学意义；对医护人员下背部疼痛调查显示，急救护士中，7 天和 3 个月患病率分别为 50.8% 和 21.1%，急救医生分别为 36.1% 和 15.8%。对火车站搬运工作人员腰部损伤的调查显示，货物及行李搬运工腰痛发病率分别为 44.2% 和 36.9%。据报道，腰背痛年患病率在我国建筑工人中为 70%~80%；装饰板加工工人中选板、贴面和修补工人腰背痛主诉分别为 72%、57% 和 100%，且与工龄呈正比。

张龙连等对北京市丰台区机械加工行业工人职业性肌肉骨骼疾病的调查结果表明，铸造工人的职业性肌肉骨骼疾病患病率为 60.9%，腰部患病率为 45.1%。国家统计局数据表明，2015 年底，仅运输行业中从事装卸搬运的人数达到 43 万人，受作业环境、行业特征、从业人员素质等因素的影响，手工搬运仍广泛存在于搬运行业中。曹扬、肖国兵等人通过对机场、化工、金属加工等行业的搬运人员进行调查后指出，由于长期从事搬运活动导致的 LBP 其患病率达到 62.7%。不良工效学因素是导致作业人员机体不适的主要原因，严重影响广大劳动者的职业健康和职业生命质量。因此，关注和消除广大职业人群因不良工效学因素导致的肌肉骨骼疾病等与工作相关的疾病，成为职业工效学的重要工作任务。

## 4.2.2　个别器官紧张

**1. 视觉器官紧张所致的疾病**

现代化生产中有许多工种需要视觉器官长时间处于紧张调节状态，如计算机录入、文字校对、钟表修理、细小零件装配工等。微小电子元件的生产以及有些科研和医务工作者需要长期使用显微镜工作，视觉紧张也很明显。长期视觉紧张可以出现眼干、眼痛、视物模糊、复视等一系列症状，并可出现眼睛流泪、充血、眼睑水肿、视力下降等临床改变。

**2. 发声器官紧张所致的疾病**

有些职业，如歌唱演员、教师、讲解员等，发声器官使用多，在使用过程中发声器官紧张度很高，可以引起发声器官的变化或疾病。其中，一类为功能性发声障碍，开始发声后不久即出现声音嘶哑、失调或失声；另一类为器质性损害，表现为发声器官炎症、声带出血、声带不全麻痹，甚至出现"歌唱家小结"（Singers Nodules）；这种小结节位于声带之上，不超过别针头大小，可引起发声障碍。此外，还常看到"假性歌唱家小结节"，就是声带黏膜上暂时性隆起，常在较重的咽喉炎、气管炎之后过早开始歌唱时发生。

## 4.2.3 压迫及摩擦引起的疾病

**1. 胼胝**

胼胝俗称"老茧"，是因为身体与生产工具或其他物体经常接触，发生摩擦和压迫，使局部皮肤反复充血，表皮增生及角化。胼胝范围小而厚，界限清楚。胼胝最常见的部位是手部，其次是足部。这种病变一般不影响工作，甚至具有一定的保护作用，但如果数量多或面积大，会使活动受限，感觉灵敏度降低，影响正常功能。如果发生感染，出现炎症，则会影响身体健康。

**2. 滑囊炎**

滑囊炎是一种常见疾病，很多工种都可以引起滑囊炎，尤其多见于快速、重复性操作。滑囊炎可以发生于各种不同的部位，如包装工的腕部，跪姿工作者的膝部等。滑囊炎发生的原因主要是局部长期受到压迫和摩擦，这种压迫可以是来自外部的力，也可以是机体内部的力，如打字员的腕部受力主要是手腕反复屈伸产生的力。职业性滑囊炎呈慢性或亚急性过程，一般症状较轻，表现为局部疼痛、肿胀，对功能影响不大。

**3. 掌挛缩病**

长期使用手控制器，如手柄、轮盘等，由于持续压迫和摩擦，可引起掌挛缩病。掌挛缩病的发生过程先是由于手掌腱鞘因反复刺激而充血，形成炎性小结节，在此基础上，出现腱膜纤维性增生及皱襞化，进一步发展，腱膜可以与皮肤粘连，使手掌及指的掌面形成线状瘢痕，皮肤变厚，活动受限，严重者可失去活动功能。掌挛缩病以右手多见，常发生于尺侧，以无名指最常见，其次是小指及中指，拇指很少发生。这种疾病病程缓慢，一般要工作 20~30 年才发生。

## 4.2.4 职业性肌肉骨骼疾病的主要影响因素

肌肉骨骼疾病是一种由于与工作有关的危险因素造成或加剧的肌肉、关节、肌腱和神经受伤。早期肌肉骨骼疾病的症状包括疼痛和肿胀、麻木和麻感、力量的损失、运动范围的减少。如果这些症状没有得到早期治疗，可能会导致受影响区域力量或感觉的损失、慢性疼痛或永久性残疾。在身体的各部分都可能发生各种肌肉骨骼疾病。随着对职业性肌肉骨骼疾病病因研究的深入和社会的发展，心理健康问题日益凸显。近年来，研究者更加关注社会心理因素和组织管理因素对职业性肌肉骨骼疾病的影响。

**1. 社会心理因素**

NIOSH指出，工作满意度、高工作负荷、工作单调、工作控制和社会支持5类社会心理因素与下背部疼痛等存在相关关系。研究表明，工作满意度高，工作中积极主动，有利于减少职业性肌肉骨骼疾病的发生；消极心态和情绪则会增加患病风险。同时，职业性肌肉骨骼疾病也会反向引起工作满意度降低及消极心态和情绪加重。社会支持，尤其是管理者支持，对职业性肌肉骨骼疾病的患病有重要影响。研究发现，工作压力与颈部、手腕部疼痛有较强的关联，精神躯体症状和精神健康状况都与其具有弱相关。由于社会分工不同，在职场中男性较多从事高体力劳动和多个部位的体力负荷工作，因此职业性肌肉骨骼疾病的患病风险更高。

**2. 组织管理因素**

劳动组织不合理和生产管理不善均可引起职业性肌肉骨骼疾病，包括工作负荷大、时间紧、轮班和作息时间不合理、调换不合适的工种等。有学者研究了组织管理因素对职业性肌肉骨骼疾病影响，调查结果表明，足够的休息时间与患病风险呈负相关关系，重复性工作、经常交换工种和缺乏坐位劳动与患病风险成正相关关系。医务人员长期暴露于各种职业危害，也是职业性肌肉骨骼疾病的高危人群之一。医院管理层应改善医务人员岗位配置失调现象，改革不合理的轮值排班制度，创造温馨和谐的医院环境。

除上述因素外，职业性肌肉骨骼疾病的危险因素还包括：①工效学因素，包括空气环境、温热条件、视觉环境、噪声、颜色、空间、作业环境等，这些因素都会对人的身心健康和工作效率产生影响；②自然环境中的气候变化，特别是低气温会对劳动者的肌肉骨骼疾病产生影响；③个体因素，包括作业人员的性别、年龄、生活习惯、是否参加体育锻炼和受教育程度等。

根据上述危险因素，职业性肌肉骨骼疾病的预防可从工作人员自身因素、工作组织及工效学设计等方面着手，如发挥政府的主导作用，督促企业创造良好工作环境；合理组织劳动、安排工作；工作场所设计要符合工效学要求，减少不良的工作姿势负荷；加强体育锻炼，增进身心健康，激发工作热情，提高工人的工作满意度。

### 4.2.5 职业性肌肉骨骼疾病的预防措施

**1. 避免静态肌肉受力**

提高人体作业的效率，一方面要合理使用肌力，降低肌肉的实际负荷；另一方面要避免静态肌肉施力。无论是设计机器设备、仪器、工具，还是进行作业设计和工作空间设计，都应遵循避免静态肌肉施力这一人类工效学的基本设计原则，例如，应避免使操作者在控制机器时长时间地抓握物体。当静态施力无法避免时，肌肉施力的大小应低于该肌肉最大肌力的15%。在进行动态作业时，如果作业动作是简单的重复性动作，则肌肉施力的大小也不得超过该肌肉最大肌力的30%。

避免静态肌肉施力的几个设计要点如下：

1）避免弯腰或其他不自然的身体姿势。当身体和头向两侧弯曲造成多块肌肉受力时，其危害大于身体和头向前弯曲所造成的危害。

2）避免长时间地抬手作业，抬手过高不仅会引起疲劳，而且会降低操作精度和影响人的技能的发挥。例如，长时间右手抬高且作业高度位于其肘关节以上的作业者，右手和右肩的肌肉静态受力容易疲劳，操作精度会降低，工作效率受到影响。因此，设计要考虑将作业面降到肘关节以下，才能提高作业效率，保证操作者的健康。

3）坐着工作比站着工作省力。工作椅的座面高度应调到使作业者能十分容易地改变立姿和坐姿势的高度，这就可以减少站起和坐下时造成的疲劳，尤其对于需要频繁走动的工作，更应如此设计工作椅。

4）双手同时操作时，手的运动方向应相反或者对称，单手作业本身就造成背部肌肉静态施力。此外，双手做对称运动有利于神经控制。

5）作业位置（工作台的台面或作业的空间）高度应按作业者的眼睛和观察时所需的距离来设计。观察时所需要的距离越近，作业位置应越高。作业位置的高度应保证作业者的姿势自然，身体稍微前倾，眼睛正好处在观察时要求的距离，还应避免手臂肌肉静态施力。

6）常用工具，如钳子、手柄、工具和其他零部件、材料等，都应按其使用的频率或操作频率安放在作业者附近。最频繁的操作应该在肘关节弯曲的情况下就可以完成。为了保证手的用力和发挥技能，操作时手最好距离眼睛25～30cm，肘关节呈直角，手臂自然放下。

7）当手不得不在较高位置作业时，应使用支撑物来拖住肘关节、前臂或者手。支撑物的表面应为毛布或其他较柔软而且不凉的材料。支撑物应可调，以适应不同体格的人。脚的支撑物不仅要能支撑脚的重量，而且要允许脚能做适当的移动。

8）利用重力作用。当一个重物被举起时，肌肉必须举起手和手臂本身的重量。所以，应当尽量保持在水平方向移动重物，并考虑利用重力作用。有时身体重量能够用于增加杠杆或脚踏器的力量。有些工作，重力作用比较明显，如油漆和焊接。在顶棚上拧螺钉要比在地板上拧螺钉难得多，这也是重力作用的原因。当需要从高处到低处改变物体的位置时，可以采用自由下落的方法。如果需搬运的物体是易碎物品，可采用软垫。也可以使用滑道，把物体的势能改变为动能，同时在垂直和水平两个方向上改变物体的位置，以代替人工搬移。

**2. 避免弯腰提起重物**

人的脊柱为"S"曲线形，12块胸椎骨组成稍向后凹的曲线，5块腰椎骨连接成前凸的曲线，每两块脊椎骨之间是一块椎间盘。由于脊柱的曲线形态和椎间盘的作用，使整个脊柱富有一定的弹性，人体跳跃、奔跑时完全依靠这种曲线结构来吸收受到的冲击能量。

脊柱承受的重量负荷由上至下逐渐增加，第5块腰椎处负荷最大。人体本身就有负荷加在腰椎上，在作业时，尤其在提起重物时，加在腰椎上的负荷与人体本身负荷共同作用，使腰椎承受了极大的负担，因此腰椎病的发病率极高。

用不同的方法来提起重物，对腰部负荷的影响不同。直腰弯膝提起重物时椎间盘内压力较小，而弯腰直膝提起超重物会导致椎间盘内压力突然增大，尤其是椎间盘的纤维环受力极大。如果椎间盘已有退化现象，则这种压力急剧增加极易引起突发性腰部剧痛。所以，在提起重物时必须掌握正确的方法。

弯腰时会改变腰脊柱的自然曲线形态，不仅加大了椎间盘的负荷，而且改变了压力分布，使椎间盘受压不均，前缘压力大，向后缘方向压力逐渐减小，这就进一步恶化了纤维环的受力情况，成为损伤椎间盘的主要原因之一。此外，椎间盘内的黏液被挤压到压力小的一端，液体可能渗透到脊神经束上去。总之，提起重物时必须保持直腰姿势。人们经过长期的劳动实践和科学研究，总结了一套正确的提重方法，即直腰弯膝法。

工作中尽量采取正确的工作姿势，避免不良姿势，如将躺卧在地上修理汽车改为利用升降机将汽车提升后修理，既便于操作，又可以减少上肢的紧张。在站姿或坐姿状态下工作，要注意使身体各部位处于自然状态，避免倾斜或过度弯曲。如果需要高低变化，应在工作台或座椅设计中加以解决。此外，在生产允许的情况下，可以适当变换操作姿势。

### 3. 设计合理的工作台

放在地上或比较接近地面的大型货物通常危害性最大，因为工人在搬运这些货物时，躯体必须向前弯曲，这样会明显增大腰部椎间盘的压力。所以，大型货物的高度不应低于工人大腿中部，可以采用可升降的工作台帮助工人搬运大型货物。升降平台不仅可以减少工人举起货物过程中的竖直距离，还可以减少水平距离的影响。

设计者在设计时应尽量减小躯体扭转的角度。经过精心修改的工作台可以消除工人在操作过程中不必要的躯体扭转，从而明显减少工人的不适和受伤的可能性。为减小躯体扭转角度，在设计举重物任务时，应该使工人在正前方以充分使用双手，并且能双手用力平衡。

改善人机界面除了显示器和控制器外，工作台的高低、工件的放置位置等要有利于工作人员的使用和保持良好的姿势，若条件允许，可使用可调节高度的工作台。对于坐姿工作的人员，座椅是"机"的重要部分，为了适合不同作业人员使用并方便操作，座椅应该具有高低可调和旋转调节功能，同时具有合适的腰部支撑，如果座椅不能降低到合适位置，可以使用脚垫。

### 4. 其他措施

对于劳动过程中的各种损伤和疾病，可以通过科学的调查，分析损伤产生的原因，采取相应的防护措施，减少或预防其发生。应用流行病学调查及工效学分析某种工作可能引起的损伤或疾病。若采用流行病学调查，应了解损伤的范围、程度以及与工作的关系，同时调查工作环境中可能存在的有害因素。若采用工效学分析方法，应分析人在工作过程中的负荷、节奏、姿势、持续时间以及人机界面是否合理、正确等。对于确认与工作有关的损伤，根据工效学的基本原理，分析损伤产生的原因，有针对性地采取防护措施。

（1）减少负重工作

负重是造成肌肉骨骼损伤的重要原因之一。在可能的情况下，应减少工作过程中的外加负荷，以减轻机体负担。对于需要负重的工作，应当按相关标准规定，将搬运物体的重量限定在安全范围之内。

（2）减少压迫和摩擦

使用合适的工具或控制器（包括脚控制器），特别是抓握部位的尺寸、外形和材料要适合手的特点，避免局部受力过大。对于经常产生摩擦或需要反复运动的部位，如手和手腕，可使用个人防护用品加以保护。

（3）工作人员的选择与培训

工人就业时应经过严格挑选，根据所从事工作的特点和要求，确定录用标准。按照标准、经济的操作方式对工作人员进行强化培训，使培训的内容密集化，可以缩短培训时间，提高技术水平。

（4）工间休息

根据工作特点合理安排工间休息，可以解除疲劳，预防损伤和疾病。

（5）加强劳动组织

组织生产劳动时，劳动定额要适当，劳动过程中需要保持一定的节奏，对于需要轮班的工作，合理组织和安排轮班时间和顺序。

（6）改善工作环境

为了防止劳动过程中引起的损伤或疾病，一方面要控制工作环境中的各种有害因素，另一方面要努力创造良好的生产环境，如适宜的温度、湿度、照度和色彩等，既有利于工作人员健康，又可以提高劳动效率。

（7）加强个人防护

采用个人防护用品，如使用腰椎保护带或在工作过程中定时活动腰椎，对于腰部职业性骨骼肌肉损伤能起到一定的预防作用。

## 4.3 表面肌电测量

长期以来，疲劳被视为评价肌肉负荷及其应激状态、预测肌肉骨骼疾病的重要指标。表面肌电（SEMG）是劳动负荷和职业性肌肉骨骼疾病研究的一个有力工具。表面肌电是通过表面电极，将中枢神经系统支配肌肉活动时伴随的生物电信号从运动肌表面引导记录下来并加以分析，从而对神经肌肉功能状态和活动水平做出评价。该方法具有实时性、无损伤性、客观性等优点，因此被广泛应用于与肌肉活动相关的多种研究中。表面肌电信号能清楚地记录和反映肌肉持续自主收缩时的电信号变化。反映疲劳的肌电信号常作为肌肉发生生理改变的重要信息。随着表面肌电分析技术的不断发展，表面肌电逐渐成为评价肌肉负荷及应激状态的重要手段，越来越多的研究应用表面肌电分析负荷因素对职业性肌肉骨骼疾病产生的影响，以探讨职业性肌肉骨骼疾病的发生机制。表面肌电不仅可以评价肌肉疲劳，还有助于提供合理的工效学设计，从而减少职业性肌肉骨骼疾病的发生。

表面肌电测量主要应用于人机工效学领域的肌肉工作的工效学分析，体育系统中的疲劳判定、运动技术合理性分析、肌纤维类型和无氧阈值的无损伤性预测等工作领域。

### 4.3.1 表面肌电信号的产生机理

表面肌电信号是皮肤表面记录下来的神经肌肉系统活动时的生物电信号。表面肌电信号是浅层肌肉运动单位动作电位（Motor Unit Action Potential，MUAP）在时间和空间的叠加和神经干上电活动在皮肤表面的综合效应，能在一定程度上体现肌肉的活动。如通过提取颈肩肌肉生物电信号的特征参数，可以建立数学模型，评估颈肩肌肉的疲劳程度。

人体在日常生活和劳动中的各种形式的运动是以骨骼肌的运动为基础，由神经系统控制而产生的。在大脑中枢神经系统的调控下，骨骼肌纤维产生兴奋或收缩，肌肉细胞内会产生电位的变化，即肌电信号。具体过程：当肌肉收缩时，中枢神经产生运动冲动、运动神经元将冲动沿着脊髓神经通路向下传导。兴奋的传递分为细胞内和细胞间。细胞内的肌电信号的传递是根据细胞膜内外的电解质离子浓度不同。例如：膜外钠离子浓度高，膜内钾离子浓度高，而细胞膜对不同粒子的通透性不相同，所以总体通透性会有不同。细胞膜对钾离子的通透性在静止时比较大，但对钠离子的通透性在静止时较小，这样细胞膜内的钾离子会扩散到膜外，而膜内的负离子不能扩散出去，膜外的钠离子也不能扩散进来，即在静止状态下，神经纤维的细胞膜外是正电位，膜内是负电位，膜外比膜内的电位高。此时称膜处于极化状态（有极性的状态）。若刺激到神经细胞，细胞受到大于刺激阈值而兴奋，首先有少量兴奋性比较高的细胞膜的钠通道打开，很少量的钠离子顺着浓度差进入细胞，使膜两侧的电位差减小，发生一定程度的去极化。当膜的电位差小到一定值（阈电位）时，就会使细胞膜上更多的钠通道一起打开，此时在钠离子的浓度差和电位差作用下快速转移，大量内流，细胞内电荷上升，电位上升，也就是去极化。若膜内侧的正电位增大至钠离子达到平衡电位时，钠离子停止内流，同时钠通道失活关闭。在钠离子内流过程中，钾通道同时被激活而打开，钾离子顺着浓度梯度从细胞内流出，当钠离子和钾离子的内流和外流速度一致时，会产生峰值电位，出现内正、外负的反极化现象。这种去极化和反极化过程也就是动作电位形成的过程。动作电位的幅度约为 $90 \sim 130 \text{mV}$，动作电位超过零电位水平约 $35 \text{mV}$。

动作电位会沿着被激活的运动神经元轴突传导到每一个末梢分支与肌肉的接点，使神经与肌肉的接点释放神经递质，激发突触后神经元，引起突触后神经元的电位变化，在采集电极间产生电位差，即肌电信号。常说的表面肌电信号即是从身体表面皮肤上所贴电极片测量得到的运动单位产生的浅层肌肉运动单位动作电位的总和。

## 4.3.2　表面肌电信号特征

肌肉疲劳是当肌肉不能满足某一力量要求时的肌肉状态。连续强烈的肌肉收缩是导致肌肉疲劳的主要原因。表面肌电信号是人体肌肉发生收缩活动时产生的一种生理电信号，它经常被用来评估肌肉的活动状态。肌电信号是一种随机生理电信号。肌电信号的个体差异性非常明显，对于同一动作而言，不同实验对象的肌肉收缩方式和程度有着很大的差异，同一个体在不同时间段的肌电信号也明显不同。这也从侧面说明肌电信号是一种时空非平稳信号。虽然肌电信号的个体差异大，但仍有一些共性，具体表现在以下几个方面：

（1）幅值

与肌肉收缩程度成正比，肌肉收缩程度越大，肌电信号的幅值也越大。

（2）微弱性

肌电信号幅度范围一般为 $100 \sim 500 \mu \text{V}$，均方根为 $0 \sim 1.5 \text{mV}$。皮肤组织对肌电有一定的衰减作用，从皮肤表层采集的表面肌电信号更加微弱。相比于针电极检测的肌电信号，表面肌电信号的幅度更小。

（3）低频特性

表面肌电信号频率主要集中在 1000Hz 以下，肌电信号的频谱分布在 10~500Hz，其中，绝大部分集中在 20~200Hz，功率谱通常处于 30~300Hz 范围内。

（4）高阻抗性

从皮肤表面采集肌电信号时，由于皮下组织含有的电阻和电容，导致信号的输入阻抗比较高。人体阻抗随外界环境变化；在皮肤比较干燥、无损的情况下，人体的电阻可高达 40~400kΩ；当人体皮肤比较潮湿（有汗）时，电阻会减为干燥条件下的一半。在肌肉处于疲劳状态下时，功率谱密度会向低频段漂移，并在峰值上产生变化。例如，在进行最大力负重练习后，肌电信号的峰值会变大，并且向低频段漂移。

### 4.3.3 表面肌电的生理机制与测量

肌肉的活动是由中枢神经系统产生的复杂冲动引起的。这种冲动从大脑、脊髓通过运动神经通路最终达到肌肉纤维，出现相继的肌肉收缩，当神经冲动减少后，便出现肌肉松弛。伴随肌肉活动产生的电活动称为肌电。肌电常常可以通过贴附在皮肤表面的电极测得。肌肉的紧张程度与肌电的高低呈一定比例关系，因此肌电是肌肉收缩或松弛程度的一个直接的生理指标。

肌电常常可以通过贴附在皮肤表面的电极测得，一般使用一个或多个活动电极，放置在任何一个活动范围小于 6in（1in = 25.4mm）的目标检测肌肉和参考电极上。肌电信号的测量单位是微伏（μV）。除了表面电极，临床医生也可以在肌肉内插入电线或针来记录肌电信号。虽然这使被试者更痛苦且成本更高，但是获取的信号更可靠，因为表面电极会从附近的肌肉接收到串音，并且它的使用也只限于浅表肌肉，而插入肌肉内的方法有利于获得深层肌肉的肌电信号。电极所采集到的活动被记录下来，并以与表面电极相同的方式显示出来。

在生物反馈中，一般使用表面电极。常用的有两种模式：一种是粘贴在体表的粘贴式表面肌电电极（电极片）；另一种是用于盆底肌肉的环形肌电电极。在放置表面电极之前，通常要对皮肤进行剃除、清洁和去角质处理，以获得最佳信号。

### 4.3.4 表面肌电信号的分析

肌电图（EMG）是一种无序的波状时序图，从这些无序的波形中提取出有用的信息，产生反馈控制参数，是肌电生物反馈系统要完成的任务。目前，对于表面肌电信号的分析多采用经典的线性时域分析、频域分析、小波分析及非线性分析等方法。

**1. 时域分析**

时域分析是将肌电信号看作时间的函数。计算信号均值幅值等统计指标反映信号振幅在时间维度的变化，主要包括积分肌电值（Integrated Electromyogram，IEMG）、均方根值（Root Mean Square，RMS，图 4.15）和电活动水平（Electrical Activity，EA）等。其中，积分肌电值和均方根值可反映以下三方面的信息：

1）被激活肌纤维的数量，可在一定程度上反映肌肉力量的大小。

2）肌纤维收缩的同步性，同步性越好，其数值越高。

3）肌肉收缩激活（或募集）的速率，速率越快，数值越高。

由于肌电信号振幅和肌张力呈力-电对应关系，故时域指标可实时反映肌肉活动水平，所以可以很好地应用于肌肉的激活或放松训练。

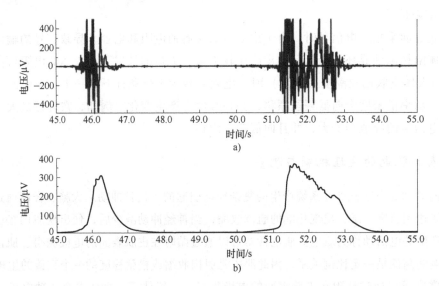

图4.15　原始肌电图和均方根值

### 2. 频域分析

频域分析通过对表面肌电信号做快速傅里叶变换，根据功率谱密度确定表面肌电中不同频段信号分布情况。主要分析指标包括平均功率频率（Mean Power Frequency，MPF）和中位频率（Median Frequency，MF）。肌电信号的频域信息显示如图4.16所示。其中，平均功率频率是反映信号频率特征的生物物理指标，其高低与外周运动单位动作电位的传导速度、参与活动的运动单位类型及其同步化程度有关。与时域指标相比，频域指标有以下三种优势：①在肌肉疲劳过程中均呈明显的直线递减型变化，而时域指标的变化则有较大的变异；②频域指标时间序列曲线的斜率不受皮下脂肪厚度和肢体围度的影响，而时域指标则易受影响；③频域指标时间序列曲线的斜率与负荷持续时间明显相关，而时域指标的相关性不明显。所以，平均功率频率和中位频率也是临床评价肌肉活动时其疲劳程度的常用指标。

图4.16中，$X$轴是频率，$Y$轴是功率。这里中位频率是68.00Hz，平均功率频率是85.00Hz。

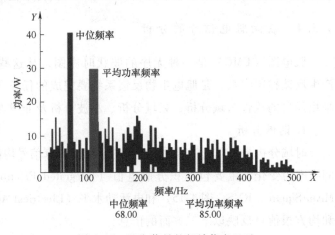

图4.16　肌电信号的频域信息显示

### 3. 小波分析

小波分析是一种时频分析方法，具有可变的时域和频域分析窗口，通过小波变换可在不同尺度下观察肌电信号频率的变化和时间的特性。小波分析被认为可用于假肢控制和肌肉疲劳的评定，目前还处于研究阶段。

### 4. 非线性分析

由于肌肉的收缩与舒张是十分复杂的非线性过程，而表面肌电的特性是非线性过程的反映。因此，非线性分析为肌肉功能评价和假肢控制等基础与应用研究提供了新的数据。一些研究学者提出用非线性动力学中的复杂度、关联时间、关联维、李雅普诺夫指数和熵5个物理量对一对收缩肌和舒张肌进行分析，认为这些非线性特征量能更好地标志和度量肌肉是处于收缩还是舒张状态。

## 4.3.5 表面肌电在职业性肌肉骨骼疾病中的应用

### 1. 肌肉疲劳的表面肌电分析

长期以来，肌肉疲劳被视为评价肌肉功能状态及其应激状态、预测肌肉骨骼疾病的重要指标。在不同活动状态下，表面肌电中各分析指标的信号特征变化有一定差异。目前，表面肌电方法用于肌肉疲劳评价时多限于静态作业，即等长收缩的评估。静态作业肌肉疲劳肌电特征表现为振幅增大和频谱左移。而对于动态作业肌肉疲劳评价，时域和频域分析指标并未表现出严格的一致性。肌电振幅增大和频谱左移被认为是肌肉疲劳的标志。

### 2. 肌肉负荷的表面肌电分析

坐位作业多具有高速、单一、重复等特点。作业者需长时间保持强迫体位，再加上前臂或手部进行重复操作和（或）精细操作，更易造成颈、肩、腕的肌肉骨骼损伤。何丽华等应用实验室表面肌电技术研究了坐姿颈、肩、腕肌肉紧张及受力情况。研究结果显示，随活动角度增大，颈部、肩部及腕部的积分肌电值呈上升趋势。颈部积分肌电值在前倾 0°~20°时较小，达到30°后明显升高；肩部积分肌电值随上臂前屈角度增大而升高，以 0°~10°时最小；腕部积分肌电值在 0°~10°最小，与其他各角度相比存在显著差异。肩部和腕部的积分肌电值随角度增大呈上升趋势，说明肌肉紧张度增强。因此，正肌电图最小的上臂前屈角 0°及腕背伸角 0°~10°为坐姿操作时合适的角度。颈部肌电图在 10°~20°时最低，说明此时颈部肌肉紧张活动较低。因此，建议在保持自然坐姿时、头部前倾以小于30°为宜。戴文涛等用表面肌电评价在低力量负荷下，频率、质量和运动角度 3 个负荷因素对重复性伸腕运动中前臂肌肉应激状态和疲劳的影响，结果显示：伸腕力量负荷分别为伸肌最大随意自主收缩力的 1.4% 和 3.5%；频率是影响肌电波幅的主要因素，质量次之，角度居第 3 位。

手工搬运作业包括提举、放下、推、拉、握、搬等。手工搬运中脊柱负荷需要背肌和腹肌产生相应的力，会造成背部疾病的发生。陈静等就是否对称搬举以及不同作业因素对竖脊肌肌电活性影响进行研究，研究表明，搬举的质量和速度是主要的工效学危险因素，且对竖脊肌肌电活性的影响最大。造型是传统重体力作业，有明显重复提举活动。雷玲等对造型作业体力负荷接触进行评估，结果显示：不同造型周期间平均肌电活动变异性很小，而双侧不对称性很高（约 60%）；相对其他躯干肌，竖脊肌肌电活动最高，平均超过 20% 最大随意自主收缩，进行某些动作时可高达 50% 最大随意自主收缩；提示躯干肌用力不均、竖脊肌过劳和不对称用力是造型作业活动的主要特征，造型作业工人腰背痛高发与之有关。Antony 等让被试者手臂分别处于无负荷、持 0.5kg 物体和 30% 握力三种负荷下，并执行 30°、60°、90°、120° 等 4 个角度的肩关节活动，研究结果显示：手握持是引起肩关节在动态和静态活动中损伤的主要危险因素。对于姿势、运动和手负荷对肩部肌肉活动的影响，王正伦等采用表面肌电研究不同手工搬举下腰背部竖脊肌的劳动负荷，结果表明：与蹲举、背举相比，半蹲举是一种适宜的搬举技术。

手举过头顶的作业和膝下作业，从工效学角度来看属于不良姿势，可导致人体肌肉骨骼损伤，并可降低工作效率。葛树旺等对手臂静态姿势负荷的肌电实验研究显示，手臂各肌群的肌电幅度（最大自主收缩百分比）随上抬和外展角度以及前伸距离的增大呈上升趋势。手臂上抬和外展姿势主要累及三角肌和斜方肌，手臂上抬 180° 和外展 135° 时，即便是徒手，负荷也很高，易导致肌肉的疲劳和损伤。Shin 等对手举过头作业中手举高度和下肢距工作台距离的肌电最大自主收缩百分比进行分析，结果表明：手举高度低于 10cm 和下肢距工作台距离低于 15cm 时，对颈、肩肌肉的影响较低；手举高度与下肢距工作台的距离相比，对颈、肩肌肉造成的危害较大。膝下作业在汽车和造船工业较为常见，Yoo 的研究将被试者分为两组，同时在两个不同的高度进行 30 个螺栓和螺母的组装，持续 3min（手举过头顶作业组站立时在头部上方 20cm 处的板上进行组装工作，膝下作业组在膝盖下方 5cm 处进行组装工作，膝盖处于伸展状态），结果显示：膝下作业颈伸角和上斜方肌肌电最大自主收缩百分比的增加值较手举过头顶作业的增加值大，也就是说膝下作业比手举过头作业更容易造成颈肩痛。

### 4.3.6　职业性肌肉骨骼疾病问卷

工作相关肌肉骨骼疾病与各种职业活动密切相关，常常累及颈、肩、上肢、下肢、腰、背等多个身体部位，危害职业人群健康。职业性肌肉骨骼疾病不仅会严重影响个人的生活质量，而且会给社会造成巨大的经济损失。

目前，国际上已有多种评价职业性肌肉骨骼疾病及其危险因素的方法。根据调查方式的不同，主要可分为自评问卷法、观察法和直接测量法。在职业工效学研究过程中，评价工效学负荷及其健康影响的方法逐渐发展起来，其中应用最广泛的就是各类肌肉骨骼疾病的调查问卷。职业性肌肉骨骼疾病是一类慢性累积性疾病，早期症状多为表现非特异性疼痛，临床上尚无客观统一的诊断标准。症状调查问卷成为获取职业性肌肉骨骼疾病患病信息最直接的方式。问卷法收集信息的能力强大、费用低且无须专业人员，在流行病学研究中有无可替代的优势。下面对国内外几种常用的肌肉骨骼疾病调查问卷进行概述。

**1. 症状类肌肉骨骼调查问卷**

（1）北欧肌肉骨骼调查问卷（NMQ）

NMQ 最初源于北欧部长理事会资助的科研项目，目的是开发一套标准化的肌肉骨骼疾病调查问卷，方便各类研究的比较。此后被翻译成多国语言，现已成为肌肉骨骼疾病领域应用最普遍的问卷之一。

这种问卷现行有标准版和扩展版。标准版 NMQ 在简单询问一般情况后，提供一张人体解剖图，将身体分为颈部、肩部、上背、肘部、下背、腕部、臀部、膝盖和足部共 9 个部位，依次询问调查对象在过去 12 个月各部位有无不适症状，若有，进一步询问是否对工作和生活产生影响，以及过去 7 天有无不适发生。扩展版则针对肌肉骨骼疾病的好发部位（下背、颈部、肩部）进行更深入的调查，包括症状持续时间、严重程度及其对工作的影响程度等。病例定义为研究对象在过去 12 个月或过去 7 天肌肉骨骼系统的任何部位出现不适超过 24h，最后可分别统计年患病率和周患病率。问卷采用自填或结构访谈的方式完成，标准版问卷完成需 3~5min。问卷可作为职业场所肌肉骨骼疾病的筛查工具，筛选出高危个体进行深入检查；也可根据疾病发生情况评价作业环境和工作负荷，据此提出改进措施。部分研究表明，调查方式和环境、个人经历及个体感知差异等都会对调查结果产生一定影响，且回顾性调查难以避免回忆偏倚，往往不够精确，因而问卷不能作为临床诊断职业性肌肉骨骼疾病的依据。

国外大量研究均证实 NMQ 信度和效度良好，问卷在国内的应用多由各课题组自行翻译或改编，没有统一的中文版本，也无系统完整的信度和效度检验，但 NMQ 的图谱直观明确，未涉及跨文化差异的内容，可用于我国的研究实践，其可靠性还有待科学证实。

（2）McGill 疼痛问卷（MPQ）

MPQ 是由 Melzack 和 Torgerson 等建立的一种说明疼痛性质和强度的评价方法。经过多年的发展，该法已经成为疼痛测量领域最常用的自我评估手段。疼痛是职业性肌肉骨骼疾病最典型和常见的症状，所以 MPQ 常被用于获取职业性肌肉骨骼疾病相关信息。

MPQ 有标准版和简化版。标准版将 102 个描述疼痛的词分为 20 组，包含感觉类、情感类、评价类和其他类。每组词按疼痛程度递增的顺序排列，患者可从各组词中选择与自己痛觉程度相同的词，所选词在各组中的位置决定其分值。问卷最后可通过疼痛评级指数（即所选词分值之和）、所选词的个数以及现时疼痛强度（5 分法评价总体疼痛水平）3 项指标全面评价患者的疼痛情况。简化版只保留 15 个疼痛描述词，每个词分无、轻、中、重 4 个等级，患者根据自己的疼痛感觉依次对每个词进行评分。除了疼痛评级指数和现时疼痛强度外，简化版还引入视觉模拟量表实现对疼痛强度的快速评估。近年来，还有学者在简化版的基础上开发出 SF-MPQ-2，其主要针对神经病理性疼痛。MPQ 简单实用，临床上可协助医师进行疼痛的鉴别诊断，在职业性肌肉骨骼疾病研究中则可评价患者肌肉骨骼系统的慢性疼痛程度。但需注意，不同人对疼痛的理解、感觉和承受力有所差异，这在一定程度上会影响问卷的可靠性。

国外研究对问卷评价各种急慢性疼痛的信效度检验均提示可接受，国内则主要将其用于神经痛的诊疗中，信度和效度经检验也多针对神经痛患者，关于中文版 MPQ 在肌肉骨骼损伤领域的应用还未见报道。

（3）Orebro 肌肉骨骼疼痛筛查问卷（OMPSQ）

OMPSQ 也被称为急性下背部疼痛筛查问卷，主要是利用社会心理因素预测未来发生慢性肌肉骨骼疼痛风险较高的人群。

该问卷分标准版和简化版。标准版共含 25 个条目，主要收集疼痛情况、感觉功能、心理变量、克服恐惧的信念、病人的背景和人口学特征 5 方面信息。其中，根据以往研究，心理变量都是导致急性、亚急性肌肉骨骼损伤转为慢性的危险因素。除了背景、既往病史、疼痛部位和持续时间等分类变量外，其余每个条目通过 0~10 分的量表评分，各条目权重相同，总分在 0~210 分，分值可以反映慢性疼痛的患病风险。问卷可自填或由医师访谈填写，用时约 5~10min，研究者需根据人群确定不同的分值截断点，筛选出需要实施干预的人群。简化版 OMPSQ 只保留 10 个条目，大大缩短了答卷时间。OMPSQ 强化了心理特征、实用特征和预测能力，可以帮助职业病医师识别慢性疾病风险较高的人，从而实现一级预防。但仍需注意，问卷只能预测未来 6 个月的风险，且部分患者仍有被漏诊的风险。

经检验，问卷信度良好，不同截断点的效度也在国外相关研究中获得验证，但尚未在国内得到充分的认识和应用。

**2. 危险因素类肌肉骨骼疾病调查问卷**

（1）荷兰肌肉骨骼疾病调查问卷（DMQ）

为了预防职业性肌肉骨骼疾病的发生，研究者和企业管理者往往要尽可能识别和评价工作场所中的不良工效学因素，以便采取适宜的控制措施改善作业环境，提高劳动者的健康水平。DMQ 由荷兰应用科学研究所研发，用于测量作业场所肌肉骨骼疾病及相关危险因素的分布情况。由于其条目设置合理，后来成为该领域很多问卷编制的重要参考。

该问卷有标准版、简化版和拓展版，配有附加软件系统（LOQUEST），实现数据分析、监测等功能。标准版包括一般情况、健康状况和工作情况 3 部分内容。在危险因素的选择上，除了参考已有研究文献，还筛选了一些可能和职业性肌肉骨骼疾病相关的因素，主要涉及用力情况、动态负荷、静态负荷、重复作业、气候因素、振动和工效学环境 7 个方面，力求全面探索工作负荷和疾病发生的关系。简化版在标准版的基础上删减了大量关于工作情况的内容；拓展版则详细询问休息时间、下背部疼痛及肩颈疼痛情况，每版问卷都可根据需要决定是否加入员工改进意见的相关条目。大多问题只收集定性数据，而不关注频率和持续时间等定量信息，完成一份标准版问卷用时约 30min。DMQ 操作简单，可以快速提供职业暴露和健康状况的信息，帮助工效学家识别出高危作业和重点人群，还可获取员工意见，激励员工参与工效学改善过程。但问卷耗时较长，且无法定量评估暴露水平，个体的自报暴露情况还可能会在一定程度上受到不适症状的影响。

Hildebrandt 等对其信效度进行评价，结果显示尚可，国内有学者借鉴其危险因素相关内容，编制了适合我国人群的肌肉骨骼问卷。

（2）马斯特里赫特上肢肌肉骨骼损伤问卷（MUEQ）

MUEQ 是荷兰学者在工作内容问卷（JCQ）和 DMQ 的基础上，研制出的专门用来评价计算机办公人员相关上肢肌肉骨骼疾病的患病情况及其危险因素的工具。

问卷共含 95 个条目，主要收集人口学特征、潜在危险因素及上肢各部位（肩、颈、上下臂、肘、手、腕）不适症状的信息。其中危险因素涉及 7 个维度：工作站、身体姿势、工作控制、工作需求、休息时间、工作环境和社会支持。除工作站为二分类变量，其余各维度条目根据危险因素出现的频率采用 5 点法评分。病例定义为研究对象在过去一年内上肢任何部位出现不适症状超过一周。问卷多由被试者自行填写，无须培训，预计 20min 完成。MUEQ 结合计算机办公人员的行业特点，更侧重社会心理因素的测量，专业性和特异性强，但应用人群相对局限，且未考虑危险因素间的联合作用。

多国研究均显示，该问卷具有良好的信度和效度，中文版经检验信度和效度尚可，但由于心理社会因素影响上肢肌肉骨骼损伤的量化评估，故其工作站和工作环境维度的适用性仍需结合我国文化背景进一步修订和完善。

（3）我国肌肉骨骼疾病调查问卷

肌肉骨骼疾病调查问卷为国家科技支撑项目的研究成果，目的是开发首套适合我国人群的职业性肌肉骨骼疾病及其相关危险因素的评价工具，为推动国内该领域问卷研究奠定基础。

问卷包含 3 部分：一般情况、健康状况和工作相关危险因素。健康状况主要依据 NMQ 编制，并不深度追问疼痛的性质和强度。工作相关危险因素的条目则主要参考 DMQ，结合我国国情和国内学者的研究经验，共筛选出 55 个条目，包括用力、动态负荷、静态负荷、重复性负荷、工效学环境、振动和气候 7 个维度。大部分问题采用二分类变量，分析时反向计分，总分越高，肌肉骨骼系统负荷越大，患病概率也越大。问卷由被试在调查员的帮助下填写，用时需要 5~10min。研究者对信度和效度等进行了初步分析，结果表明均可接受，说明问卷可以在一定程度上正确反映肌肉骨骼系统的负荷程度，但问卷中仍有少数条目（如工作环境中涉及凉风和寒冷温度变化）需在今后的实际研究和应用中不断地加以修订和完善。

问卷基于职业性肌肉骨骼疾病的研究现况和我国职业人群的特征进行设计，尽可能全面地评价不良工效学因素，有望在我国企业的卫生研究和管理中普及应用。目前，该问卷仍在推广使用阶段，一些问题还有待探索。例如，各条目的权重相同，未能体现各因素的相对重要性；未能充分考虑因素之间的联合作用。这些问题若能得以改善，问卷必将发挥更大的效用。

**3. 各类问卷的比较**

表 4.12 显示了不同调查问卷的适用人群和用途、调查内容、优缺点以及在我国的适用性。

表 4.12　几种常用职业性肌肉骨骼疾病问卷的对比

| 问卷 | 适用人群和用途 | 调查内容 | 优缺点 | 问卷在中国的适用性 |
|---|---|---|---|---|
| 北欧肌肉骨骼调查问卷（NMQ） | 职业人群肌肉骨骼系统症状调查 | 一般情况、肌肉骨骼系统症状 | 简单、快速、直观；不能获取危险因素的信息 | 国内应用广泛，多由各课题组自行翻译或改编，没有统一的中文版和信度、效度检验，但内容未涉及文化差异，基本适合中国国情 |

（续）

| 问卷 | 适用人群和用途 | 调查内容 | 优缺点 | 问卷在中国的适用性 |
|---|---|---|---|---|
| McGill 疼痛问卷（MPQ） | 患者急慢性疼痛性质及强度评价 | 疼痛的性质、强度、对情感的影响、对生活能力的影响等 | 可用于临床鉴别诊断；受个体感知和理解力的影响较大，特异性不强 | 国内主要用于神经痛的诊疗，信度和效度尚可，关于其在肌肉骨骼损伤领域的应用价值还未得到证实 |
| Orebro 肌肉骨骼疼痛筛查问卷（OMPSQ） | 预测未来发生慢性肌肉骨骼疼痛风险较高的患者 | 疼痛情况、感觉功能、心理变量、避免恐惧信念、病人的背景和人口学特征 | 预测能力强；只能预测未来 6 个月，截断点需根据人群调整 | 在国内尚未得到充分的认识和应用，至今无中文版，适用性尚待科学验证 |
| 荷兰肌肉骨骼疾病调查问卷（DMQ） | 职业人群肌肉及其相关危险因素评价和关联性分析 | 一般情况、健康状况、工作情况（用力情况、动态负荷、静态负荷、重复作业、气候因素、振动和工效学环境）和员工改进意见 | 暴露因素考虑较全面，激励员工参与改进；耗时长，无法定量评估暴露 | 已有适合我国国情的中文修订版 |
| 马斯特里赫特上肢肌肉骨骼损伤问卷（MUEQ） | 计算机办公人员上肢肌肉骨骼疾病及其危险因素调查 | 人口学特征、潜在危险因素（工作站、身体姿势、工作控制、工作需求、休息时间、工作环境和社会支持）及上肢各部位不适症状 | 暴露量化评估；应用人群局限，未考虑危险因素的联合作用 | 中文版信度和效度尚可，未得到充分应用 |
| 中国肌肉骨骼疾病调查问卷 | 中国职业人群肌肉骨骼疾病及其相关危险因素评价 | 一般情况、健康状况和工作相关危险因素（费力、动态负荷、静态负荷、重复性负荷、工效学环境、振动、气候） | 简单快速，适合我国国情；各因素权重相同，未体现相对重要性 | 首套基于国内外研究现况和中国职业人群特征设计的职业性肌肉骨骼疾病及其相关危险因素的评价工具，推广使用阶段 |

以上问卷都是国内外较为成熟和常用的问卷，各有优缺点，研究者需根据调查目的和条件酌情选择，还要考虑文化的兼容性。当然，问卷法难以避免主观因素、回忆偏倚等影响，因而在使用过程中要注意调查技巧的使用、信度和效度的检验以及整个调查过程的质量控制。

## 4.4 生物力学的应用与评估方法

### 4.4.1 手持工具的应用

根据《手持式、可移式电动工具和园林工具的安全　第一部分：通用要求》（GB 3883.1—2014），手持式工具是指用来做机械功，提供或不提供安装到支架上的装置，设计成由电动机与机械部分组装成一体、便于携带到工作场所，并能用手握持或支撑或悬挂操作的工具，手持式工具必须充分考虑操作者（使用者）手的尺寸及其力学原理，满足安全人机工程的要求，在确保安全的前提下提高工作效率。

**1. 手持式工具设计的人机要求**

（1）手持式工具风险识别

人手能够进行多种活动，既能做出精准操作，又能使出较大的力，但如果手持工具设计不合理、会导致手负担过重，可能出现肌肉劳损、上肢功能障碍、手部损伤、撕裂伤、手或手臂振动、手震颤、重复性活动所致的劳损等。

对于用力类型的工具，为了安全和避免损伤，手持工具使用应确保作用力施加在合适位置。例如，若力施加在手掌心区域上，会压迫控制手指运动的韧带和腱，手容易受到伤害。对工具使用过度或者固定姿势重复操作，可导致作业者颈部、手臂和手腕疾病。手在握持中，手腕应尽可能保持伸直状态，以便确保施加在手上的任何力在传递到臂的时候不会产生绕手腕转动的较大力矩。

（2）手持式工具设计的基本要求

1）便于使用，方便施力，利于观察等。

2）根据手持式工具使用性能合理选择工具重量。一般较轻的产品较易于操作，同时重量轻可延长每次的使用时间。

3）使用工具时的姿势和操作动作匹配，符合人体生物力学特性，不能引起过度疲劳。例如，使用手持工具时，手腕伸直可以减轻手腕疲劳。

4）工具结合面（即握持部分）不应出现尖角和边棱，手柄的表面质地应能增强表面摩擦力，与所有使用者的手指形状都匹配，手柄的形状及尺寸大小与手匹配，与工具作业性质及操纵相关。例如，增大直径，可以增大扭矩，若手柄直径太小，力量便不能发挥。

5）手持工具的把手应有防滑保护装置，有助于握住工具，提高操作的准确性；或者配备保护装置或制动装置，以避免滑落或者夹手。

**2. 手持式工具把手设计**

使用手持工具因功能需求对动作的准确性、力度、动作幅度等要求不同，设计也有所不同。把手是使用手持式工具最重要的部分，直接影响着产品功能的发挥和产品舒适性的体现，其设计参数包括把手直径、长度、截面形状、结构等。

（1）把手直径

把手直径大小取决于工具的用途与手的尺寸。对于螺钉起子，增大直径可以增大扭矩，但直径太大会减小握力，降低灵活性与作业速度，并使指端骨弯曲增加，长时间操作，则导致指端疲劳。比较合适的直径是：着力抓握 30~40mm，精密抓握 8~16mm。例如，为了确定精确位置而设计的小型螺钉钻的手柄直径为 8~16mm。为了握紧手柄着力的打井钻的手柄直径为 30~50mm。

手柄尺寸和手的大小匹配关系非常重要。如果手柄太小，力量便不能发挥，而且可能产生局部较大压力。但如果手柄太大，手的肌肉处在一种不舒适的作业状态。

（2）把手长度

把手长度主要取决于手掌宽度。掌宽一般在 71~97mm（5%女性至 95%男性数据），合适的把手长度为 100~125mm。最小手柄长度为 100mm。

（3）把手截面形状

对于着力抓握，把手与手掌的接触面积越大，则压应力越小。如图 4.17 所示，图 b 中工具的手柄通过手的更大接触面积而分散压力，比图 a 中工具减少了机械性紧张。一般应根据作业性质确定把手形状，断面呈椭圆形的手柄，通常更能适应大的直线作用力和扭矩。与此相比，断面呈圆形或正方形的手柄就较差些。使用楔形把手的（横断面可变化的）工具可减少手向前移动，并更能用力。

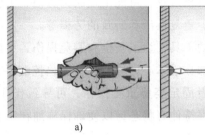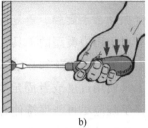

a)　　　　　　　　　b)

图 4.17　不同形状把手受力示意图

对于施力较大的使用工具，使用横断面为非圆形且表面材料摩擦系数大的把手，可减少工具在手中的旋转。为了防止与手掌之间的相对滑动，可以采用三角形或矩形，这样也可以增加工具放置时的稳定性。对于螺钉起子，采用丁字形把手，可以使扭矩增大 50%，其最佳直径为 25mm，斜丁字形把手的最佳夹角为 60°。

（4）把手结构

把手结构设计应保持工具使用时手腕处于顺直状态，此时腕关节处于正中的放松状态。当手腕处于掌屈、背屈、尺偏等别扭的状态时，手部组织超负荷，就会产生腕部酸痛、握力减小，长时间操作会引起腕道综合征、腱鞘炎等症状。图 4.18 是钢丝钳传统设计与改进设计的比较，传统设计的钢丝钳造成掌侧偏，改进设计中握把弯曲，人操作时可以维持手腕的顺直状

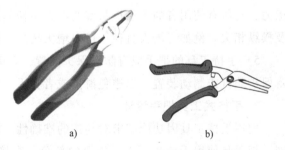

a)　　　　　　　　　b)

图 4.18　钢丝钳传统设计与改进设计的比较

a）传统型钢丝钳握把　b）改进型钢丝钳握把

态，而不必采取尺偏的姿势。有时为避免使用工具的不舒适，常采用贴合人手的形状，使其适合所接触的身体部分，如手掌和掌心。图 4.19 为操作把手对应的操作方向与操作平台匹配正确与错误示意图。

1）工具失控会导致损坏和作业者工伤，作业者操作时担心工具滑落和夹手会降低工作质量。因此，工具应具有防滑保护装置。

2）工具前部使用保护装置或制动装置（如小刀和烙铁），手握持处能预防手向前移动，预防滑落，可安全有效地操作工具。

3）使用圆头把手（工具把手后端的防护装置）可预防工具脱手，也可以使工具更易于

向身体方向移动。

　　4）选择把手形状不会夹手的工具。

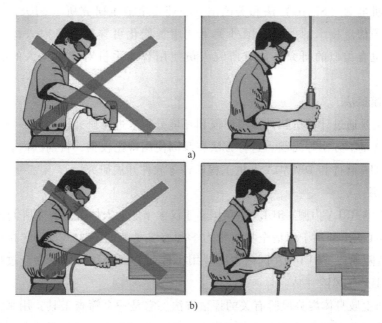

图 4.19　操作方向与操作平台匹配正确与错误示意图

a）工具在水平作业面使用时要置于肘关节高度　b）在垂直作业面使用时要在肘关节高度之上

### 4.4.2　职业工效学调查评价方法及示例

**1. 调查评价方法**

　　目前，调查评价方法主要分为 4 类：自评法、观察法、测量法和仿真模拟法。

　　（1）自评法

　　自评法是一类通过研究对象填写问卷、与研究对象访谈等方式进行评价的方法，相对经济易行，目前在我国使用最多。我国研究中使用的有经汉化的北欧肌肉骨骼调查问卷（NMQ）、荷兰肌肉骨骼疾病调查问卷（DMQ）、工作能力指数问卷（WAI）、工作内容问卷（JCQ）和中国肌肉骨骼疾病调查问卷（CMQ）等，其中，使用最多的是 NMQ 和 CMQ。

　　（2）观察法

　　观察法包括简单（肉眼）观察和使用录像或者摄影进行的观察。这种方法可在不干扰研究对象正常工作的情况下进行记录和评价，主要对姿势、活动和力量等生物力学负荷进行评价。在我国常用的有 Ovako 劳动姿势与负荷评价系统（OWAS）、快速暴露检查（QEC）法、快速上肢评估（RULA）法、快速全身检测（REBA）法等。此外，国内研究者在 QEC 的基础上进一步改进，建立了适合国人的综合性 CQEC 法。

　　（3）测量法

　　测量法是对研究对象的活动或某些特征进行准确测量的一类评估方法。由于测量法大多数需要接触测量或者需要作业人员佩戴设备，往往会对研究对象的正常工作产生干扰，因而常用于实验室模拟研究；另外，设备费用相对较高，我国目前使用相对较少，其中，常用的有表面肌电图（SEMG）法和美国国立职业安全卫生研究所（NIOSH）提举公式等方法。随着电子信息技术的发展，国外关于使用智能化可穿戴设备对人体测量的研究越来越多，国内也有类似的研究，如有研究人员使用智能手机对建筑工人的躯干姿势进行评价。

（4）仿真模拟法

仿真模拟法是通过计算机软件虚拟建模和环境分析来进行研究评价的一类方法。这种方法避免了直接测量不方便等问题。这种方法在我国使用得比较少，目前国内有研究人员使用Jack 软件、CATIA 软件和 DELMIA 人机工程软件等软件开展研究。

**2. 评价示例**

以观察法中的 RULA 为例。RULA 是英国诺丁汉大学职业人体工学研究所 Lynn Mc Atamney 和 E. Nigel Corlet 提出的用于评估全身生物力学和姿势负荷的筛选工具。它在国外广泛应用于 WMSDs 的风险评估。RULA 在国内主要应用于造船、口罩和制鞋业生产过程中的职业性肌肉骨骼疾病工效学风险评估。

RULA 是与上肢身体姿势风险有关的评估方法。它是一个筛查工具，用来评估全身更主要的颈、躯干和上肢的生物力学和姿势负荷。它在工作周期内对具体动作的姿势负荷进行评估；基于姿势偏离正常身体位置的程度和姿势的持续时间，就可以选出最危险的姿势，并进行分析，也可以对身体的左侧、右侧和左右侧同时进行评估。对于工作周期较长的工作，可以在有规律的休息间隔做出评估。RULA 是以人体姿势为主要依据，同时考虑施力或负荷、肌肉使用（包括重复性和静力），以评分的形式给出上肢失调的风险和预防建议，用于改进工效场所的设计、设计手工操作或者指导已有操作的重新设计。RULA 的分数表示为减少职业性肌肉骨骼疾病需要人为干预的等级。

RULA 的主要特征是对上身的姿势、力量和活动进行分类，用于上身和上肢的评价。优点是简单易行，可在工作现场不打断作业者的操作的情况下进行。

RULA 是分析上肢失调综合征风险，快速并且系统地在改进前后进行分析的一种方法，评估步骤分为 16 步。通过检查劳动者身体不同部位的不良姿势、肌肉使用、力量负荷情况，分别对手臂和腕部（统称为 A 部分）的不良姿势和颈部、躯体、腿部（统称为 B 部分）的不良姿势进行赋分，并结合相应的肌肉使用情况得分及力量负荷得分获得总的分值。该方法评估的具体步骤如下。

（1）手臂和腕部姿势分析（A 部分）

步骤 1：确定上臂姿势得分。

校准：如果肩部上抬：得分+1；如果上臂外展：得分+1；如果手臂有依托或身体斜靠：得分−1。

根据图 4.20 并经校准后确定上臂姿势得分（得分范围为 1~6 分），具体参见表 4.13。

上臂姿势得分＝（　　　　）。

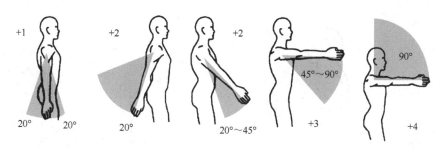

图 4.20　RULA 上臂姿势评估图

**表 4.13　手臂和腕部姿势评价得分**

| 上臂姿势得分 | 下臂姿势得分 | 腕部姿势得分 | | | | | | | |
|---|---|---|---|---|---|---|---|---|---|
| | | 1 | | 2 | | 3 | | 4 | |
| | | 腕部旋转得分 | | 腕部旋转得分 | | 腕部旋转得分 | | 腕部旋转得分 | |
| | | 1 | 2 | 1 | 2 | 1 | 2 | 1 | 2 |
| 1 | 1 | 1 | 2 | 2 | 2 | 2 | 3 | 3 | 3 |
| | 2 | 2 | 2 | 2 | 2 | 3 | 3 | 3 | 3 |
| | 3 | 2 | 3 | 3 | 3 | 3 | 3 | 4 | 4 |
| 2 | 1 | 2 | 3 | 3 | 3 | 3 | 4 | 4 | 4 |
| | 2 | 3 | 3 | 3 | 3 | 3 | 4 | 4 | 4 |
| | 3 | 3 | 4 | 4 | 4 | 4 | 4 | 5 | 5 |
| 3 | 1 | 3 | 3 | 4 | 4 | 4 | 4 | 5 | 5 |
| | 2 | 3 | 4 | 4 | 4 | 4 | 4 | 5 | 5 |
| | 3 | 4 | 4 | 4 | 4 | 4 | 5 | 5 | 5 |
| 4 | 1 | 4 | 4 | 4 | 4 | 4 | 5 | 5 | 5 |
| | 2 | 4 | 4 | 4 | 4 | 4 | 5 | 5 | 5 |
| | 3 | 4 | 4 | 4 | 5 | 5 | 5 | 6 | 6 |
| 5 | 1 | 5 | 5 | 5 | 5 | 5 | 6 | 6 | 7 |
| | 2 | 5 | 6 | 6 | 6 | 6 | 7 | 7 | 7 |
| | 3 | 6 | 6 | 6 | 7 | 7 | 7 | 7 | 8 |
| 6 | 1 | 7 | 7 | 7 | 7 | 7 | 8 | 8 | 9 |
| | 2 | 8 | 8 | 8 | 8 | 8 | 9 | 9 | 9 |
| | 3 | 9 | 9 | 9 | 9 | 9 | 9 | 9 | 9 |

步骤 2：确定下臂姿势得分。

校准：如果手臂工作区域越过身体中线：得分+1；如果手臂外展至身体一侧：得分+1。

根据图 4.21 并经校准后确定下臂姿势得分（得分范围为 1~3 分），具体参见表 4.13。

下臂姿势得分 =（　　　）。

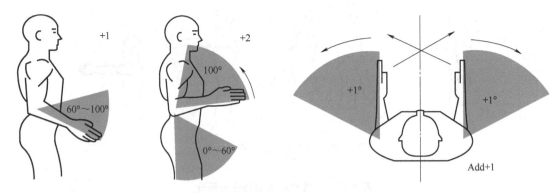

图 4.21　RULA 下臂姿势评估图

步骤 3：确定腕部姿势得分。

校准：如果腕部从中线向两侧弯曲：得分+1。

根据图 4.22 并经校准后确定腕部姿势得分（得分范围为 1~4 分），具体参见表 4.13。

腕部姿势得分=（　　　）。

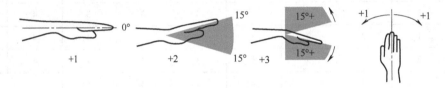

图 4.22　RULA 腕部姿势评估图

步骤 4：确定腕部旋转得分。如果腕部在中线附近旋转：得分+1；如果旋转超过中线：得分+2。

腕部旋转得分为 1~2 分，具体参见表 4.13。

腕部旋转得分=（　　　）。

步骤 5：确定手臂和腕部姿势得分。根据上臂姿势得分（步骤 1）、下臂姿势得分（步骤 2）、腕部姿势得分（步骤 3）和腕部旋转得分（步骤 4）查表 4.13，表中横竖栏交叉得到的数值即为手臂和腕部姿势评价得分，分值为 1~9。

手臂和腕部姿势评价得分=（　　　）。

步骤 6：确定附加肌肉利用情况得分。如果主要为静止姿势（如保持超过 1min）或动作重复发生 4 次/min 及以上得分+1。

附加肌肉利用情况得分=（　　　）。

步骤 7：确定附加力量或负荷得分。如果负荷少于 2kg（间歇性）：得分+0；如果负荷为 2~10kg（间歇性）：得分+1；如果负荷为 2~10kg（静止或正复性）：得分+2；如果负荷大于 10kg 或者重复或者击打（间歇性）：得分+3。

附加力量或负荷得分=（　　　）。

步骤8：确定手臂和腕部姿势总得分 $A$。根据手臂和腕部姿势得分（步骤5），加上附加肌肉利用情况得分（步骤6）和附加力量或负荷得分（步骤7），得到手臂和腕部姿势总得分 $A$，$A \geqslant 1$。

手臂和腕部姿势总得分 $A = ($    　 $)$。

（2）颈部、躯体和腿部分析（B部分）

步骤9：确定颈部姿势得分。

校准：如果颈部旋转：得分+1；如果颈部侧弯：得分+1。

根据图4.23并经校准后确定颈部姿势得分（得分范围为1~6分），具体参见表4.14。

颈部姿势得分 $= ($    　 $)$。

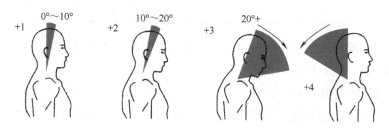

图4.23　RULA颈部姿势评估图

步骤10：确定躯体姿势得分。

校准：如果躯体旋转：得分+1；如果躯体侧弯：得分+1。

根据图4.24并经校准后确定躯体姿势得分（得分范围为1~6分），具体参见表4.14。

躯体姿势得分 $= ($    　 $)$。

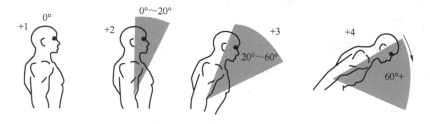

图4.24　RULA躯体姿势评估图

步骤11：确定腿部姿势得分。如果腿脚有依托：得分+1；如果没有：得分+2。

腿部姿势得分范围为1~2分，具体参见表4.14。

腿部姿势得分 $= ($    　 $)$。

步骤12：确定颈部、躯体和腿部姿势得分。根据颈部姿势得分（步骤9），躯体姿势得分（步骤10）和腿部姿势得分（步骤11）查表4.14，表中横竖栏交叉得到的数值即为颈部、躯体和腿部姿势评价得分，分值为1~9。

颈部、躯体和腿部姿势得分 $= ($    　 $)$。

表 4.14 颈部、躯体和腿部姿势评价得分

| 颈部姿势得分 | 躯体姿势得分 | | | | | | | | | | | |
|---|---|---|---|---|---|---|---|---|---|---|---|---|
| | 1 | | 2 | | 3 | | 4 | | 5 | | 6 | |
| | 腿部得分 | | 腿部得分 | | 腿部得分 | | 腿部得分 | | 腿部得分 | | 腿部得分 | |
| | 1 | 2 | 1 | 2 | 1 | 2 | 1 | 2 | 1 | 2 | 1 | 2 |
| 1 | 1 | 3 | 2 | 3 | 3 | 4 | 5 | 5 | 6 | 6 | 7 | 7 |
| 2 | 2 | 3 | 2 | 3 | 4 | 5 | 5 | 5 | 6 | 7 | 7 | 7 |
| 3 | 3 | 3 | 3 | 4 | 4 | 5 | 5 | 6 | 6 | 7 | 7 | 7 |
| 4 | 5 | 5 | 5 | 6 | 6 | 7 | 7 | 7 | 7 | 8 | 8 | 8 |
| 5 | 7 | 7 | 7 | 7 | 7 | 8 | 8 | 8 | 8 | 8 | 8 | 8 |
| 6 | 8 | 8 | 8 | 8 | 8 | 8 | 8 | 9 | 9 | 9 | 9 | 9 |

步骤 13：确定附加肌肉利用情况得分。如果主要为静止姿势（如静止大于 10min）或动作保持 4 次/min 及以上：得分+1。

附加肌肉利用情况得分=（　　　）。

步骤 14：确定附加力量或负荷得分。如果负荷少于 2kg（间歇性）：得分+0。如果负荷为 2~10kg（间歇性）：得分+1。如果负荷为 2~10kg（静止或重复性）：得分+2。如果负荷大于 10kg 或者重复或者击打（间歇性）：得分+3。

附加力量或负荷得分=（　　　）。

步骤 15：确定颈部、躯体和腿部姿势总得分 B。

根据颈部、躯体和腿部姿势得分（步骤 12），加上附加肌肉利用情况得分（步骤 13）和附加力量或负荷得分（步骤 14），得到颈部、躯体和腿部姿势总得分 B，B≥1。

颈部、躯体和腿部姿势总得分 B=（　　　）。

步骤 16：确定最终得分。

最后，根据手臂和腕部姿势总得分 A 和颈部、躯体和腿部姿势总得分 B 查表 4.15，表中横竖栏交叉得到的数值即为最终得分。

表 4.15 最终评价总得分

| 手臂和腕部姿势总得分 | 颈部、躯体和腿部姿势总得分 | | | | | | |
|---|---|---|---|---|---|---|---|
| | 1 | 2 | 3 | 4 | 5 | 6 | 7+ |
| 1 | 1 | 2 | 3 | 3 | 4 | 5 | 5 |
| 2 | 1 | 2 | 3 | 4 | 4 | 5 | 5 |
| 3 | 3 | 3 | 3 | 4 | 4 | 5 | 6 |
| 4 | 3 | 3 | 3 | 4 | 5 | 6 | 6 |
| 5 | 4 | 4 | 4 | 5 | 6 | 7 | 7 |
| 6 | 4 | 4 | 5 | 6 | 6 | 7 | 7 |
| 7 | 5 | 5 | 6 | 6 | 7 | 7 | 7 |
| 8+ | 5 | 5 | 6 | 7 | 7 | 7 | 7 |

根据总得分可以确定进一步的控制措施，具体见表 4.16。

表 4.16　控制措施

| 最终评分 | 等级 | 风险水平 | 控制措施建议 |
| --- | --- | --- | --- |
| 1 或 2 | Ⅰ | 可以接受 | 无须采取措施 |
| 3 或 4 | Ⅱ | 尚待进一步研究 | 可能有必要 |
| 5 或 6 | Ⅲ | 尚待研究，尽快改善 | 不久急需采取措施 |
| 7 | Ⅳ | 需要研究，马上改善 | 须立即采取措施 |

# 复　习　题

4.1　请近似计算一名 35 岁成年女性的手操纵的握紧强度。

4.2　人体四肢操作力有哪些特点？对操纵器布置有哪些影响？

4.3　请简述职业性损伤的预防措施。

4.4　人体用力的一般原则是什么？

4.5　生产和生活中手动操纵装置是最为常见的，手的操纵力大小与什么有关？

4.6　坐姿操纵力有什么规律？

4.7　推力操纵的机构应该如何布置？请说明依据。

4.8　影响人体作用力的因素有哪些？

4.9　影响人的反应因素主要有哪些？

4.10　表面肌电信号特征有哪些？

4.11　请简述表面肌电的检测方法和注意事项。

4.12　表面肌电的检测方法是什么？如何检测？

4.13　表面肌电检测获取的数据如何分析？分析方法是什么？

4.14　职业性肌肉骨骼疾病的定义是什么？其主要影响因素是什么？

4.15　职业性肌肉骨骼疾病的预防措施有哪些？

# 5

**第 5 章**

# 人体作业特征

【本章学习目标】

1. 掌握人体能量代谢相关计算；掌握我国体力劳动强度的分级标准；掌握作业疲劳的机理、影响因素、疲劳的改善与消除。

2. 理解作业过程中人体的生理变化及劳动负荷的评价。

3. 了解疲劳的概念、分类、作业疲劳的特点。

## 5.1 人体作业时的能量来源及能量消耗

人要维持活动，就要不断地消耗能量。在物质代谢过程的同时发生着能量释放、转移、储存和利用的过程，这一系列过程称为能量代谢。

### 5.1.1 人体能量的来源

糖是人体的主要能源，人体所需能量约有 70% 是由糖的分解代谢提供的。脂肪则起着储存和供应能量的作用。蛋白质是人体组织的主要成分，它作为能源，利用的量很少。糖和脂肪在体内经生物氧化后生成二氧化碳和水，同时产生能量。

人的劳动是体力劳动和脑力劳动相结合进行的，不同类型的劳动可有所偏重。作业时，全身各器官系统都要消耗能量，由于骨骼肌约占体重的 40%，故体力劳动的能量消耗较大。体力劳动时，能量的来源途径有 3 种。

#### 1. ATP-CP 系列

肌肉所需的能量是由肌细胞里的三磷酸腺苷（ATP）迅速分解而直接提供的，但是肌肉中 ATP 的储存量很少，需要由磷酸肌酸（CP）分解及时补充，称为 ATP-CP 系列，能量转换机理表示如下：

$$ATP + H_2O \longrightarrow ADP + Pi + 29.4 kJ/mol$$

$$CP + ADP \longrightarrow Cr（肌酸）+ ATP$$

**2. 需氧系列**

随着劳动强度增大，肌肉中 CP 数量有限，只能供肌肉活动几秒至 1min。因此，需通过糖类和脂肪的氧化分解来提供 ATP，即需要氧的参与才能进行，叫作需氧系列。一般不动用蛋白质来合成 ATP。

**3. 乳酸系列**

大强度劳动时，ATP 的分解非常迅速，需氧系列受到呼吸、循环系统的限制而出现供氧不足的现象，不能满足肌肉活动需要的能量。这时，要依靠无氧糖酵解产生 ATP 和乳酸来提供能量。虽然 1 分子葡萄糖在乳酸系列中只产生 2 分子 ATP，但其速度比需氧系列快32 倍，所以可迅速提供较多的 ATP，但是乳酸系列由于产生的乳酸有致疲劳作用，因此活动不能持久。

在大强度肌肉活动时，需氧系列受到供氧能力的限制形成 ATP 的速度不能满足肌肉活动的需要，由无氧糖酵解产生乳酸的方式供能。肌肉活动的能量来源及其特点比较见表 5.1。

表 5.1　肌肉活动的能量来源及其特点比较

| 比较项目 | 能量来源 | | |
| --- | --- | --- | --- |
| | ATP-CP 系列 | 需氧系列 | 乳酸系列 |
| 代谢需氧状况 | 无氧代谢 | 有氧代谢 | 无氧代谢 |
| 供能速度 | 非常迅速 | 较慢 | 迅速 |
| 能源物质 | CP，储量有限 | 糖原、脂肪及蛋白质，不产生致疲劳性副产物 | 糖原，产生的乳酸有致疲劳作用 |
| 产生 ATP | 很少 | 几乎不受限制 | 有限 |
| 体力劳动类型 | 劳动之初和极短时间内的极强体力劳动的供能 | 持续时间长，强度小的各种劳动供能 | 短时间内强度大的体力劳动的供能 |

## 5.1.2　人体能量代谢

能量代谢按机体所处状态，可以分为三种，即基础代谢量、安静代谢量和能量代谢量。

**1. 基础代谢量**

基础代谢量是人在绝对安静下（平卧状态）维持生命所必须消耗的能量。人体能量代谢的速率随人所处的条件不同而不同。为了进行比较，生理学上规定了人所处的一定的条件称为基础条件，即人清醒而极安静（卧床）、空腹（进食后 10h 以上）、室温在 20℃ 左右。之所以这样规定，是因为肌肉活动、精神活动、进食以后、室温低于 20℃ 或高于 20℃ 等都可引起能量代谢的加速；而睡眠时，人的能量代谢减弱。

上述基础条件下的能量代谢称为基础代谢，用单位时间消耗的能量表示。它反映人体在基础条件下心搏、呼吸和维持正常体温等基本活动的需要，以及人体新陈代谢的水平。为了表示方便，将单位时间、单位面积的耗能记为代谢率，它的单位是 $kJ/(m^2 \cdot h)$。

基础代谢率与体重不直接相关，而与人体体表面积成比例关系，并随性别、年龄而异。

通常，男性的基础代谢率比女性高，儿童比成人高，壮年比老年高。我国正常人基础代谢率平均值见表 5.2。

表 5.2　我国正常人基础代谢率平均值　　　　　［单位：kJ/（m² · h）］

| 性别 | 年龄（周岁） | | | | | | |
|---|---|---|---|---|---|---|---|
| | 11~15 | 16~17 | 18~19 | 20~30 | 31~40 | 41~50 | >50 |
| 男性 | 195.5 | 193.4 | 166.2 | 157.8 | 158.7 | 154.7 | 149.1 |
| 女性 | 172.5 | 181.7 | 154.1 | 146.4 | 142.4 | 142.4 | 138.6 |

正常人的基础代谢率比较稳定，一般不超过平均值的 15%。

我国正常人体体表面积的计算公式如下：

$$S = 0.0061H + 0.0128W - 0.1529 \qquad (5.1)$$

式中　$S$——人体体表面积（m²）；

　　　$H$——人体身高（cm）；

　　　$W$——人体体重（kg）。

基础代谢量的计算公式如下：

$$基础代谢量 = BSt \qquad (5.2)$$

式中　$B$——基础代谢率平均值；

　　　$S$——人体体表面积；

　　　$t$——持续时间。

**2. 安静代谢量**

安静代谢量是指机体为了保持各部位的平衡及某种姿势所消耗的能量。测定安静代谢量时，一般是在工作前或工作后，被试者安静地坐在椅子上进行。由于各种活动都会引起代谢量的变化，所以测定时必须保持安静状态，可通过呼吸数或脉搏数来判断是否处于安静状态。安静代谢量包括基础代谢量和为维持体位平衡及某种姿势所增加的代谢量两部分。通常以基础代谢量的 20% 作为维持体位平衡及某种姿势所增加的代谢量，因此安静代谢量应为基础代谢量的 120%。安静代谢率记为 $R$，$R = 1.2B$。安静代谢量的计算公式如下：

$$安静代谢量 = RSt = 1.2BSt \qquad (5.3)$$

式中　$R$——安静代谢率［kJ/（m² · h）］；

　　　$S$、$t$ 含义同上。

**3. 能量代谢量**

人体进行作业或运动时所消耗的总能量称为能量代谢量。能量代谢量包括基础代谢量、维持体位增加的代谢量和作业时增加的代谢量三个部分，也可以表示为安静代谢量与作业时增加的代谢量之和。能量代谢率记为 $M$。对于确定的个体，能量代谢量的大小与劳动强度直接相关。能量代谢量是计算作业者一天的能量消耗和需要补给热量的依据，也是评价作业负荷的重要指标。能量代谢量的计算公式如下：

$$能量代谢量 = MSt \qquad (5.4)$$

式中　　$M$——能量代谢率 $[kJ/(m^2 \cdot h)]$；

　　$S$、$t$ 含义同上。

**4. 相对代谢率（RMR）**

计算作业时的能耗量可以推测作业者的能量消耗状况，从而了解运动强度和肌肉工作的机械效率，为研究劳动管理，如工资分发、分配劳动额、安排工作制度等提供科学依据，对保障人们安全、健康地工作有重要意义。能量消耗随着活动强度的剧烈程度增加而增加，可用能耗量作为参数来划分活动强度。

由于人的体质、年龄和体力等因素的差别，从事同等强度的体力劳动所消耗的能量则因人而异，这样就无法用能量代谢量进行比较。为了消除作业者之间的差异因素，常用相对代谢率这一相对指标衡量劳动强度，相对代谢率记为 RMR，RMR 可由以下两个公式求出：

$$\text{RMR} = \frac{\text{能量代谢量} - \text{安静代谢量}}{\text{基础代谢量}} \tag{5.5}$$

或

$$\text{RMR} = \frac{\text{能量代谢量率} - \text{安静代谢率}}{\text{基础代谢率}} = \frac{M-R}{B} \tag{5.6}$$

由式（5.5）可推出：

$$\begin{aligned} \text{能量代谢量} &= \text{RMR} \times \text{基础代谢量} + 1.2 \times \text{基础代谢量} \\ &= (\text{RMR} + 1.2) \times \text{基础代谢量} \end{aligned} \tag{5.7}$$

由式（5.6）可推出：

$$M = B \times \text{RMR} + 1.2B = (\text{RMR} + 1.2)\,B \tag{5.8}$$

在同样条件、同样劳动强度下，不同的人劳动代谢量不同，但能量代谢率基本一致。表5.3 所列为不同活动类型的 RMR 实测值。

表 5.3　不同活动类型的 RMR 实测值

| 活动类型 | RMR | 活动类型 | RMR |
|---|---|---|---|
| 小型钻床作业 | 1.5 | 睡眠 | 基础代谢率×90% |
| 齿轮切削机床作业 | 2.2 | 慢走（45m/min）、散步 | 1.5 |
| 空气锤作业 | 2.5 | 洗脸、穿衣、脱衣 | 0.5 |
| 焊接作业 | 3.0 | 快走（95m/min） | 3.5 |
| 造船的铆接作业 | 3.6 | 跑走（150m/min） | 8.0~8.5 |
| 汽车轮胎的安装作业 | 4.5 | 上楼（45m/min） | 6.5 |
| 铸造型芯、清理作业 | 5.2 | 下楼（50m/min） | 2.6 |
| 煤矿的铁镐作业 | 6.4 | 骑自行车 | 2.9 |
| 拉钢锭作业 | 8.4 | 做广播体操 | 3.0 |
| 学习［念、写、看、听（坐着）］ | 0.2 | 擦地 | 3.5 |
| 做饭 | 1.6 | 扫地 | 2.2 |

## 5.2 人体作业时的生理变化与测定

作业过程中，人体消耗体内储存的能量进行体外做功。作业时，人体会产生一系列的生理变化，进而导致心率、耗氧量、肌电图、脑电图、血液成分等生理指标发生变化。劳动负荷不同，生理上的变化也不同。通过测定人的最大耗氧量、最大心率等生理学参数，可以科学地推断人从事某种活动所承受的生理负荷，并据此合理安排劳动定额和节奏，有效地预防或减轻作业疲劳，从而提高作业的安全性和工作效率。

### 5.2.1 最大耗氧量及氧债能力

#### 1. 耗氧量和摄氧量

人体为了维持生理活动，必须通过氧化能源物质获得能量。体内单位时间内所需要的氧气量称为需氧量。成年人安静时的需氧量为 $0.2 \sim 0.3L/min$。劳动时，随着劳动强度的增加，需氧量也增多，供氧量能否满足人体活动需要的氧气量，取决于人体的循环和呼吸机能。单位时间内，人体通过循环、呼吸系统所能摄入的氧气量称为摄氧量。人体在单位时间内所消耗的氧气量称为耗氧量。由于氧不能在人体内大量储存，吸入的氧一般随即被人体消耗，因此，在一般情况下，摄氧量与耗氧量大致相等。随着劳动时间的延长和强度的增大，机体对氧的需求增加。因此，可通过对呼出气体中氧和二氧化碳的含量的分析确定能量代谢率，进而推算疲劳程度。人体在从事高度繁重体力劳动时，循环、呼吸（氧运输）系统的功能经 $1 \sim 2min$ 后达到人体极限摄氧能力，这时人体单位时间内的摄氧量称为最大摄氧量。此时，人体单位时间内的最大耗氧量可作为允许最大体力消耗的标志，其影响因素主要有年龄、性别、海拔、体能训练、劳动强度、持续时间等。

最大耗氧量可用绝对值表示，单位是 $L/min$；也可用相对值（单位体重的值）表示，单位是 $mL/(kg \cdot min)$。

如已知年龄，则最大摄氧量可按式（5.9）近似计算：

$$V_{O_2max} = 5.6592 - 0.0398A \tag{5.9}$$

式中 $V_{O_2max}$——最大摄氧量（相对值）$[mL/(kg \cdot min)]$；

$A$——年龄（周岁）。

根据最大耗氧量的绝对值，还可由式（5.10）计算出人在从事最大允许负荷劳动时的能量消耗率：

$$E_{max} = 354.3V'_{O_2max} \tag{5.10}$$

式中 $E_{max}$——最大能量消耗率（W）；

$V'_{O_2max}$——最大耗氧量绝对值（L/min）。

#### 2. 劳动负荷与氧债

血液在 $1min$ 内能供应的最大氧气量叫作氧上限。在作业开始 $2 \sim 3min$，由于人体的呼吸、循环系统功能的惰性，供氧量还不能满足需氧量的要求，肌肉在供氧不足的条件下工作，此时需氧量与实际供氧量之间出现差值，这一差值称为氧债。工作 2~3min 后，呼吸和循环系统的活动逐渐加强，氧的供应慢慢得到满足，但是随着劳动强度的增大，由于人体呼吸、循环系统机能的限制，使得机体供氧量不能满足需氧量的要求，甚至需氧量超过最大摄氧量，肌肉活动在无氧条件下进行，并产生大量乳酸，同时产生氧债。工作停止后，在一段时间内，机体要消耗较安静时更多的氧以偿清氧债，这个时期即恢复期，又称为补偿氧债阶段。氧债可以作为评定作业人员无氧耐力的一个重要指标。

根据摄氧量和需氧量的关系，可将人体负荷量分为常量负荷、高量负荷和超量负荷 3 种情况。劳动负荷的大小不同，出现氧债的大小也不一致，作业结束后恢复期的长短也不一样。

（1）常量负荷

常量负荷是指劳动时摄氧量与需氧量保持平衡的负荷，即需氧量小于最大摄氧量的各种非繁重劳动负荷。常量负荷状态下，只有作业开始 2~3min，由于呼吸系统和循环系统的活动暂时不能适应氧需，略欠氧债，其后即转入稳定状态。这是人体可以持久作业的最理想的状态。稳定状态结束后，归还所欠氧债（图 5.1a）。

（2）高量负荷

高量负荷是指需氧量已接近或等于最大摄氧量的强度较大的劳动负荷。此时，氧债也是在需氧量上升期间出现，到达最大摄氧量后，便维持稳定状态（图 5.1b）。

（3）超量负荷

超量负荷是指若劳动强度过大，需氧量超过最大摄氧量，人体一直在缺氧状态下活动形成较大氧亏，处于"假稳定状态"下的负荷（图 5.1c）。由于肌体担负的氧债能力有限，活动不能持久。而且劳动结束后，人体还要继续维持较高的需氧量以补偿欠下的氧债。劳动后恢复期的长短主要取决于氧债的多少及人体呼吸、循环系统机能的状态。

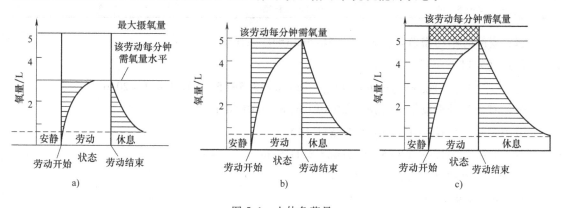

图 5.1　人体负荷量

a）常量负荷　b）高量负荷　c）超量负荷

**3. 总需氧量及氧债能力**

（1）总需氧量

劳动及劳动结束后恢复期所需氧量之和称为总需氧量。总需氧量可按下式计算：

$$V_{O_2Z} = V_{O_2l} + V_{O_2h} - V_{O_2j}(t_1 + t_h) \tag{5.11}$$

式中 $V_{O_2z}$——劳动时的总需氧量（mL）；

　　　$V_{O_2l}$——作业期摄氧量（mL）；

　　　$V_{O_2h}$——恢复期摄氧量（mL）；

　　　$V_{O_2j}$——安静时平均需氧量（mL/min），可取 $200\sim300$mL/min，一般为 $250$mL/min；

　　　$t_1$——作业时间（min）；

　　　$t_h$——恢复时间（min）。

（2）氧债能力

超量负荷或较大劳动强度作业会导致机体稳定状态的破坏，或造成作业者劳动能力的衰竭。据研究，体内要透支 1L 氧，以产生 7g 乳酸作为代价，直到氧债能力衰竭为止。氧债能力，一般人约为 10L，训练有素的运动员可达 $15\sim20$L。氧债能力衰竭，血液中的乳酸量会急剧上升，pH 迅速下降，这对肌肉、心脏、肾脏以及神经中枢都很不利。

作业中应合理安排劳动负荷和劳动强度，若从事劳动强度或劳动负荷较大的工作，应科学安排工作时间和休息时间，避免机体长时间在无氧状态下活动。下面的例题对劳动时总氧需和总氧债的计算可以帮助我们更好地理解摄氧量和需氧量之间的关系。

**【例 5.1】** 已知自行车测功计对某人骑自行车活动的测试实验结果见表 5.4，求劳动时总氧需、氧债和总氧债。

**表 5.4　测试实验结果**

| 时间 | 活动情况 | 总摄氧量/L |
|---|---|---|
| 8：10—8：15 | 坐在车上休息 | 1.5 |
| 8：15—8：20 | 用力 1383kgf/min 蹬踏 | 17.0 |
| 8：20—8：50 | 坐在车上恢复 | 13.5 |

**解**：安静时平均需氧量：$V_{O_2j}=1.5\text{L}/5\text{min}=0.3\text{L/min}$

由式（5.11）可得：

$$V_{O_2z}=V_{O_2l}+V_{O_2h}-(t_1+t_h)V_{O_2j}=[17.0+13.5-(5+30)\times0.3]\text{L}=20.0\text{L}$$

劳动时每分钟需氧量 $=V_{O_2z}/t_1=20.0\text{L}/5\text{min}=4.0\text{L/min}$

劳动时总摄氧量 $=(17.0-1.5/5\times5)\text{L}=15.5\text{L}$

劳动时每分钟摄氧量 $=15.5\text{L}/5\text{min}=3.1\text{L/min}$

氧债 $=(4.0-3.1)\text{L/min}=0.9\text{L/min}$

总氧债 $=0.9\text{L/min}\times5\text{min}=4.5\text{L}$

### 5.2.2　最大心率

单位时间内心室跳动的次数称为心率（HR）。在安静时，正常人的心率约为 75 次/min，但作业时随着劳动负荷的增大心率增大。青年人中，当以 50% 的最大摄氧量工作时，男性的心率一般比女性低，分别约为 130 次/min 和 140 次/min。人达到最大负荷时心脏每分钟的跳动次数称为最大心率（$HR_{max}$）。最大心率几乎无性别差异，但会随着年龄（$A$）的增加而下降，并可用下式近似计算：

$$HR_{max} = 209.2 - 0.74A \qquad (5.12)$$

式中 $HR_{max}$——最大心率（次/min）；

$\qquad A$——年龄（周岁）。

劳动负荷的适宜水平可理解为在该负荷下能够连续劳动 8h 不至于疲劳，长期劳动时也不损害健康的卫生限值。一般认为劳动负荷的适宜水平约为最大摄氧量的 1/3，适宜心率可按下式计算。

表 5.5 所列为男性和女性的适宜负荷水平。

$$适宜心率 = （最大心率-安静心率）\times 40\% + 安静心率 \qquad (5.13)$$

**表 5.5 男性和女性的适宜负荷水平**

| 性别 | | 男性 | 女性 |
|---|---|---|---|
| 最大摄氧量（未经锻炼） | | 3.3L/min | 2.3L/min |
| 适宜负荷水平 | 耗氧量 | 1.1L/min | 0.8L/min |
| | 能量代谢 | 17kJ/min | 12kJ/min |
| | 心率 | 不超过基础心率+40 次/min | |

### 5.2.3 脑电图

有关脑电的相关内容在 3.1.3 节中已介绍过，此处不再赘述。日本学者桥本从大脑生理学角度把大脑意识状态划分为五个阶段，并建立了大脑意识状态与人为错误的潜在危险性之间的联系，见表 5.6。

**表 5.6 大脑意识状态与人为错误的潜在危险性**

| 大脑意识阶段 | 主要脑波成分 | 频率/Hz | 意识状态 | 注意力 | 生理状态 | 事故潜在性 |
|---|---|---|---|---|---|---|
| 0 | δ | 0.5~3 | 无意识，无反应能力（失去知觉、睡眠） | 0 | 睡眠、脑发作 | — |
| I | θ | 4~7 | 过度疲劳、单调作业、饮酒等引起知觉能力的下降，发呆、发愣、不能注意 | 不注意 | 疲劳、饮酒 | +++ |
| II | α | 8~13 | 休息、习惯上的作业，不需考虑，无预测能力和创造力 | 心事 | 休息、习惯性作业 | +~++ |
| III | β | 14~25 | 积极活动状态，大脑清醒，注意力集中，富有主动性 | 集中 | 积极活动状态 | 最小 |
| IV | β 及以上频率 | 25 以上 | 过度紧张和兴奋，注意力集中于一点，一旦有紧张情况大脑将马上进入活动停止状态，称为旧皮层优势状态 | 集中于一点 | 过度兴奋 | 最大 |

注："+"越多表示事故潜在性越大。

正常人安静闭眼时出现 α 波（8~13Hz）；睁眼并且注意力集中时，α 波减少，β 波（14~25Hz）增多。α 波和 α 波以上频率的波统称为快波。人在打盹或睡眠中出现 θ 波（4~7Hz）和 δ 波（0.5~3.5Hz）。θ 波和比 θ 波频率低的波统称为慢波。

在作业领域，测定脑电波的频率与事故的预防和发生有密切的关系。

# 5.3 | 劳动强度与分级

劳动强度是指作业者在生产过程中体力消耗及紧张程度。劳动强度不同，单位时间内人体所消耗的能量也不同。劳动强度可以作为劳动负荷大小的判定标准之一。劳动强度的大小可以用耗氧量、能量消耗量、能量代谢率及劳动强度指数等加以衡量。

目前，国内外对劳动强度分级的能量消耗指标主要有两种：一种是相对指标，即相对代谢率 RMR；另一种是绝对指标，如 8h 的能量消耗量、劳动强度指数等。国外一般都采用能量消耗量、耗氧量或心率值为指标，其中，能量消耗量指标应用最普遍，日本则以能量代谢率分级体力劳动强度，我国采用劳动强度指数作为分级的标准。

## 5.3.1 国际劳工局分级标准

国际劳工局的分级标准是按耗氧量将劳动强度划分为 3 级：中等强度作业、大强度作业和极大强度作业。

中等强度作业时，需氧量不超过氧上限，在稳定状态下进行作业，大多数作业属于此类。中等强度又分为 6 级：很轻、轻、中等、重、很重和极重（表 5.7）。

表 5.7 中等强度作业分级

| 劳动强度等级 | 很轻 | 轻 | 中等 | 重 | 很重 | 极重 |
|---|---|---|---|---|---|---|
| 氧上限的百分数（%） | <25 | 25≤ · <37.5 | 37.5≤ · <50 | 50≤ · <75 | 75≤ · <100 | ≥100 |
| 耗氧量/（L/min） | <0.5 | 0.5≤ · <1.0 | 1.0≤ · <1.5 | 1.5≤ · <2.0 | 2.0≤ · <2.5 | ≥2.5 |
| 能耗量/（kJ/min） | <10.5 | 10.5≤ · <21.0 | 21.0≤ · <31.5 | 31.5≤ · <42.0 | 42.0≤ · <52.5 | ≥52.5 |
| 心率/（次/min） | <75 | 75≤ · <100 | 100≤ · <125 | 125≤ · <150 | 150≤ · <175 | ≥175 |
| 直肠温度/℃ | — | <37.5 | 37.5≤ · <38 | 38≤ · <38.5 | 38.5≤ · <39.0 | ≥39.0 |
| 排汗率[①]/（mL/h） | — | — | 200≤ · <400 | 400≤ · <600 | 600≤ · <800 | ≥800 |

① 排汗率是工作日内每小时的平均数。

大强度作业是指需氧量超过氧上限，即在氧债大量积累的情况下作业，如爬坡负重、手工挥镐或煅打。这种作业仅能持续进行数分钟至十余分钟，不会更长。

极大强度作业是指完全在无氧条件下进行的作业，氧债几乎等于需氧量。只有在短跑、游泳比赛时才出现这类情况，持续时间很短，一般不超过 2min。

### 5.3.2　日本劳动研究所分级标准

依作业时的相对代谢率（RMR）指标评价劳动强度标准的典型代表是日本能率协会的划分标准，它将劳动强度划分为 5 个等级（表 5.8）。

表5.8　日本对劳动强度的分级

| 劳动强度分级 | RMR | 耗能量/kJ | | | 作业特点 | 工种 |
|---|---|---|---|---|---|---|
| | | 性别 | 8h | 全天 | | |
| A 级<br>极轻劳动 | $0 < \cdot < 1.0$ | 男 | 2300～3850 | 7750～9200 | 手指作业，脑力劳动，坐位姿势多变，立位重心不动 | 电话员、电报员、制图员、仪表修理员 |
| | | 女 | 1925～3015 | 6900～8040 | | |
| B 级<br>轻劳动 | $1.0 \leq \cdot < 2.0$ | 男 | 3850～5230 | 9290～10670 | 长时间连续上肢作业 | 司机、车工打字员 |
| | | 女 | 3015～4270 | 8040～9300 | | |
| C 级<br>中等劳动 | $2.0 \leq \cdot < 4.0$ | 男 | 5230～7330 | 10670～12770 | 立位工作，身体水平移动，步行速度，上肢用力作业，可持续作业 | 油漆工、邮递员、木工、石工 |
| | | 女 | 4270～5940 | 9300～10970 | | |
| D 级<br>重劳动 | $4.0 \leq \cdot < 7.0$ | 男 | 7300～9090 | 12770～14650 | 全身作业，全身用力 10～20min 需休息 1 次 | 炼钢工人、炼铁工人、土建工人 |
| | | 女 | 5940～7450 | 10970～29800 | | |
| E 级<br>极重劳动 | $\geq 7.0$<br>$(7.0 \leq \cdot \leq 11)$ | 男 | 9090～10840 | 14650～16330 | 全身快速用力作业呼吸急促、困难，2～5min 即需休息 | 伐木工（手工）、大锤工 |
| | | 女 | 7450～8920 | 12480～13940 | | |

### 5.3.3　我国分级标准

我国于 2007 年实施的《工作场所物理因素测量　第 10 部分：体力劳动强度分级》（GBZ/T 189.10—2007）中规定了工作场所体力作业时劳动强度的分级测量方法，是劳动安全卫生和管理的依据。该项规定以计算劳动强度指数的方式进行劳动强度分级，该分级标准适用于以体力劳动形式为主的作业，不适用于脑力劳动或精神紧张性劳动或以静力作业为主要劳动形式的作业。因为这些作业产生疲劳的程度与能量消耗值的大小关系并不密切，此类作业劳动强度如何分级，还有待今后研究解决。体力劳动强度级别及体力劳动强度指数见表 5.9。根据计算的体力劳动强度指数分布的区间可查相应的劳动强度对应的级别，劳动强度指数越大，反映体力劳动强度越大。

表5.9　我国体力劳动强度分级表

| 体力劳动强度级别 | 体力劳动强度指数 | 体力劳动强度级别 | 体力劳动强度指数 |
|---|---|---|---|
| Ⅰ | ≤15 | Ⅲ | >20～25 |
| Ⅱ | >15～20 | Ⅳ | >25 |

**1. 体力劳动强度指数 $I$ 的计算方法**

体力劳动强度指数计算公式如下：

$$I = 10R_t MSW \tag{5.14}$$

式中　$I$——体力劳动强度指数;

　　　$R_t$——劳动时间率（%）;

　　　$M$——8h 工作日平均能量代谢率 $[kJ/(min \cdot m^2)]$;

　　　$S$——性别系数:男性取值 1,女性取值 1.3;

　　　$W$——体力劳动方式系数:搬取值 1,扛取值 0.40,推拉取值 0.05;

　　　10——计算常数。

**2. 平均能量代谢率的计算方法**

平均能量代谢率是指某工种劳动日内各类活动和休息的能量消耗的平均值。根据工时记录,将各种劳动与休息加以归类（近似的活动归为一类）,按图 5.2 所示的内容及计算公式求出各单项劳动与休息时的能量代谢率,分别乘以相应的累计时间,得出一个工作日各种劳动休息时的能量消耗值,再把各项能量消耗值总计,除以工作日总时间,即得出工作日平均能量代谢率。

| | |
|---|---|
| 工种:＿＿＿＿＿＿＿＿＿＿　动作项目:＿＿＿＿＿＿＿＿＿＿ | |
| 　姓名:＿＿＿＿＿　年龄:＿＿＿＿　岁　工龄:＿＿＿＿＿年 | |
| 　身高:＿＿＿＿＿cm　体重:＿＿＿＿＿kg　体表面积:＿＿＿＿＿m² | |
| 采气时间:＿＿＿＿＿min＿＿＿＿＿s | |
| 采气量<br>　　气量计的初读数＿＿＿＿＿<br>　　气量计的终读数＿＿＿＿＿<br>　　采气量＿＿＿＿＿L | |
| 通气时,气温＿＿＿＿＿℃;＿＿气压＿＿＿＿＿Pa | |
| 标准状态下干燥气体换算系数(查标准状态下干燥气体体积换算表):＿＿＿＿＿L | |
| 标准状态气体体积(采气量乘以标准状态下干燥气体换算系数):＿＿＿＿＿L | |
| 每分钟气体体积: $\dfrac{\text{标准状态气体体积}}{\text{采气时间}}$ ＝＿＿＿＿＿L/min | |
| 换算单位体表面积气体体积: $\dfrac{\text{每分钟气体体积}}{\text{体表面积}}$ ＝＿＿＿＿＿L/min·m² | |
| 能量代谢率:＿＿＿＿＿kJ/min·m² | |
| 调查人签名:＿＿＿＿＿＿＿＿＿＿年＿＿月＿＿日 | |

图 5.2　能量代谢率的测定

（1）单项劳动能量代谢率计算

当每分钟肺通气量为 3.0~7.3L 时,采用下式计算:

$$\lg M = 0.0945x - 0.53749 \tag{5.15}$$

式中　$M$——能量代谢率 $[kJ/(min \cdot m^2)]$;

　　　$x$——单位体表面积气体体积 $[L/(min \cdot m^2)]$。

当每分钟肺通气量为 8.0~30.9L 时,采用下式计算:

$$\lg(13.26-M) = 1.1648-0.0125x \tag{5.16}$$

当每分钟肺通气量为 7.3~8.0L 时，劳动能量代谢率可以采用式（5.15）和式（5.16）计算结果的平均值。

肺通气量使用肺通气量计测量，按照下式换算肺通气量值：

$$Q = NA+B \tag{5.17}$$

式中　$Q$——肺通气量（L）；

　　　$N$——仪器显示器显示数值；

　$A$、$B$——仪器常数。

（2）平均能量代谢率计算

基于单项能量代谢率计算结果，平均能量代谢率的计算公式如下：

$$M = \frac{\sum t_i M_i + \sum t_j M_j}{T} \tag{5.18}$$

式中　$M$——工作日平均能量代谢率［kJ/（min·m²）］；

　　　$M_i$——单项劳动能量代谢率［kJ/（min·m²）］；

　　　$t_i$——单项劳动占用的时间（min）；

　　　$t_j$——工作日内的休息时间（min）；

　　　$M_j$——休息时的能量代谢率［kJ/（min·m²）］；

　　　$T$——工作日总时间（作业时间与休息时间之和为工作日总时间）（min）。

**3. 劳动时间率的计算方法**

劳动时间率是指工作日内纯劳动时间与工作日总时间的比值，以百分率表示。每天选择 2~3 名接受测定的工人，按表 5.10 的格式记录自上工开始至下工为止整个工作日从事各种劳动与休息（包括工作中间暂停）的时间。每个测定对象应连续记录 3 天（如遇生产不正常或发生事故时不做正式记录，应另选正常生产日，重新测定记录），取平均值，求出劳动时间率，计算公式如下：

$$R_t = \frac{\sum t_i}{T} \times 100\% \tag{5.19}$$

式中　$R_t$——劳动时间率（%）；

　　　$\sum t_i$——工作日内净劳动时间（min）；

　　　$T$——工作日总时间（min）。

表 5.10　工时记录表

| 动作名称 | 开始时间（时、分） | 耗费工时/min | 主要内容（如物体重量、动作频率、行走距离、劳动体位等） |
|---|---|---|---|
|  |  |  |  |

调查人签名：

年　　　月　　　日

**【劳动强度与疲劳测定实验】**

　　FT—1型肺通气量仪可供测定成年人的肺通气气量用，也可作为数字流量计使用（图5.3）。

　　本实验是根据体力劳动时人体的调节与适应规律，在人体劳动氧消耗量的基础上间接推算出能量代谢率，确定劳动强度等级，其特点是测定方法简单、经济。实验时，可自主选择实验作业内容，如持灭火器匀速跑200m、爬楼梯等，对被试者的肺通气量进行测定。依据测定结果及本节所讲内容，计算劳动强度指数I的值，从而进行劳动强度分级。

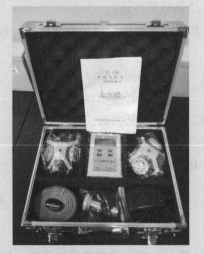

图5.3　FT—1型肺通气量仪

# 5.4 作业疲劳和消除

　　疲劳是指在劳动生产过程中，作业能力出现明显下降，或由于厌倦而不愿意继续工作的一种状态。作业疲劳作为一种生理现象，一般经过适当休息和睡眠可以恢复，若长期得不到完全恢复，可造成疲劳的累积，即导致肌体过劳。过劳通常在睡眠醒来时仍有疲倦的感觉，在工作开始前已感到疲劳。疲劳是体力和脑力效能暂时的减弱，它主要取决于工作负荷的强度和作业持续时间，心理因素对疲劳感的出现也起作用。若对工作厌倦、缺乏认识和兴趣而不安心工作，则极易出现疲劳感；相反，若对工作具有高度兴趣和责任感，则疲劳感常出现在生理疲劳发生很长时间以后。

## 5.4.1 作业疲劳的分类

　　疲劳的分类方法很多，通常可以按照疲劳的表现形式、引起疲劳的原因和疲劳的程度等分类方法对疲劳进行分类。

**1. 按照疲劳的表现形式分类**

（1）局部疲劳

　　局部疲劳表现为个别器官疲劳，如计算机操作人员的肩肘痛、视觉疲劳；打字、刻字、刻蜡纸工人的手指和手腕疲劳等。

（2）全身性疲劳

　　全身性疲劳通常发生在全身动作的作业或进行较繁重劳动的作业，一般长时间的中等劳动或轻劳动引起的疲劳并不只是乳酸蓄积所致，这既与局部肌肉疲劳有关，也与糖原储备耗竭有关。全身性疲劳是由局部疲劳逐步发展形成的，表现为关节酸痛、困乏思睡、作业能力下降、错误增多、操作迟钝等。

（3）智力疲劳

智力疲劳是指长时间从事紧张脑力劳动引起的头昏脑涨、全身乏力、肌肉松弛、嗜睡或失眠等，常与心理因素相联系。

（4）技术性疲劳

技术性疲劳是一种随着生产发展而产生的脑力、体力和神经紧张所引起的疲劳。如驾驶汽车、计算机操作员、半自动化生产线工作等，表现为头昏脑涨、嗜睡、失眠或腰腿疼痛等症状。

**2. 按照引起疲劳的原因分类**

（1）心理性疲劳

心理性疲劳多是由于单调的作业内容引起的，也可能是由情绪问题和感情冲突所致。脑力劳动者、心理素质较差者和长期在噪声环境中工作、学习、生活的人容易产生心理性疲劳，有抑郁和忧虑等不良情绪的人更容易产生心理疲劳。心理疲劳与群体的心理气氛、工作环境、态度和动机，还与共同工作的同事的人际关系、自身的家庭关系、工作的工资制度等社会心理因素有密切关系。例如，监视仪表的工人表面上看起来工作悠闲自在，实际上并不轻松。

（2）生理性疲劳

生理性疲劳是人们在日常活动中由于人体生理功能失调而产生的一种不适的主观感觉。其产生原因是肌肉过度活动，新陈代谢的废物（$CO_2$ 和乳酸）在血液中积累，并使人体力衰竭。由于新陈代谢的废物在肌肉中的沉淀，肌肉不能继续有效地工作。在这种状态下，只要经过一定时间的休息，使身体有机会排泄掉积聚的废物，让肌肉重新得到所需要的物质，疲劳就可以完全消除。

**3. 按照疲劳的程度分类**

1）一般疲劳：在机体的任何体力和心理劳累之后产生。

2）重度疲劳：连续和过长的工作或劳动中形成。

3）过度疲劳：是指由于工作时间过长、劳动强度过大、心理压力过重导致精疲力竭的亚健康状态。它最大的隐患是引起身体潜藏的疾病急速恶化，例如，导致高血压等基础疾病恶化引发脑血管病或者心血管病等急性循环器官障碍，甚至出现致命的症状。这种长期慢性疲劳后诱发的猝死也就是"过劳死"。

### 5.4.2　作业疲劳的特点

作业疲劳的特点可以归纳为以下几个方面：

1）局部疲劳引起全身疲劳。疲劳可能是将身体的一部分过度使用后而发生的，但并不是只发生在身体的这一部分。通常，不仅在局部有疲劳、倦怠的感觉，还会带来全身筋疲力尽的感觉。

2）疲劳使人的作业能力降低、作业意志减弱。当人有疲劳感的时候，人的作业能力降低，作业意志也随之减弱，迫使人不得不停下来休息，减少疲劳的产生和积累，从而起到防护身体安全的作用。

3）疲劳可以恢复。人体疲劳后，具有恢复体力的能力，而且基本不会留下损伤痕迹，但是恢复时间因疲劳的类型和程度以及人的体质而不同。

4）作业内容和环境变化太小也能引起疲劳。某些作业疲劳是由作业内容和环境变化太小引起的，当作业内容和环境改变时，疲劳可能会立即减弱或消失。

5）从有疲倦感到精疲力竭，感觉和疲劳有时并不一定同步发生。当人们对作业不感兴趣、缺乏动力时，就会有疲劳感觉，但是机体并未达到疲劳状态；当人们过于关注自己的工作、责任心很强、积极性很高时，会发生机体已过度疲劳，但主观并未感觉疲劳的现象。

6）作业疲劳可以缓解，但是不能避免。这与人体的机体功能有关，不论人体处于何种状态，只要从事生产作业，机体或组织器官就必然会疲劳，只是疲劳症状出现的时间与出现的程度不同而已。

### 5.4.3 作业疲劳的产生机理

疲劳的类型不同，产生的机理也不同。对于疲劳现象的解释在学术界未能达成共识，目前关于作业疲劳形成机理的研究主要有以下几种观点：

**1. 疲劳物质累积机理**

作业者短时间内从事大强度体力劳动，消耗较多能量，能量代谢需要的氧供应不足，产生无氧代谢，乳酸在肌肉和血液中储积，使人感到不适，产生疲劳感。

**2. 力源耗竭机理**

较长时间从事轻或中等强度劳动引起的疲劳，既有局部疲劳，又有全身疲劳。随着劳动过程的进行，能量不断消耗，人体内的 ATP、CP 和肌糖原含量下降。人体的能量供应是有限的，当可以转化为能量的肌糖原储备耗竭且来不及加以补充时，人体就产生了疲劳。

**3. 中枢神经变化机理**

苏联学者认为，全身（中枢）疲劳是强烈或单调的劳动刺激引起大脑皮层细胞储存的能源迅速消耗，这种消耗引起恢复过程的加强。当消耗占优势时，会出现保护性抑制，以避免神经进一步损耗并加速其恢复过程。

**4. 生化变化机理**

美国和英国学者认为，全身性体力疲劳是由于作业及环境引起的体内平衡状态紊乱。人体在长时间活动过程中必会出汗，出汗导致体液丢失。一旦体液减少到一定程度，则循环的血量也将减少，从而引起活动能力下降。汗液排出时还伴随着盐分的丢失，这会影响人体血液的渗透压和神经肌肉的兴奋性，也可导致疲劳。

**5. 局部血流阻断机理**

静态作业（如持重、把握工具等）时，肌肉等长收缩来维持特定的体位，虽然能耗不多，但易发生局部疲劳。这是因为肌肉收缩的同时发生膨胀，变得十分坚硬，内压增大，将会全部或部分阻滞通过收缩肌肉的血流，于是形成了局部血流阻断。人体经过休整、恢复后，血液循环正常，疲劳可消除。

事实上，疲劳产生的机理，可能是以上几种理论的综合影响所致。人的中枢神经系统具有注意、思考、判断等功能。不论脑力劳动还是体力劳动，最先、最敏感地反映出来的是中枢神经的疲劳，继而反射运动神经系统出现疲劳，表现为血液循环的阻滞、肌肉能量的耗竭、乳酸的产生、动力定型的破坏等。

## 5.4.4　疲劳的测定方法

对于作业疲劳的研究虽然有着非常重要的意义，但目前的研究还不够，对于疲劳缺乏直接客观的测定指标和评价方法。所以，常以主观的疲劳感判断疲劳的有无和深浅，或间接测定其他生理或心理反应指标，以推论疲劳的程度。

**1. 疲劳问卷调查**

作业者在作业中会出现作业机能衰退、作业能力下降，并伴有疲倦感等主观症状。可以通过调查作业疲劳的主观症状来推论疲劳的程度，这是在作业疲劳研究中经常使用的方法。日本产业卫生学会疲劳研究委员会制定了一套疲劳自觉症状调查表，该表由 25 个症状项目构成。25 个症状项目又分为困倦感、不安定感、不快感、乏力感和模糊感 5 个项目群别，即每个项目群别各包含 5 个症状项目。每个症状项目的计分方式为 5 级计分制，即将各项目症状的轻重程度分为"无""轻""中""重""极重" 5 个等级，分别计为 1、2、3、4、5分。各项目群别得分是其所含症状项目计分之和，总分为 5 个项目群别得分之和，总分越高表示疲劳程度越高。疲劳自觉症状调查表见表 5.11。

**表 5.11　疲劳自觉症状调查表**

| Ⅰ群：困倦感 | Ⅱ群：不安定感 | Ⅲ群：不快感 | Ⅳ群：乏力感 | Ⅴ群：模糊感 |
| --- | --- | --- | --- | --- |
| 犯困 | 感到不安 | 头痛 | 手臂没力 | 眼睛有些睁不开 |
| 想躺下来 | 心情忧郁 | 头重 | 腰痛 | 眼睛很累 |
| 打哈欠 | 感觉静不下心来 | 感觉心情不好 | 手或手指痛 | 眼睛痛 |
| 没有干劲 | 脾气急躁 | 头脑发呆 | 腿酸乏力 | 眼睛干 |
| 全身无力 | 思路混乱 | 头昏 | 肩酸 | 视线模糊 |

**2. 作业疲劳的客观测量法**

作业疲劳的客观测量法一般是指通过测量作业人员在作业过程中和作业结束后，其体内生化、生理、心理指标的变化来判定作业疲劳程度的方法。下面介绍几种常用的通过作业疲劳的表现或身体发生的生理变化来间接测定作业疲劳的方法。

（1）测定闪光融合临界值

一束频率较低的闪光刺激会使人产生忽明忽暗的感觉，称为光的闪烁。随着光的频率不断增加，人对其的闪烁感觉就会逐渐消失，感觉闪光变成一束稳定的光，称为光的融合。感到光的融合时闪光的最低频率和感到光闪烁时闪光的最高频率的平均数叫作闪光融合临界频率（Critical Flicker Frequency，CFF）。具体做法是：不断增大亮点闪烁仪的光点闪烁频率，记录视觉刚刚出现闪光消失时的频率值，即融合阈值；光点闪烁频率从融合阈值以上降低，记录视觉刚刚开始感到光点闪烁的频率值，即闪光阈值。

CFF 值是与大脑皮层的活动水平密切相关的指标，通常用闪光融合频率计（也称亮点闪烁仪）测量，可用来衡量人员辨别闪光能力的水平。一般地，CFF 值越高，大脑意识水平也越高；相反，人体在疲劳状态下，视觉神经出现反应钝化，大脑的意识和知觉水平下降，CFF 值变低。因此，CFF 值也可作为视觉疲劳及精神疲劳的一项指标。这一方法对一直处于高度紧张状态的工作人员（如电话接线员、机场调度员）以及视力高度紧张或枯燥无味、重复单调的工作的作业疲劳测定最为适用，而对于以体力劳动为主或精神不太紧张可以自由走动的工作，工作前后该项指标的变化就较小。一般常用 CFF 的日间或周间变化率作为指标，也可分时间段测定，计算公式如下：

$$日间变化率 = \frac{休息日后第一天作业后的 CFF - 作业前的 CFF}{作业前的 CFF} \times 100\% \quad (5.20)$$

$$周间变化率 = \frac{周末作业后的 CFF - 休息日后第一天作业前的 CFF}{休息日后第一天作业前的 CFF} \times 100\% \quad (5.21)$$

利用 CFF 值还可以检验闪光的色调、强度、亮黑比以及背景光的强度发生变化对闪光融合临界频率的影响。不同状态的人，闪光融合频率的差异较大。

虽然视觉疲劳对闪光融合临界值的变化更为敏感，但全身性疲劳也会在视觉方面有所表现，所以闪光融合临界值的测定可以在一定程度上反映人的作业疲劳程度。此外，CFF 值具有日周期变化规律，这也是一种生理生物节律（Biorhythm）。研究发现，中午的 CFF 值较高，早晨 5~6 时的 CFF 值最低。一般来说，早晨 5~6 时的交通事故率非常高，可能与 CFF 节律有一定的关联性。即使工作和休息时间昼夜倒置，这种日周期的变化规律也几乎不变。掌握作业中 CFF 的变化规律，可合理安排休息工作时间。CFF 还可以用于评价室内光源和工作环境的合理性，找出使精神疲劳最少的室内色彩和照明环境设计。

日本早稻田大学大岛研究认为，正常作业时，融合阈值应满足表 5.12 列出的标准。

表 5.12　融合阈值

| 劳动类型 | 日间变化率 | | 周间变化率 | |
| --- | --- | --- | --- | --- |
| | 理想界限 | 允许界限 | 理想界限 | 允许界限 |
| 体力劳动 | -10 | -20 | -3 | -13 |
| 体力、脑力结合的劳动 | -7 | -16 | -3 | -13 |
| 脑力劳动 | -6 | -10 | -3 | -13 |

【亮点闪烁实验】

亮点闪烁实验采用的仪器为闪光融合频率计（亮点闪烁仪），如图 5.4 所示。实验时，分别改变闪光强度、亮黑比、色调以及背景光的强度，测试不同参数变化对闪光融合临界频率的影响；用红、黄、绿 3 种颜色的光源分别测得的闪光融合临界频率值，考察不同色光的闪光融合临界频率值之间的差异。亮点闪烁频率范围为 8~50Hz；亮点颜色红、黄、绿；亮点直径为 2mm；亮点观察距离为 300mm；背景光为白色，强度三档可调；亮黑比为 1∶3、1∶1、3∶1 三档；亮点光强度为七档：1、1/2、1/4、1/8、1/16、1/32、1/64。

图 5.4　闪光融合频率计

（2）测定心率（脉搏数）

心率即心脏每分钟跳动的次数。心率随人体的负担程度变化而变化，因此可以根据心率变化来测定疲劳程度。采用无线生理信号测定仪中的心电模块可以使测试与作业过程同步进行。正常的心率是安静时的心率。一般成年男性平均心率水平为 60~70 次/min，女性为 70~80 次/min，生理变动范围在 60~100 次/min。在作业过程中，作业者承受的体力负荷和由于紧张产生的精神负荷均会导致心率增加。轻度作业时，心率增加得不多；重度作业时，心率可上升到 150~200 次/min。因此，心率可以作为疲劳研究的量化尺度，反映劳动负荷的大小及人体疲劳程度。可以用下述三种指标判断疲劳程度：作业时的平均心率、作业中的最高心率、从作业结束时起到心率恢复为安静时止的恢复时间。德国勃朗克研究所提出，作业中，心率增加值最好保持在 30 次/min，增加率在 22%~27% 为好；作业停止后，心率可在几秒至十几秒内迅速减少，然后缓慢地降到原来水平。但是，心率的恢复要滞后于氧耗量的恢复，疲劳越重，氧债越多，心率恢复得越慢。

（3）皮肤电流反应测定法

测定时把电极任意安在人体皮肤的两处，以微弱电流通过皮肤，用电流计测定作业前后皮肤电流的变化情况，可以判断人体的疲劳程度。人体疲劳时，皮肤的电传导性提高，通过人体的电流增大。测定时，使人体皮肤通以微电流，测定作业前后皮肤电流变化情况，从而判断人体的疲劳程度。

（4）测定反应时间

人体疲劳后，人的感觉器官对光、声、电等的反应速度降低，显示出反应时间的延长。测定简单反应时可以选择声或光作为单一刺激信号，记录被试的反应时间和错误次数；测定选择反应时间是使被试对不同颜色的多种光刺激信号做出反应，记录对不同颜色的反应时间和错误次数。一般来说，选择反应时间要大于简单反应时间，人体疲劳时，感觉器官对光、声、电等的反应都会变慢，两种反应时间都会相应变长。作业前、后反应时间的长短可作为疲劳判定的依据。

（5）测定触觉两点辨别阈值

当皮肤表面上的两个点同时受到刺激时，如果两点间距离在 50mm 以上，则任何人都能清楚地感受到两点的刺激。但是，当两点距离缩短到一定值以后，正常情况下小臂约 20mm，只能感觉是一个刺激点。在作业前、后用两个针状物同时刺激邻近的皮肤两点，能辨别皮肤上两点刺激的最短距离称为触两点辨别阈。随疲劳程度增大，触两点辨别阈增大。人体皮肤不同部位的触两点辨别阈不同，表 5.13 是温斯顿给出的人体皮肤不同部位的触两点辨别阈。

表 5.13　人体皮肤不同部位的触两点辨别阈　　　　　（单位：mm）

| 部位 | 触两点辨别阈 | 部位 | 触两点辨别阈 | 部位 | 触两点辨别阈 | 部位 | 触两点辨别阈 |
|---|---|---|---|---|---|---|---|
| 中指 | 2.5 | 上唇 | 5.5 | 前额 | 15.0 | 肩部 | 41.0 |
| 食指 | 3.0 | 脸颊 | 7.0 | 脚底 | 22.5 | 背部 | 44.0 |
| 拇指 | 3.5 | 鼻部 | 8.0 | 腹部 | 34.0 | 大臂 | 44.5 |
| 无名指 | 4.0 | 手掌 | 11.5 | 胸部 | 36.0 | 大腿 | 45.5 |
| 小指 | 4.5 | 大足趾 | 12.0 | 前臂 | 38.6 | 小腿 | 47.0 |

（6）膝腱反射阈的测定

随作业者疲劳的产生或程度的增强，机体的反射机能下降，通过捶击膝腱来测定因疲劳造成的反射机能的钝化程度。用小锤（轴长为 15cm，质量为 150g）捶击膝盖，使膝盖腱反射的最小落下角度称为膝腱反射阈。疲劳时，膝腱反射阈增大，轻度疲劳可引起阈值增加 5°~10°，重度疲劳可使阈值增加 15°~30°。

（7）色名读唱时间法

通过检查作业者识别各种颜色的准确性和速度来判断其疲劳程度。当作业者疲劳时，读的速度减慢或读错机会加大。

此外，还有测定判别力、呼气分析法、脑电信号分析法等，都可以用于间接测定作业疲劳的程度。

### 5.4.5　影响作业疲劳的因素

**1. 劳动速度、强度和时间**

人体作业疲劳程度与劳动速度、强度和时间有关。劳动速度越快、强度越大，疲劳出现越早。例如，大强度作业只需工作几分钟，人体就出现疲劳。因此，降低劳动强度有利于延缓疲劳的出现。此外，工作持续时间越长，疲劳越容易发生。

**2. 作业环境条件**

生理性疲劳除了与速度、强度和时间有关外，还与作业环境中的如照明、噪声、振动、微气候、空气污染、色彩布置等工作环境因素有关。环境因素直接影响疲劳的产生、加重和减轻。例如，照明环境中照度与亮度分布不均匀，高噪声、高污染的环境，不良的微气候条件等，都会对人的生理及心理产生影响，随着时间的推移，引发疲劳。

**3. 劳动制度和生产组织方式**

不合理的劳动制度和生产组织方式不利于人体保持最佳工作能力，容易产生疲劳。不合理的劳动制度（例如，不合理的工作时间及休息时间），身心得不到正常休息；不合理的轮班，尤其是夜班工人白天不能较好地休息，工作中不能保持旺盛的精力，工人始终处于和外界节律不相协调的状态，容易过早疲劳，从而影响到安全生产。

**4. 作业的单调性**

劳动内容单调极易引起心理性疲劳；所做工作的效率如何，对疲劳的出现也有一定的影响。有人研究工人在 8h 内工作效率的变化规律，发现随着工作时间的推移，工人的工作效率逐渐下降；但在工作日结束前的短时间内，工人的工作效率又一次出现回升，这一现象证明人具有短时间掩盖疲劳的能力。造成下班前工作效率短时间回升的原因，或者是工人想赶着完成当天的任务，或者是受到即将下班的情绪鼓舞，而提高了劳动积极性，这同样说明心理因素对人体疲劳的重要影响。

**5. 作业人员自身的因素**

作业人员自身的因素包括生理与心理因素两个方面。生理因素主要是指身体素质或年龄的差异而导致的对疲劳的耐受能力。不同的作业者身体素质不同，如力量素质的差异、耐力素质的差异、主要系统生理指标的差异、身体健康状况的差异等，使作业者表现为体力作业能力上的差异，会对操作者的疲劳产生和积累过程产生不同的影响。心理因素则是指工作中的心理压力或不良工作情绪，主要表现有作业不熟练而产生压力、单调或简单重复工作产生厌烦心理、生产热情低下、缺乏工作兴趣、工作不安定、自身有拘束感、对自己健康担心、有危险感和危机感、生产责任过大、对作业疲劳的暗示、职业与个性不相符等，都会加重作业疲劳的产生。相反，有些职工具有较高的工作动机和较好的精神状态时，即使在身体已经出现疲劳，但是工作表现和工作热情不变，作业疲劳对生产几乎不会有影响。

## 5.4.6 作业疲劳的预防和改善

作业疲劳的产生不是某个因素的单独作用，往往是各种因素的相互作用。作业疲劳与安全是密切相关的，如何减轻疲劳、防止过劳是保证安全生产的重要措施之一，也是安全人机工程学研究讨论的重要内容。

**1. 改善工作条件**

（1）改进设备和工具

采用先进的生产技术和工艺，提高作业机械化、自动化程度是减轻疲劳、提高作业安全可靠性的根本措施。此外，工具和辅助设备的改进可以减少静态作业，减轻工人劳动强度，提高工作效率。例如，机器、作业台、工作椅等的高度及其他尺寸，如果符合操作者的操作要求，可减少静态作业成分。此外，椅子应有舒适的靠背和扶手，以减少静态紧张。机器的各种操纵装置，如手把、踏板、旋钮等的形状、高低和远近，应考虑人体生理解剖结构，以使操纵便利、省力；仪表等显示装置的大小、样式及排列顺序等也应考虑人体的功能，以免引起疲劳和误读。

（2）改进工作环境条件

改进工作环境条件，例如照明、噪声、颜色、振动、温度、湿度、微气候条件、粉尘及有害气体等，使工人在良好的环境中工作，有利于减少疲劳的产生。

（3）改进工作方法

1）采用合适的工作姿势。工作姿势影响动作的圆滑度和稳定度。工作场地狭窄，往往妨碍身体自由、正常地活动，束缚身体平衡姿势，造成工作姿势不合理，使人容易疲劳。因此，需要设计合理的工作场地和工作位置，研究合理的工作姿势，设备、工具的设置也要合理。

2）克服单调感，合理调节作业速率。作业过程中出现许多短暂而又高度重复的作业或操作，称为单调作业。单调作业使作业者产生不愉快的心理状态，称为单调感（枯燥感）。克服单调感的主要措施就是根据作业者的生理和心理特点重新设计作业内容，使作业内容丰富化。作业速率对疲劳和单调感的产生都有很大的影响。人的生理上有一个最有效或最经济的作业速率，例如在一定的负荷下，人步行速度为 60m/min 时的耗氧量最少，该速度就称为该步行作业的经济速率。在这个经济速率下，机体不易疲劳，作业持续时间最长。

3）选择最佳的作业方法。应根据方法研究技术，对现有的操作方法进行分析、改善，去掉无效、多余动作，使人的动作经济、合理，减轻操作者的疲劳程度。

**2. 加强科学管理改进工作制度**

（1）工作日制度

工作日制度直接影响劳动者的休息质量与疲劳的消除。工作日的时间长短决定于很多因素。许多发达国家实行每周工作 32～36h，5 个工作日的制度。我国目前采用每周工作 5 天（40h/周），休息 2 天的制度。某些有毒、有害物的加工、生产环境条件恶劣，必须佩戴特殊防护用品工作的车间、班组，也可以适当缩短工作时间。例如，国内许多矿山，井下采矿、掘进工人实际下井时间不超过 4h。应当指出，过去经常采用的延长工作时间以提高产量的做法是不可取的。除特定情况外，以此作为提高产量的手段，往往得到的是废品率增高和安全性下降，而且增加成本，降低工效。

（2）轮班工作制度

轮班制作业是指在一天 24h 内职工分成几个班次连续进行生产劳动。轮班工作制度可以提高设备利用率，也适用于某些不可能间断进行的工业生产方式，在现代生产中有着重要的意义。但轮班工作制的突出问题是疲劳，改变睡眠时间本身就足以引起疲劳，轮班工作制度造成的疲劳难以通过睡眠加以消除。一个原因是白天睡眠极易受周围环境的干扰，不能熟睡和睡眠时间不足，醒后仍然感到疲乏无力；另一个原因是，改变睡眠习惯，一时很难适应。另外，与家人共同生活时间少，容易产生心理上的抑郁感。调查资料证明，大多数人的意愿是选择白班工作。

夜班作业人员因病假的缺勤比例较高，多数是呼吸系统和消化系统疾病。因为人的生理机能具有昼夜的节律性。长期生活习惯已养成人们"日出而作，日落而息"的习惯。安静的黑夜适于人们休息，以消除疲劳。消化系统在早、午、晚饭时间分泌较多的消化液，这时进食既有食欲又容易消化。夜里消化系统进入抑制状态，这时进食不利于健康。例如，在矿井工作的工人由于轮班工作，加上白班在井下工作时也缺少日光照射，故患消化道疾病的人比例较大。英国学者从研究人体体温来评定昼夜生活规律改变对人造成的影响。因为体温的相对变化代表着体内新陈代谢过程和各种生理功能的微小变化。在生物节律的反映中，体温随生理状况昼夜有所变化，一般在清晨睡眠中最低，7：00—9：00 急剧上升，17：00—19：00 最高。轮班制打乱了正常的生活规律，体温周期发生颠倒。有 27% 的人需要 1~3d 适应，12% 的人则需 4~6d 适应，23% 的人需要 6d 以上才能适应，38% 的人根本不能适应。

从机体的生理学角度考虑，在制定轮班制度时应遵循以下五条原则：①连续性的夜班天数不宜过多；②早班开始时间不宜太早；③一班时间的长短应取决于脑力和体力负荷状况；④从一班种更换到另一班种的间隔时间不宜太短（至少相隔 24h 以上）；⑤更换的班种应遵循早、中、夜班的顺序。

我国目前一些企业推行四班三轮制。即每天依早、中、晚班三个班次轮换，另一个班次轮休，每天每班工作时间为 8h；轮班的顺序为：两个早班、两个中班、两个夜班，后连续休息两天。具体排班方式见表 5.14。

表 5.14　四班三轮制作业排班表

| 班种 | 一 | 二 | 三 | 四 | 五 | 六 | 日 | 一 | 二 | 三 | 四 | 五 | 六 | 日 |
|---|---|---|---|---|---|---|---|---|---|---|---|---|---|---|
| 早班 | 1 | 1 | 4 | 4 | 3 | 3 | 2 | 2 | 1 | 1 | 4 | 4 | 3 | 3 |
| 中班 | 2 | 2 | 1 | 1 | 4 | 4 | 3 | 3 | 2 | 2 | 1 | 1 | 4 | 4 |
| 晚班 | 3 | 3 | 2 | 2 | 1 | 1 | 4 | 4 | 3 | 3 | 2 | 2 | 1 | 1 |

注：1. 表中阿拉伯数字代表作业工人组别。

　　2. 早班：7~15 时；中班：15~23 时；晚班：23 时~次日 7 时。

### 3. 合理确定休息时间和休息方式

（1）工作时间与休息时间

工作时间与休息时间的安排是否合理，直接影响工人的疲劳及作业能力。作业人员从生理和心理上是不可能连续工作的。工作一定时间，效率就会下降，差错就会增多，这时若不能及时休息，会引起作业质量下降，甚至出现安全生产事故。

疲劳表现的形式之一就是工作效率下降（图 5.5）。工作效率在工作日内的变化曲线说明：工作开始阶段经过一个适应过程，人体逐渐发挥出最大能力；经过一段稳定的高效作业以后作业产量又会下降；午休后又有所上升，但不如上午。因此，要给作业人员留出一定的时间，工作时间内的作业率不宜太高。若一直不休息，作业人员也会自动调节，做些次要工作，以缓解作业的紧张。但这样做不如有意识地组织休息时间、选择休息的方式更为积极有效。

意大利学者马兹拉研究发现，工作间隙中多次短期积极休息，比一次长的休息更有益。工作时间适度或适当减少，能使作业工人聚精会神，努力工作，产量反而提高。每次小休时间不宜过长或过短。一般中等强度作业，上、下午中间各安排一次 10~20min 的休息是适当的。

某科学家做过试验，让受试者用手臂拉力器试验，拉力为 134N，每拉 14 次休息 10min 为周期，一直到筋疲力尽；另外试验每周期休息 2min，结果效率相当悬殊，如图 5.6 所示，这说明了必要的休息时间的重要性。

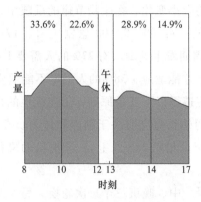

图 5.5　工厂一天工作曲线

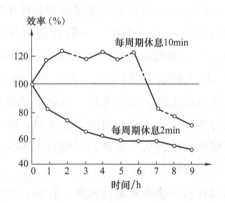

图 5.6　不同休息制度对功效的影响

因此，应综合劳动强度、作业性质、紧张程度、作业环境等因素，合理安排休息时间的长短、次数和时刻。如果劳动强度大，工作环境差，则需要休息的时间长、次数多；对于体力劳动强度不大而神经或运动器官特别紧张的作业，应实行多次短时间休息；一般轻体力劳动只需在上、下午各安排一次工间休息即可。一般作业率见表 5.15。

表 5.15　一般作业率

| 作业分类 | 主要作业的 RMR | 作业率（%） |
| --- | --- | --- |
| 轻作业 | 0~1 | 80 |
| 中等作业 | 1~2 | 80~75 |
| 强作业 | 2~4 | 75~65 |
| 重作业 | 4~7 | 65~50 |
| 极重作业 | >7 | <50 |

（2）休息方式

工间休息方式可以多种多样。体力劳动强度大的以静止休息为主，但也应做些有上下肢及背部活动的体操，以利于消除疲劳。对注意力集中和感觉器官紧张的工作，更应采取积极休息的方式，如工间操、太极拳运动等；计算机操作人员、仪表监视人员在休息时，播放轻松愉快的音乐和歌曲更有利于恢复精神疲劳。

工间饮用茶水或其他饮料，也是调节情绪、缓解疲劳的好方法。

**4. 业余休息和活动的安排**

应重视业余休息和活动的安排，这与生产安全和效率是密切相关的。

首先，应为轮班的工人创造良好的休息条件；其次，要尽可能多地组织业余活动。组织工人开展健康有益、丰富多彩的文化娱乐和体育活动，利于消除疲劳，增进身心健康，培养高尚的情操。

## 复 习 题

5.1　简述人体作业时能量的来源途径及特点。

5.2　作业过程中人体通过哪些方面的机能调节应对作业带来的生理变化？

5.3　什么叫作基础代谢率、安静代谢率和能量代谢率？三者之间的关系是什么？请用数学表达式进行描述。

5.4　正常人安静时的心率是多少？请计算一位 68 岁老人的最大心率。

5.5　国际劳工局分级标准是按什么划分劳动强度的？其将劳动强度划分为哪几级？

5.6　我国体力劳动强度分级标准是如何进行劳动强度分级的？

5.7　影响作业能力的因素有哪些？

5.8　作业疲劳的形成理论有哪几种？

5.9　测定疲劳的方法主要有哪些？请简要说明。

5.10　为什么一定要合理地安排作业休息？请举例进行说明。

5.11　在安全生产管理中，如何应用相关知识预防和改善作业疲劳？

5.12　研讨：作业疲劳的自我感受性。

① 你有没有发生过这种情况：感觉不到身体的真实疲劳情况，有的时候明明没怎么出力却感觉很累。

② 分析造成主观感觉与真实的疲劳程度之间不一致性的原因。

# 6

## 第6章
# 人机界面的安全设计

【本章学习目标】

　　1. 掌握显示器、控制器的设计原则与设计方法；掌握控制器的选择原则；掌握显示器与控制器的布局设计。

　　2. 理解刻度盘指针式显示器的设计和听觉传示装置的设计。

　　3. 了解显示器和控制器的类型。

## 6.1 显示器的设计

### 6.1.1 显示器的类型与设计原则

#### 1. 显示器类型

　　人机系统中，显示器是指专门用来向人传达机器或设备的性能参数、运转状态、工作指令以及其他信息的装置。它将机的运行状态转化为可视化、量化形式表达出来，提供给机的操纵人员，作为控制机器的依据。其设计目的是保障人机信息有效传递。运行人员能否正确把握系统的信息，做出准确、及时的控制行为的关键性前提就是显示器设计是否合理，是否符合人的认知特性和满足系统的快速性和精确度。理想的显示器除了要准确反映"机"的状态外，其结构还应根据人的感觉器官的生理特征来确定，使得人与机充分协调。

　　实验心理学家赤瑞特拉（Treicher）通过大量的实验证实：人类获取的信息83%来自视觉，11%来自听觉，3.5%来自嗅觉，1.5%来自触觉，1%来自味觉。显示器主要利用人的视觉器官、听觉器官和触觉器官作为感觉通道，按照人接受信息的感觉器官可将显示器分为视觉显示器、听觉显示器、触觉显示器3类。其中，视觉显示的应用最广泛，听觉显示次之，触觉显示只在特殊场合用于辅助显示。显示器按显示的形式可分为：仪表显示、信号显示（信号灯、听觉信号、触觉信号）、荧光屏显示等。

**2. 显示器设计基本原则**

显示器设计的首要原则是功能匹配，即显示器要与接受者的感知特性匹配；其次是认读简单化，即显示器显示的信息要简单明了，接受者能够方便、迅速、准确地感知和确认该信息。

1）显示器所显示的信息要有较好的可觉察性、可辨性，保证接受者能迅速、准确地感知和确认。信息内容不应超过接受者的观察范围和注意能力。

2）显示器传递的信息数量不宜过多，当次要信息过多时，会增加接受者的心理负荷。

3）应考虑人接受信息能力的特性，当某一种感觉通道负荷过大时，可使用另一种通道协助接受信息。多重感觉通道比单通道更容易引起注意。

4）同种类的信息应尽量用同样方式传递。若没有特殊原因，不应采用不同的方法进行显示。

5）显示的信息变化时，其方向和幅度要与信息变化所带来的作用和趋向相一致。

6）在有多种显示器的情况下，要根据技术过程、各种信息的重要程度和使用频数来布置，重要的显示器应设在醒目的位置上。

7）为了便于识别，在某些情况下可应用两个或两个以上的方式编码，如形状和颜色相结合等。

8）显示信息的量值应有足够的精度和可靠性。

9）必须保证在特定作业环境下实现显示信息的功能和作用，保证接受者有最佳的工作条件。

10）各个国家、地区或行业部门使用的信息编码应尽可能做到统一和标准化。

## 6.1.2　视觉显示器设计

视觉显示仪表一般分为两大类，即数字式显示仪表和刻度指针式显示仪表。两者各有不同的特性和使用条件。表 6.1 给出了刻度指针式仪表与数字式仪表的性能对比。

**1. 刻度指针式显示仪表设计**

模拟显示器是用模拟量（刻度和指针）来显示机器有关参数和状态的视觉显示器。其特点是显示的信息形象化、直观，使人对模拟值在全量程范围内所处的位置一目了然，并能给出偏差量，监控作业效果很好。由于这类显示器多是通过指针和刻度的相对位置来判读的，有时还要进行内插估计，所以认读的精度和速度低于数字显示器。

表 6.1　刻度指针式仪表与数字式仪表的性能对比

| 对比内容 | 刻度指针式仪表 | 数字式仪表 |
| --- | --- | --- |
| 信息 | （1）显示形象化、直观，能反映显示值在全量程范围内所处的位置<br>（2）能形象地显示动态信息的变化趋势<br>（3）读数不够快捷、准确 | （1）认读简单、迅速、准确，精度高<br>（2）不能反映显示值在全量程范围内所处的位置<br>（3）反映动态信息的变化趋势不直观 |
| 跟踪调节 | （1）跟踪调节较为得心应手<br>（2）难以完成很精确的调节 | （1）能进行精确的调节控制<br>（2）跟踪调节困难 |

（续）

| 对比内容 | 刻度指针式仪表 | 数字式仪表 |
|---|---|---|
| 一般性能 | （1）占用面积较大<br>（2）要求必要照明条件<br>（3）易受冲击和振动的影响 | （1）一般占用面积小<br>（2）通常不需另设照明<br>（3）过载能力强 |
| 综合性能 | （1）价格低<br>（2）可靠性高<br>（3）可以估读，给出偏差量<br>（4）易于判断信号值与额定值之差 | （1）精度高<br>（2）无认读误差<br>（3）不易产生视觉疲劳<br>（4）易于与计算机联用 |
| 局限性 | （1）显示速度较慢<br>（2）过载能力差 | （1）价格偏高<br>（2）显示易于跳动或失效<br>（3）干扰因素多<br>（4）需内附或外附电源 |

对于指针式仪表，要使人能迅速而准确地接受信息，刻度盘、指针、字符和色彩匹配的设计与选择必须适合人的生理和心理特性。分析飞行员接受信息的错误反应，结果表明，真正由于仪表故障引起的失误不到失误总数的 10%，更多的失误是由于仪表设计不当引起的。例如，使用多针式指示仪表，表面上看似乎减少了仪表个数，实际上指针不止一个，增加了误读的可能性，其失误超过失识总数的 10%。因此，设计指针式仪表时应考虑安全人机工程学的相关问题，包括：指针式仪表的大小与观察距离是否比例适当；刻度盘的形状与大小是否合理；刻度盘的刻度划分、数字和字母的形状和大小、刻度盘的色彩对比是否便于监控者迅速而准确地识读；根据监控者所处的位置，指针式仪表是否布置在最佳视区范围内。

（1）刻度盘的设计

1）刻度盘形状设计。根据刻度盘的形状，指针显示器可分为圆形、弧形和直线形等（表 6.2）。从安全人机工程的观点出发，在设计中，进行仪表形式的选择时，主要以不同形式和用途的仪表的误读率为选择依据。图 6.1 给出的是常用刻度指针式显示仪表的形式与误读率的关系。其中，垂直直线式仪表的误读率最高，开窗式仪表的误读率最低。但开窗式仪表一般不宜单独使用，常以小开窗插入较大的仪表盘中，用来指示仪表的高位数值。通常将一些多指针仪表改为单指针加小开窗仪表，这种形式的仪表不仅可增加读数的位数，还大大提高读数的效率和准确度。圆形和半圆形刻度盘的认读效果优于直线形刻度盘，是因为眼睛对圆形、半圆形刻度盘的扫描路线短，视线也较为集中。水平直线式刻度盘优于垂直直线式的主要原因是水平直线式更符合眼睛的运动规律，即眼睛水平运动比垂直运动快，准确度较高。

2）刻度盘尺寸设计。刻度盘的大小与刻度标记的数量及人的观察距离都会影响认读的速度和准确性。当刻度盘的尺寸增大时，刻度、刻度线、指针和字符等均可增大，这样可提高清晰度，但刻度盘尺寸并非越大越好。当尺寸过大时，眼睛的扫描路线过长，反而影响认读速度和准确性，同时扩大了安装面积，使仪表盘不紧凑；当然，刻度盘尺寸也不宜过小，过小会造成刻度标记密集而不清晰，不利于认读，并容易导致视觉疲劳。实验发现，当刻度盘直径从 25mm 开始增大时，认读的速度和准确性相应提高，误读率下降；当直径增加到

80mm 以上时，认读速度和准确度开始下降，误读率上升。直径在 30～70mm 的刻度盘，认读效果趋于稳定。实验结果表明，圆形刻度盘直径的最优尺寸是 44mm。圆形刻度盘的认读速度和准确度与直径大小的关系（视距 750mm）见表 6.3。有关圆形刻度盘观察距离和标记数量与刻度盘直径的关系见表 6.4。

表 6.2　指针显示仪表的刻度盘分类

| 类别 | 圆形刻度盘 | | | 弧形刻度盘 | | 直线形刻度盘 | | |
|---|---|---|---|---|---|---|---|---|
| 刻度盘形状 | 圆形 | 半圆形 | 偏心圆形 | 水平弧形 | 竖直弧形 | 水平直线式 | 垂直直线式 | 开窗式 |
| 简图 | | | | | | | | |

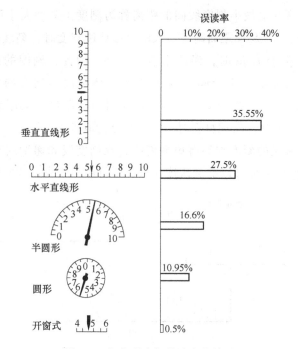

图 6.1　仪表形式与误读率的关系

表 6.3　圆形刻度盘的认读速度和准确度与直径大小的关系（视距 750mm）

| 圆形刻度盘直径/mm | 观察时间/s | 平均反应时间/s | 误读率（％） |
|---|---|---|---|
| 25 | 0.82 | 0.76 | 6 |
| 44 | 0.72 | 0.72 | 4 |
| 70 | 0.75 | 0.73 | 12 |

表 6.4　圆形刻度盘观察距离和标记数量与刻度盘直径的关系

| 刻度标记的数量 | 刻度盘的最小允许直径/mm | |
| --- | --- | --- |
| | 观察距离为 500mm 时 | 观察距离为 900mm 时 |
| 38 | 25.4 | 25.4 |
| 50 | 25.4 | 32.5 |
| 70 | 25.4 | 45.5 |
| 100 | 36.4 | 64.3 |
| 150 | 54.4 | 98.0 |
| 200 | 72.8 | 129.6 |
| 300 | 109.0 | 196.0 |

（2）刻度设计

1）认读速度、认读准确性还与刻度大小、刻度线类型、刻度线宽度、刻度线长度和刻度方向有关。

① 刻度大小。刻度盘上最小刻度线间的距离称为刻度。刻度大小可根据人眼的最小分辨能力和刻度盘的材料性质及视距而确定。人眼直接认读刻度时，刻度的最小尺寸，不应小于 0.6~1mm。当刻度小于 1mm 时，误读率急剧增加。因此，刻度的最小尺寸一般按 1~2.5mm 选取，必要时也可采用 4~8mm。采用放大镜读数时，刻度的大小一般取 $1/X$ mm（$X$ 为放大镜放大倍数）。刻度线的最小值还受所用材料的限制。采用钢和铝质材料时，最小刻度为 1mm；采用黄铜和锌白铜材料时，最小刻度为 0.5mm。

② 刻度线类型。常见的刻度类型有单刻度线、双刻度线和递增式刻度线，如图 6.2 所示。递增式刻度线的形象特征可以减少认读误差，但可能会带来认读时间的增加。

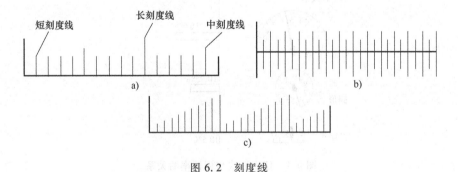

图 6.2　刻度线
a）单刻度线　b）双刻度线　c）递增式刻度线

③ 刻度线宽度。刻度线宽度取决于刻度大小。研究表明，当刻度线宽度为刻度的 10% 左右时，读数的误差最小。因此，刻度线宽度一般取刻度的 5%~15%，普通刻度线通常取（0.1±0.02）mm；远距离观察时，可取 0.6~0.8mm；精度高的测量刻度线宽度取 0.0015~0.1mm。

④ 刻度线长度。刻度线长度选择合适与否，对认读准确性影响很大。刻度线长度受照明条件和视距的限制，见表 6.5。当视距为 $L$ 时，刻度线长度为：长刻度线长度 = $L/90$；中

刻度线长度＝$L/125$；短刻度线长度＝$L/200$；刻度线间距＝$L/600$。

表 6.5　刻度线长度

| 观察距离/m | 长度/mm | | |
|---|---|---|---|
| | 长刻度线 | 中刻度线 | 短刻度线 |
| <0.5 | 5.5 | 4.1 | 2.3 |
| 0.5~0.9 | 10.0 | 7.1 | 4.3 |
| 0.9~1.8 | 20.0 | 14.0 | 8.6 |
| 1.8~3.6 | 40.0 | 28.0 | 17.0 |
| 3.6~6.0 | 67.0 | 48.0 | 29.0 |

⑤ 刻度方向。刻度盘上刻度值的递增顺序称为刻度方向。刻度方向必须遵循视觉规律，水平直线式刻度盘应从左至右，竖直直线式刻度盘应从下至上，圆形刻度盘应按顺时针方向安排刻度值。

2）数字累进法。一个刻度所代表的被测值称为单位值。每一刻度线上所标度的数字的累进方法对提高判读效率、减少误读也有非常重要的作用。数字累进法的一般原则见表 6.6。

表 6.6　数字累进法的一般原则

| 方案评价 | 优 | | | | | 可 | | | | | 差 | | | |
|---|---|---|---|---|---|---|---|---|---|---|---|---|---|---|
| 刻度值 | 1 | 2 | 3 | 4 | 5 | 2 | 4 | 6 | 8 | 10 | 3 | 6 | 9 | 12 |
| | 5 | 10 | 15 | 20 | 25 | 20 | 40 | 60 | 80 | 100 | 4 | 8 | 12 | 16 |
| | 10 | 20 | 30 | 40 | 50 | 200 | 400 | 600 | 800 | 1000 | 1.25 | 2.5 | 5 | 7.5 |
| | 50 | 100 | 150 | 200 | 250 | | | | | | 15 | 30 | 45 | 60 |

人最易读取自然增加的数字。一般应采取表中"优"的累进法，只有在不得已的情况下才使用"可"，但绝对不能使用"差"的累进法。

3）刻度设计注意事项：①不要以点代替刻度线；②刻度线的基线以细实线为好；③刻度线不可很长或很密集；④不要设计成间距不均匀的刻度。

（3）字符设计

仪表盘上印刻的数字、字母、汉字和一些专用符号，统称为字符。由于刻度的功能通过字符加以完备，字符的形状、大小和立位又直接影响着认读效率。因此，字符的设计应力求能清晰地显示信息，给人以深刻的印象。

1）字符的形体。设计字符形体时，为了使字符形体简明醒目，必须加强各字符的特有笔画，突出"形"的特征，避免字体的相似性。使用拉丁或英文字母时，因大写字母的印刷体比小写字母清晰，一般情况下应用大写字母印刷体；使用汉字时，最好选择仿宋体字的印刷体，其笔画规整、清晰易辨。

2）字符的大小。在刻度大小已定的条件下，为了便于识读，字符应尽量大一些。字符的高度通常取 $L/200$，也可按下面公式计算：

$$H = \frac{L}{3600}\theta \tag{6.1}$$

式中　　$H$——字符高度（mm）；

　　　　$L$——视距（mm）；

　　　　$\theta$——最小视角（′）；一般由实验决定，$\theta$常取 $10' \sim 30'$。

当视距为 710mm 时，仪表盘上仪表的字符高度可参考表 6.7；当视距不等于 710mm 时，需将表 6.7 所列数值乘以变化比率加以修正。

$$变化比率 = 实际视距/710 \tag{6.2}$$

表 6.7　当视距为 710mm 时仪表盘上仪表的字符高度

| 字母或数字的性质 | 低亮度下<br>（约 0.103cd/m²） | 高亮度下<br>（约 3.43cd/m²） |
|---|---|---|
| 重要的（位置可变） | 5.1~7.6 | 3.0~5.1 |
| 重要的（位置固定） | 3.6~7.6 | 2.5~5.1 |
| 不重要的 | 0.2~5.1 | 0.2~5.1 |

3）标度数字的原则。刻度线上标度数字应遵守以下原则：

① 通常，最小刻度不标度数字，最大刻度必须标度数字。

② 指针运动式仪表标数的数码应当垂直，指针固定式仪表的数码应当沿径向排列。

③ 若仪表表面的空间足够大，则数码应标在刻度标记的外侧，以避免被指针遮挡；若表面空间有限，应将数码标在刻度内侧，以扩大刻度间距。指针处于仪表表面外侧的仪表，数码一律标在刻度内侧。

④ 开窗式仪表窗口的大小至少应能显示被指示数字及其上、下两个数，并显示完整，以便于观察指示运动的方向和趋势。

⑤ 对于指针固定式的小开窗仪表，其数码应按顺时针排列。当窗口垂直时，安排在刻度的右侧；当窗口水平时，安排在刻度的下方，并且字头都要向上。

⑥ 对于圆形仪表，不论是指针运动式还是指针固定式，均应使数码按顺时针方向依次增大。数值有正负时，0 位设在时钟 12 时位置上，顺时针方向表示"正值"，逆时针方向表示"负值"。对于直线形仪表，应使数码按向上或向右顺序增大。

⑦ 不做多圈使用的仪表，最好在刻度全程的头和尾之间断开，其首尾的间距以相当于一个大刻度间距为宜。

⑧ 为了不干扰对显示输出信息的识读，刻度盘上除了刻度线和必要的字符外，一般不加任何装饰；一些说明仪表使用环境、精度的字符应安排在不显眼的地方。

仪表刻度与标数优劣对比见表 6.8。

（4）指针设计

指针用于指示所要显示的信息。其大小、宽度、长度与色彩配置都必须符合操作者的生理与心理特征。

表 6.8 仪表刻度与标数优劣对比

| 评价 | 图例 | | | |
|------|------|------|------|------|
| 优 | | | | |
| 劣 | | | | |

1）指针的形状和长度。指针的形状力求简洁明快、不加任何装饰。指针的形状一般应以头部尖、尾部平、中间等宽或狭长三角形为好。指针的长度要合适，指针过长会覆盖刻度标记，指针过短会离开刻度，从而给准确判读带来困难。实验表明，当指针与刻度线的距离超过 0.6cm 时，距离越大，认读误差就越大；相反，从 0.6cm 开始，越接近 0，认读误差越小；当间隔逐渐减小，在接近 0.2cm 至 0.1cm 的区间时，认读误差保持不变。因此，指针与刻度线的间距宜取 0.1~0.2cm。如果针尖的宽度小于最短刻度线宽度或大于最短刻度线宽度，当指针在刻度线上摆动的时候，容易产生读数误差。指针的宽度应与最小的刻度线等宽，或取刻度大小的 $10^n$ 倍。为了减少双眼视差和双眼视觉的不对称等因素影响，指针与刻度盘的配合应尽量贴近，以减少不垂直观察引起的投影误差。对高精度的仪表，指针与刻度盘必须装配在同一个平面内。

2）仪表指针零位一般设在时钟 12 时或 9 时的位置上。指针固定式仪表的指针零位应设在时钟 12 时位置；追踪仪表应设在 9 时或 12 时位置；圆形仪表可视需要安排或设在 12 时的位置上；警戒仪表的警戒区应设在 12 时处，危险区和安全区则处于其两侧的位置。

（5）仪表的颜色设计

指针式仪表的颜色设计主要是刻度盘、刻度标记和数码、字符以及指针的颜色匹配问题，它对仪表的造型设计、仪表的认读速度和误读率有很大的影响。为了精确地判读，指针、刻度线和字符的颜色应有鲜明的对比，选择最清晰的配色，避免模糊的配色。研究表明，最清晰的搭配是黑与黄，最模糊的搭配是黑与蓝；墨绿色和淡黄色仪表面分别配上白色和黑色的刻度时，其误读率最小；而墨绿色和灰黄色仪表面分别配上白色刻度线时，其误读率最大，不宜采用。在实际工作中，由于黑白两种颜色的对比度较高，且符合仪表的习惯用途，因此常用这种搭配作为表盘和数字的颜色。此外，将大刻度线和小刻度线分别设计成不同的颜色时，较容易认读。

**2. 信号装置的设计**

信号装置也是模拟显示器中最常见的一种。

（1）信号装置的作用

1）信号装置具有指示性。信号装置可以引起操纵者的注意，或指示操纵者应进行某种操作。例如，汽车转向灯指示汽车的转弯方向。再如，飞机着陆时，飞行员判断飞机的高度有困难，必须借助信号装置的显示，此时地面人员控制信号装置，使其显示飞机着陆过程中的下滑状态。

2）信号装置可以显示工作状态。信号装置可以反映某个指令和执行情况、某种状态、某些条件，或某种变化已执行或正在执行等。例如，当计算机执行文件存储命令时，其硬盘指示灯颜色变红，且红绿变换闪烁，以此表示硬盘正在执行操作，文件存储命令完成后又回到绿灯显示的工作状态。

（2）信号装置的特点

信号装置的特点是面积小、视距远、引人注目且简单明了，但信息量有限，当信号太多时，会造成杂乱和干扰。

1）一种信号装置只能有一种功能，只能报告或指示一种状况，如家电面板上的电源指示灯，它只表示电源接通这一状态，警戒用的信号装置用来指示操作者注意某种不安全的因素，故障信号装置则指示某一机器或部位出了故障。

2）报警也可以使用听觉显示器，声音与视觉装置并用效果更好。

（3）信号装置的一般设计要求

1）为了保证信号的传递速度、质量和可靠性，信号装置和报警信号的设计必须符合视觉特征。与视觉密切相关的是信号装置的亮度（若要吸引操作者的注意，则其亮度至少2倍于背景的亮度，最好背景灰暗无光）、色彩（红、黄、绿、蓝）和对比度（清晰）。

2）信号装置一般采用单色光，颜色采用国家标准安全色：作为警戒、禁止、停顿或指示不安全情况的信号装置，最好使用红色；提示注意的信号装置用黄色；表示正常运行的信号装置用绿色。

3）应加强信号的刺激性，如消防车的信号装置。闪光信号比固定光信号更能引起人的注意。闪光信号的强弱应视具体情况而定，例如表示重要信息或危险信号的闪光，其强度应比其他信号强。闪光信号的闪烁频率一般为 0.6~1.67Hz，亮度对比较差时，闪光频率可稍高。较优先和较紧急的信息可使用较高的闪烁频率（10~20Hz）。此外，为了增强效果，报警信号装置可以声音与视觉装置并用。

4）信号装置的形象显示。指用一些易于辨认的"形象性"符号，如用"→"代表方向，用"×"或"○"表示禁止，用"！"表示警觉、危险，用较快的闪光表示快速，用较慢的闪光表示慢速等。

**3. 数字式显示仪表的设计**

数字显示仪表是直接用数码来显示有关参数或工作状态的装置，除了少量机械式数字显示器外，几乎全是电子显示器。其基本形式有两种：一种是以显示数字为主并有少量字符的显示器，多数为开窗式，如液晶显示器、数码管显示器等；另一种是以显示参数、表格、模拟曲线或图形以及数量较多的各种字符为主的显示器，多数为屏幕式，如各种监视器、计算机显示器等。

（1）机械式数字显示器设计

机械式数字显示器的字符变化装置常用的有两种：一种是把字符印制在卷筒上，用转动卷筒的办法变化字符显示，这种方法结构简单，但难以用检索的方法控制显示；另一种是将字符印制在可翻转的薄金属片上，这种方法使用较方便，可以准确地控制显示。不论采用哪种方法，前后显示两组数字的时间间隔都不能少于 0.5s，否则将无法连续认读。机械显示器的缺点是容易出现卡顿或在窗口显示上下各半个字符等现象。

（2）电子数字显示器设计

常用的电子数字显示器有液晶显示器（LCD）和发光二极管显示器（LED）。

电子显示存在的主要问题有两个：一是因字型由直线段组成，因而失去常态的曲线，造成认读的不便；二是字符间隔会因字的不同而变化，忽大忽小，如图 6.3 所示。实验表明，用亮显的圆点阵构造字符，其认读性好，大大降低混淆的可能性，如图 6.4 所示。

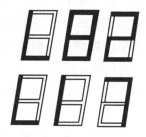

图 6.3　数字式显示

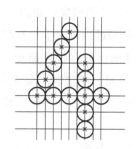

图 6.4　圆点阵显示

发光二极管多用于机床数显、仪器、计算机等需远距离认读或光照不很好的条件下；液晶材质较为经济，且光线扩散的条件下认读性也很好，多用于小型设备或近读的显示器。

**4. 符号标志设计**

符号标志使用广泛，例如交通路标、气象标记，毒物、危险标记，工程图、地图、电子路线、商标、元器件上的标记等，种类繁多，形式不一，通常都采用与其指示的含义相一致的简化图形。符号标志的设计，除了艺术性方面的形式美学法则以外，从安全人机工程的要求来说主要是视认性，即图形符号能让人们很快意识到它所代表的客体，不产生歧义，如图 6.5 所示。

图 6.5　公共信息图形符号示例

（1）符号标志设计的一般原则

1）图形符号含义的内涵不应过大，保证能够准确理解，不产生歧义。

2）图形符号的构形应该简明，突出所表示对象主要的和独特的属性。

3）图形符号的构形应该醒目、清晰、易懂、易记、易辨、易制。

4）图形的边界应该明确、稳定。

5）尽量采用封闭轮廓的图形，以利于对目光的吸引积聚。

（2）符号标志的评价

符号标志的评价标准为：识别性、注目性、视认性、可读性、联想性。例如，日本公路路标调查会按照上述评价标准对公路路标进行分析研究，将路标分为交通规划路标（禁止通行、单行）、指示路标（停车处、人行横道）、公路局规定路标（检查口、限载）和警戒路标（弯道、岔路口）等。路标的具体评价标准依次是：标记的识别距离、文字的识认距离、认读时间、判断时间和对应动作时间5项。影响各项标准的因素有以下5种：

1）影响标记识别的因素：视力、天气、交通条件、环境以及标记的位置、底色、色彩、大小、照明等。

2）影响文字识认的因素：知识、动视力、行驶速度、对方来车、明度对比、静视力、紧张程度、汽车前灯照度以及文字的种类大小、复杂程度、与底色的对比，与标记的相配性。

3）影响认读的因素：行驶速度、注视角度、对文字内容的关心程度以及文字的信息量、数量、地名数量、字节数、复杂性、标志位置、知识和眼力情况。

4）影响判断的因素：身心疲劳情况、行动点、标记消失点以及选择标准、复杂性、熟练程度。

5）影响反应的因素：运动能力、运动特性以及汽车性能、操作装置、操作量。广告、霓虹灯对路标的辨认会有干扰。

### 6.1.3 听觉显示器设计

**1. 音响及报警装置的设计**

（1）音响和报警装置的类型及特点

1）蜂鸣器。它是音响装置中声压级最低、频率也较低的装置。蜂鸣器发出的声音柔和，不会使人紧张或惊恐，适合于较宁静的环境，常配合信号灯一起使用，作为提示性听觉显示器，提示操作者注意，或提示操作者去完成某种操作，也可用于指示某种操作正在进行。例如，汽车驾驶人在操纵汽车转弯时，驾驶室的显示仪表板上就有信号灯闪亮和蜂鸣器鸣笛，显示汽车正在转弯，直至转弯结束。

2）铃。铃因其用途不同，其声压级和频率有较大差别。例如，电话铃声的声压级和频率只稍大于蜂鸣器，主要是在宁静的环境下让人注意；而用作指示上下班的铃声和报警器的铃声，其声压和频率就较高，因而可用于有较高强度噪声的环境中。

3）角笛和汽笛。角笛的声音有吼声［声压级90~100dB（A）、低频］和尖叫声（高声强、高频）两种。常用作高噪声环境中的报警装置。汽笛声频率高，声强也高，较适于紧急状态的音响报警装置。

4）警报器。警报器的声音强度大，可传播很远，频率由低到高，发出的声调富有上升和下降的变化，可以抵抗其他噪声的干扰，特别能引起人们的注意，并强调性地使人们接受，它主要用作危急状态报警，如防空、救火报警等。

一般音响和报警装置的强度和频率参数见表6.9，可供设计时参考。

表 6.9　一般音响和报警装置的强度和频率参数

| 使用范围 | 装置类型 | 平均声压级/dB（A） | | 可听到的主要频率/Hz | 应用举例 |
| | | 距装置 2.5m 处 | 距装置 1m 处 | | |
| --- | --- | --- | --- | --- | --- |
| 用于较大区域（或高噪声场所） | 4in 铃 | 65～67 | 75～83 | 1000 | 用于工厂、学校、机关上下班的信号以及报警的信号 |
| | 6in 铃 | 74～83 | 84～94 | 600 | |
| | 10in 铃 | 85～90 | 95～100 | 300 | |
| | 角笛 | 90～100 | 100～110 | 5000 | 主要用于报警 |
| | 汽笛 | 100～110 | 110～121 | 7000 | |
| 用于较小区域（或低噪声场所） | 低音蜂鸣器 | 50～60 | 70 | 200 | 用作指示性信号 |
| | 高音蜂鸣器 | 60～70 | 70～80 | 400～1000 | 可作报警用 |
| | 1in 铃 | 60 | 70 | 1100 | 用于提醒人注意的场合，如电话、门铃，也可用于小范围内的报警信号 |
| | 2in 铃 | 62 | 72 | 1000 | |
| | 3in 铃 | 63 | 73 | 650 | |
| | 钟 | 69 | 78 | 500～1000 | 用作报时 |

注：1in = 25.4mm。

（2）音响和报警装置的设计原则

1）音响信号必须保证位于信号接收范围内的人员能够识别并按照规定的方式做出反应。因此，音响信号的声级必须超过人的听阈，最好能在一个或多个倍频程范围内超过听阈10dB（A）以上。

2）音响信号必须易于识别，特别是有噪声干扰时，音响信号必须能够明显地听到并可与其他噪声和信号区别。因此，音响和报警装置的频率选择应在噪声掩蔽效应最小的范围内。例如，报警信号的频率应在 500～600Hz。其最高倍频带声级的中心频率同干扰声中心频率的区别越大，该报警信号就越容易识别。当噪声声级超过110dB（A）时，最好不用声信号做报警信号。

3）为引起人注意，可采用时间上均匀变化的脉冲声信号，其脉冲声信号频率不低于0.2Hz且不高于5Hz，其脉冲持续时间和脉冲重复频率不能与随时间周期性起伏的干扰声脉冲的持续时间和脉冲重复频率重合。

4）报警装置最好采用变频的方式，这样音调可以有上升和下降的变化。例如，紧急信号的音频应在 1s 内由最高频（1200Hz）降低到最低频（500Hz），然后听不见，再突然上升，以便再次从最高频降低到最低频。这种变频声可使信号变得特别刺耳，可明显地与环境噪声和其他声信号相区别。

5）显示重要信号的音响装置和报警装置最好与光信号同时作用，组成"视听"双重报警信号，以防信号遗漏。

**2. 语言传示装置的设计**

人与机之间也可用语言来传递信息。传递和显示语言信号的装置称为语言传示装置，如麦克风、扬声器就是语言传示装置。经常使用的语言传示系统有：无线电广播、电视、电话、报话器和对话器及其他录音、放音的电声装置等。

用语言作为信息载体，可使传递和显示的信号含义准确、接受迅速、信息量大，不受方向和光照的影响，缺点是易受噪声干扰。

（1）语言的清晰度

所谓语言的清晰度是指人耳通过语言传达能听清的语言（音节、词或语句）的百分数。语言清晰度可用标准的语句表通过听觉显示器测量。例如，若听清的语句或单词占总数的20%，则该听觉传示器的语言清晰度就是20%。对于听对和未听对的记分方法有专门的规定，此处不做论述。表6.10给出了语言清晰度（室内）与主观感觉的对应关系，可见设计一个语言传示装置，其语言清晰度必须在75%以上才能正确传示信息。

表 6.10　语言清晰度的评价

| 语言清晰度（％） | 人的主观感觉 |
| --- | --- |
| 96 | 言语听觉完全满意 |
| 85～96 | 很满意 |
| 75～85 | 满意 |
| 65～75 | 语言可以听懂，但非常费劲 |
| <65 | 不满意 |

（2）语言的强度

据研究表明，当语言强度接近120dB（A）时，受话者将有不舒服的感觉；当达到130dB（A）时，受话者耳中有发痒的感觉，再高便达到痛阈，将有损耳朵的机能。因此，语言传示装置的语言强度最好在60～80dB（A）。语言强度与清晰度的关系如图6.6所示。

（3）噪声对语言传示的影响

当语言传示装置在噪声环境中工作时，噪声将影响语言传示的清晰度。据研究表明，当噪声

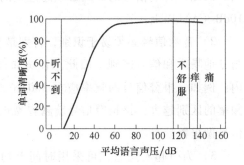

图 6.6　语言强度与清晰度的关系

声压级大于40dB（A）时，噪声对语言信号有掩蔽作用，从而影响语言传示的效果。

## 6.2 控制器的设计

控制器是操作者用于控制机器运行状态的装置或部件，是联系人和机的重要装置之一，生产中的许多事故是因控制器的设计未能充分考虑人的因素所致。1947年，英国的费茨

（Fitts）和琼斯（Jones）在分析飞行驾驶中出现的 460 个操作失误后发现，其中 68% 的失误是由于控制器设计不当引起的，这足以说明控制器设计的重要性。在控制器设计中重视人的因素，保证操作者能方便、准确、迅速、安全可靠地实时连续控制，也是人机系统安全设计的一个重要方面。

## 6.2.1　控制器的类型

控制器种类很多，分类方法也很多。一般来说，常见的分类方法有以下几种：

**1. 按操纵方式分类**

按照人体操控的部位及人是否与控制器相接触分类，可以分为手动控制器、脚动控制器、声控控制器等操控类型；也可以按照是否与控制器直接接触分类，可以分为直动控制器、遥控控制器等。

**2. 按操控运动轨迹分类**

例如，手动控制器按操控运动的轨迹，可分如下几种：

1）旋转式控制器：如旋钮、摇柄、十字把手、手轮（转向盘）等。

2）移动式控制器：如操纵杆、手柄、推扳开关等。

3）按压式控制器：如按钮、按键等。

## 6.2.2　控制器的设计原则

**1. 控制器设计的一般原则**

控制器类型很多，从安全人机工程的角度提出以下几个共同的要求：

1）控制器设计要适应人体运动的特征，考虑操作者的人体尺寸和体力。对要求速度快且准确的操作，应采取用手动控制或指动控制器，如按钮、扳动开关或转动式开关等；对用力较大的操作，则应设计为手臂或下肢操作的控制器，如手柄、曲柄或转轮等。所有设计都应考虑人体的生物力学特性，按操作人员的中下限能力进行设计，使控制器能适合大多数人的操作能力。表 6.11 为常用手动控制器允许的最大用力；表 6.12 为平稳转动控制器的最大用力。

**表 6.11　常用手动控制器允许的最大用力**

| 操纵结构的形式 | 允许的最大用力/N |
| --- | --- |
| 轻型按钮 | 5 |
| 重型按钮 | 30 |
| 脚踏按钮 | 20~90 |
| 轻型转换开关 | 4.5 |
| 重型转换开关 | 20 |
| 前后动作的杠杆 | 150 |
| 左右动作的杠杆 | 130 |
| 手轮 | 150 |
| 方向盘 | 150 |

表 6.12　平稳转动控制器的最大用力

| 操作特征 | 最大用力/N | 操作特征 | 最大用力/N |
|---|---|---|---|
| 用手操纵的转动机构 | <10 | 用手以最高速度旋转的机构 | 9~23 |
| 用手和前臂操纵的转动机构 | 23~40 | 在精确安装时的转动工作 | 23~25 |
| 用手和上肢操纵的转动机构 | 80~100 | | |

2）控制器操纵方向应与预期的功能方向和机器设备的被控制方向一致。从功能角度出发，向上扳或顺时针方向转动意味着向上或加强；从被控设备角度则认为设备运动方向将向上运动或向右运动。例如，铲车的升降控制器是上下操纵的，如果是左右操纵，就容易发生差错。

3）控制器要利于辨认和记忆。控制器除了在外形、大小和颜色上进行区别外，还应有明显的标志，并力求与其功能有逻辑上的联系。这样，控制器无论数量多少，排列布置及操作顺序如何，可保证每个控制器能明确地被操作者辨认出来。

4）尽量利用控制器的结构特点进行控制（如弹簧等）或借助操作者体位的重力（如脚踏开关）进行控制。对重复性、连续性的控制操作，不应集中某一部分的力，以防产生作业疲劳和工作单调感。

5）尽量设计多功能控制器，并把显示器与之结合，如带指示灯的按钮等。

**2. 控制器设计时应考虑的因素**

（1）控制信息的反馈

人在操纵控制器时，需要通过一定的反馈来获得有关操纵的信息。有两类反馈信息，一类是来自人体自身的反馈信息；另一类是来自机的反馈信息。来自人体自身的反馈信息有：眼睛观察手脚的位移；手、臂、肩或脚、腿、臀感受的位移或压力信息。机反馈的信息主要有仪表显示、音响显示、振动变化及操纵阻力 4 种形式。

（2）控制器的适宜用力

在常用的控制器中，一般操作并不需要使用最大的操纵力。但操纵力也不宜太小，因为用力太小则操纵精度难以控制，人也不能从操纵力中得到有关操纵量的反馈信息，因而不利于正确操纵。控制器的适宜用力与操纵装置的性质和操纵方式有关。对于那些只要求快而精度要求不太高的工作来说，操纵力应在人能获得反馈的同时越小越好；如果操纵精度要求很高，则控制器应具有一定的阻力。表 6.13 列出了不同控制器所需最小阻力。

表 6.13　不同控制器所需最小阻力

| 控制器类型 | 所需最小阻力/N | 控制器类型 | 所需最小阻力/N |
|---|---|---|---|
| 手动按钮 | 2.8 | 旋钮 | 0~1.7 |
| 扳动开关 | 2.8 | 摇柄 | 9~22 |
| 旋转选择开关 | 3.3 | 手轮 | 22 |

（3）控制器的运动

控制器的运动方向还应符合控制器的其他特征，如朝某一方向时，产生最大力量；朝另一方向时，则速度起变化。此外，控制器的移动范围不能超过操作者可能的活动范围，并要给操作者留出足够的自由空间。

（4）控制器上手或脚使用部位的尺寸和结构

手或脚操纵的控制器尺寸，首先取决于控制器上手或脚使用部位的尺寸；其次需要根据操纵时是否戴手套，或作业时鞋的样式来决定放宽的尺寸。显然，对不同的控制器，由于压或握的用力方式不同，控制器尺寸和结构也不同。

（5）控制器的编码

将控制器进行合理编码，使每个控制器具有自己的特征，以便使操作者确认无误，是减少差错的有效措施之一。控制器编码一般有 6 种方式：形状、大小、位置、操作方法、色彩和文字符号编码，可根据需要采用一种或几种方式的组合编码。

1）形状编码。各种不同用途的控制器设计成不同的形状，这样，操作者不仅可以视觉识别，通过触觉也能辨别。形状编码应按控制器的性质进行不同的设计，并能与控制器的功能有逻辑上的联系，这样不仅利于记忆，而且在紧急情况下也不容易出现错误。此外，控制器的形状应当便于使用操作，方便用力。图 6.7 给出了常用旋钮的形状编码。

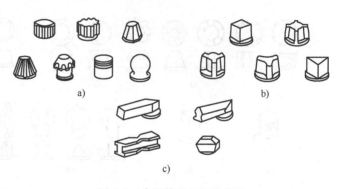

图 6.7　常用旋钮的形状编码

2）大小编码。根据控制器的功能可采用大小编码，但只凭尺寸不同操作者往往难以识别，所以大小编码形式的使用是有限的，一般都与形状编码组合使用。

3）位置编码。位置编码是利用安装位置的不同来区分控制器的。这种编码较容易识别，若实现位置编码的标准化，操作者可不必注视操作对象就能正确进行操作。

4）操作方法编码。操作方法编码是根据特定控制器的不同操作方法进行编码。为了有效使用编码，控制器在动作方向、变化量、阻力等方面应有明显区别，例如，可用按压、拨动、旋转等操作方法对控制钮进行编码。

5）色彩编码。色彩编码是利用色彩的不同来区分控制器的。色彩只能靠视觉辨认，并且需要较好的照明条件才不致被误认。因此，这种编码常与形状编码或大小编码组合使用，有时色彩种类过多，反而难以辨清。因此色彩编码的使用范围也受到一定限制，一般局限于红、橙、黄、绿、蓝 5 种色彩。

6）文字、符号编码。用文字或符号来区分控制器，称为符号编码。这种编码一目了然，操作者不需特殊训练，但文字或符号的书写及标注对工作效率有决定性影响，一般可在控制器的上面或在控制器旁标上文字或符号以示区别。这些符号应力求简单、形象，能表达控制器的作用。当用文字来说明控制器的控制内容时，必须注意：说明文字应在距控制器最近的位置，简单明了，通俗易懂，清楚地反映控制器的控制内容；尽可能方便操作者理解，尤其是通用的缩写，要避免采用生僻的专业用语；应采用常用而清晰的字体；在说明文字的部位应有良好的照明。

### 6.2.3 手动控制器的设计

常用的手动控制器有旋钮、按钮、控制杆、转轮、手柄和曲柄、按键等。

**1. 旋钮**

旋钮是供单手操纵的控制器，根据功能要求，旋钮可以旋转一圈、多圈或者不满一圈，可以连续多次旋转，也可以定位旋转。根据旋钮的形状，可分为圆形旋钮、多边形旋钮、指针形旋钮和手动转盘等。图 6.8 是几种常见旋钮示意图。

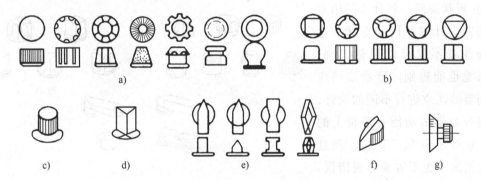

图 6.8　几种常见旋钮示意图

旋钮的大小应根据操作时使用手指和手的不同部位而定，其直径以能够保证动作的速度和准确性为前提。实验表明，对于单旋钮，直径以 50mm 最佳。多层旋钮必须保证各层旋钮之间不接触，在旋转某一层时不会无意触动其他层的旋钮。三层旋钮的中间一层选取直径为 50mm 时，最上面的小旋钮直径应小于 25mm，最下面的大旋钮直径在 80mm 左右为宜，多层旋钮应有足够的旋转阻力，才能保证不会相互影响（图 6.9）。为了防止操纵旋钮时打滑，常把钮帽部分做成各种齿纹状或多边形，以增强手的握持力。

**2. 按钮**

按钮有两种结构：一种是揿则下降，松则弹起，这是单作用按钮；还有一种揿下之后可以锁住，再揿时才弹回，这是具有保持定位的双作用按钮。按钮有 3 个主要参数：直径、作用力及移动距离。

（1）按钮直径

按钮尺寸主要按成人手指端的尺寸和操作要求而定。一般圆弧形按钮直径以 8~18mm 为宜，矩形按钮以 10mm×10mm、10mm×15mm 或 15mm×20mm 为宜，按钮应高出盘面 5~12mm，行程为 3~6mm，按钮间距一般为 12.5~25mm，最小不得小于 6mm。

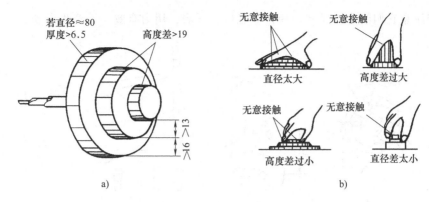

图 6.9 三层旋钮的尺寸关系

a）避免操作干扰的尺度关系 b）产生操作干扰的几种情况

若按钮的关系重大，为防止疏忽，可将按钮设置在一凹坑中，如图6.10所示。这时按钮直径应不小于25mm，若需戴手套操作，则按钮直径不应小于50mm。对于发生疏忽会产生严重事故的按钮，则应加防护装置。防护装置种类很多，例如可以加装小盖和防护栏。

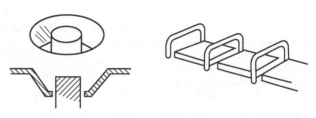

图 6.10 重要按钮设计

（2）按钮阻力

对于单指按钮的阻力，大拇指按钮可取 2.94~19.6N，其他手指按钮可取 1.47~5.89N，按钮阻力不宜太小，以免稍有误碰会起作用，造成事故。按钮开关一般用声响（如咔嗒声）或以阻力的变化作为到位的反馈信息，如果配备指示灯作为反馈信息时，也应有声响或阻力变化信息。因为指示灯有时也会因未注意而被忽略。不宜用长时间的鸣叫声作为提示信号，因为这样会增加噪声污染。

**3. 控制杆**

控制杆是一种需要用较大的力操纵的控制器。控制杆的运动多为前后推拉、左右推拉或做圆锥运动，因而需要占用较大的操作空间。控制杆的长度根据设定的位移量和操纵力决定。当操纵角度较大时，控制杆端部应设置球状手把。控制杆的操纵角度以30°为宜，一般不超过90°。控制杆的最小操作阻力，用手指操作时为3N，用手操作时为9N。

**4. 转轮、手柄和曲柄**

转轮、手柄和曲柄控制器的功能与旋钮相当，用于需要较大的操作扭矩的条件下。转轮可以单手操作或双手操作，并可自由地连续旋转操作。因此，操作时没有明确的定位值。转轮、手柄和曲柄如图6.11所示。利用手柄操作时，其操纵力的大小与手柄距地面高度、操纵方向及左、右手等因素有关，操纵手柄的适宜用力见表6.14。控制器的大小受操作者有效用力范围及其尺寸的限制，在设计时必须充分考虑。手柄和曲柄可以认为是转轮的变形设计，此时应注意它们的合理尺寸，使作业者握持舒服，用力有效，不产生滑动。

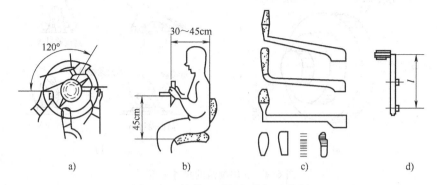

图 6.11　转轮、手柄和曲柄示意图

a）转轮　b）垂直操作转轮　c）曲柄　d）手柄

表 6.14　操纵手柄的适宜用力

| 手柄距地面的高度/mm | 手的用力/N | | | | | |
| --- | --- | --- | --- | --- | --- | --- |
| | 左 | | | 右 | | |
| | 向上 | 向下 | 向侧方 | 向上 | 向下 | 向侧方 |
| 500~650 | 140 | 70 | 40 | 120 | 120 | 30 |
| 650~1050 | 120 | 120 | 60 | 100 | 100 | 40 |
| 1050~1400 | 80 | 80 | 60 | 60 | 60 | 40 |
| 1400~1600 | 90 | 140 | 40 | 40 | 60 | 30 |

**5. 按键**

按键是用手指按压进行操作的控制器，按其形状可分为圆柱形键、方柱形键和弧面柱形键；接用途可分为代码键（数码和符号键）、功能键和间隔键；按开关接触情况可分为接触式按键（如机械接触开关）和非接触式按键（如霍尔效应开关、光学开关等）。

按键的尺寸应依据手指的尺寸和指端弧形进行设计，方能操作舒适。

图 6.12a 为外凸弧形按键，操作时手的触感不适，只适用于小负荷而操作频率低的场合。

按键的端面形式以中凹型（图 6.12b）为优，它可增强手指的触感，便于操作，这种按键适用于较大操纵力的场合。

按键应凸出面板一定的高度，若按键过平则不易感觉位置是否正确，如图 6.12c 所示。

各按键之间应有一定的间距，否则容易同时按着两个键，如图 6.12d 所示。

按键适宜的尺寸可参考图 6.12e（单位：mm）。对于排列密集的按键，宜做成图 6.12f 的形式，使手指端触面之间相互保持一定的距离。

通常是由形状和大小相同、数量较多的键组成键盘，并用文字、数字或符号标明其功能。一般按键直径为 8~20mm，凸出键盘的高度为 5~12mm，升降行程为 3~6mm，键与键的间隙不小于 0.6mm；由键组成的键盘，其功能分区（字符区布置）要符合国家标准，按键可以呈倾斜式、阶梯式排列，如图 6.12g 所示。

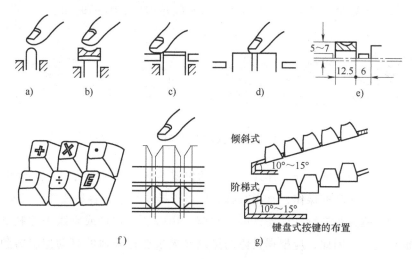

图 6.12　按键的形式和尺寸

## 6.2.4　脚动控制器的设计

如果需要连续操作，而且用手不方便，或者操纵力超过 150N，或者手部的控制负荷过大时，可以优先采用脚动控制器。脚动控制器通常是在坐姿姿态且背部有支承时操作的，多用右脚，操纵力较大时用脚掌，快速操作时用脚尖。

### 1. 脚动控制器的形式

脚踏板和脚踏按钮是最常用的两种脚动控制器。当操纵力超过 150N 时，或者操纵力小于 50N 但需连续操纵时，优选脚踏板。

脚踏板的形式有摆动式、回转式（包括单曲柄式和双曲柄式）和直动式，如图 6.13 所示。自行车上用双曲柄式脚踏板，它能连续转动，且省力。单曲柄式脚踏板可用于摩托车的启动等。由于使用脚踏板能施加较大的操纵力，且操作也方便，因而在无法用手操作的场合，脚踏板得到了广泛的应用，如汽车的加速器（油门）和制动器。而脚踏按钮则多用于操作力较小，但需要经常动作的场合，如控制空气锤的开停。脚踏按钮的形式与按钮相似。

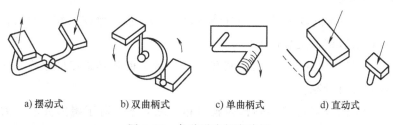

a) 摆动式　　　b) 双曲柄式　　　c) 单曲柄式　　　d) 直动式

图 6.13　各种形式的脚踏板

图 6.14 为几种形式脚踏板操作效率的比较。图中按编号 a~e 顺序，在相同条件下，相应的踏板每分钟脚踏次数分别为 187、178、176、140、171。试验结果表明，每踏一次，

图 6.14a 所示踏板所需时间最少，图 6.14b ~ 图 6.14d 所示踏板所需时间依次增多，而图 6.14d 所示踏板所需时间最多，比图 6.14a 所示踏板多用 34% 的时间。

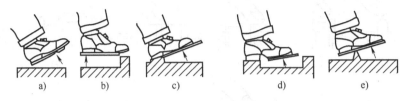

图 6.14　几种形式脚踏板操作效率比较

由于脚动控制器的功能特征、样式和布置的位置不同，脚的操纵方式也不相同。对于用力大、速度快和准确性高的操作，宜用右脚。但对于操作频繁、容易疲劳，且不是很重要的操作，应考虑两脚能交替进行。即使是同一只脚，用脚掌、脚趾或脚跟去控制脚动控制器，其控制效果也有差异。因此，应根据具体的操纵要求来选择合适的脚动控制器和操纵方式，才能保证操纵的舒适性和效率。

**2. 脚动控制器的适宜用力**

一般的脚动控制器都采用坐姿操作，只有少数操纵力较小（小于 50N）才允许采用站姿操作。在坐姿下，脚的操纵力远大于手。一般的脚蹬（或脚踏板）采用 $14N/cm^2$ 的阻力为好。脚动控制器适宜用力的推荐值见表 6.15。

表 6.15　脚动控制器适宜用力的推荐值

| 脚动控制器 | 推荐的用力值/N | 脚动控制器 | 推荐的用力值/N |
|---|---|---|---|
| 脚休息时脚踏板的承受力 | 18≤ · ≤32 | 飞机方向舵 | 272 |
| 悬挂的脚蹬（如汽车的加速器） | 45≤ · ≤68 | 可允许脚蹬力最大值 | 2268 |
| 功率制动器 | ≤68 | 创纪录的脚蹬力最大值 | 4082 |
| 离合器和机械制动器 | ≤136 | | |

在操纵过程中，脚都是放在脚动控制器上的，为防止脚动控制器被无意触碰使其移位或误操作，脚动控制器应有一个起动阻力，它至少应超过脚休息时脚动控制器的承受力。

**3. 脚动控制器的设计**

为便于脚施力，脚踏板多采用矩形和椭圆形平面板，而脚踏钮有矩形也有圆形，图 6.15 是几种设计得较好的脚踏板及其相关尺寸。

图 6.16 是常用脚踏钮的设计尺寸，可供参考。脚踏板和脚踏钮的表面都应设计成齿纹状，以避免脚在用力时滑脱。

脚动控制器的空间位置直接影响脚的施力和操纵效率。对于蹬力要求较大的脚动控制器，其空间位置应考虑施力的便捷性，也就是使脚和整个腿在操作时形成一个施力单元。为此，大腿与小腿的夹角应在 105°~135°范围内，以 120°为最佳，这种姿势下脚的蹬力可达2250N（图 6.17）。

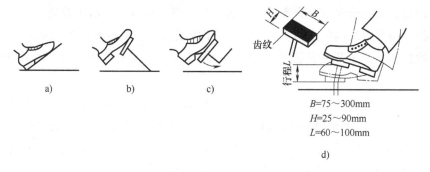

图 6.15　脚踏板及其相关尺寸

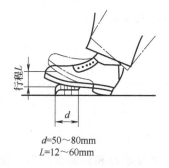

图 6.16　常用脚踏钮的设计尺寸

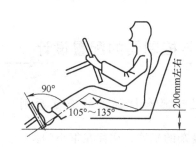

图 6.17　小汽车驾驶室脚踏板的空间布置

对于蹬力要求较小的脚动控制器，考虑坐姿时脚的施力方便，大腿与小腿夹角以 105°～110°为宜，如图 6.18a 为脚踏钮的布置情况，图 6.18b 为蹬力要求较小的脚踏板空间布置，可供设计时参考。

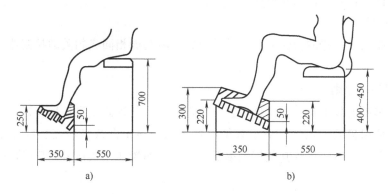

图 6.18　脚动控制器的空间布置

## 6.2.5　控制器的选择原则

正确选择控制装置的类型对于保障安全生产、提高工作效率极为重要。一般来说，选择的原则如下：

1）快速而精确的操作主要采用手控或手指控制装置，用力的操作则采用手臂及下肢控制。

2）手控装置应安排在肘、肩高度之间容易接触到的位置，并易于看到。

3）手指控制装置之间的距离可为 15mm，手控装置之间的距离则为 50mm。

4）手揿按钮、钮子开关或旋钮开关适用于用力小、移动幅度不大及高精度的阶梯式或连续式调节。

5）长臂杠杆、曲柄、手轮及踏板则适合于用力大、移动幅度大和低精度的操作。

在操作过程中，只有在用脚动控制器优于用手动控制器时才选用脚动控制器。一般在下列情况时考虑选用脚动控制器：需要进行连续操作，而用手操作又不方便的场合；无论是连续性控制还是间歇性控制，其操纵力为 50～150N 的情况；手的工作控制量太大，不足以完成控制任务时。当操纵力为 50～150N，或操纵力为 50～150N 且需要连续操作时，宜选用脚踏板；对于操纵力较小且不需连续控制时，宜选用脚踏钮或脚踏开关。

# 6.3 | 显示器与控制器的配置设计

## 6.3.1 显示器和控制器的布置原则

一台复杂的机器，往往在很小的操作空间集中了多个显示器和控制器。为了便于操作者迅速、准确地认读和操作，获得最佳的人机信息交互，布置显示器和控制器时应遵循如下原则：

（1）使用顺序原则

如果控制器或显示器是按某一固定使用顺序操作，则控制器或显示器也应按同一顺序排列布置，以方便操作者的记忆和操作。

（2）功能原则

按照控制器或显示器的功能关系安排其位置，将功能相同或相关的控制器或显示器组合在一起。

（3）使用频率原则

将使用频率高的显示器或控制器布置在操作者的最佳视区或最佳操作区，即布置在操作者最容易看到或触摸到的位置。对于只是偶尔使用的显示器或控制器，则可布置在次要区域。但对于紧急制动器，尽管其使用频率低，也必须布置在当操作者需要时可迅速、方便操作的位置。

（4）重要性原则

按照控制器或显示器对实现系统目标的重要程度安排其位置。重要的控制器或显示器应安排在操作者操作或认读最为方便的区域。

## 6.3.2 视觉显示器的布置

当一个控制室内有多块仪表盘，而每一块仪表盘上又装有许多仪表时，仪表盘和仪表布置得是否合理，是否适合人的生理和心理特性，关系到识读效果、巡检时间、工作效率和安全。

**1. 仪表盘的识读特点与最佳识读区**

人眼的分辨能力随视区而异。以视中心线为基准，在其上下各 15° 的区域内误读概率最小，视角增大，误读概率增高（表 6.16）。

表 6.16　不同视线角度的误读概率

| 视线上下的角度区域/(°) | 误读概率 | 视线上下的角度区域/(°) | 误读概率 |
| --- | --- | --- | --- |
| 0~15 | 0.0001~0.0005 | 15~30 | 0.0010 |
| 30~45 | 0.0015 | 45~60 | 0.0020 |
| 60~75 | 0.0025 | 75~90 | 0.0030 |

当视距为 800mm 时，若眼球不动，水平视野 20° 范围为最佳识读范围，其正确识读时间为 1s。当水平视野超过 24°，正确识读时间开始急剧增加，且 24° 以外区域的左半部正确识读时间比右半部正确识读时间短。

视线与盘面垂直，可以减少视觉误差。当人坐在控制台前时，头部一般略向前倾，所以仪表盘盘面应相应后仰 15°~ 30°，以保证视线与盘面垂直（图 6.19）。

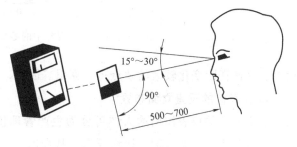

图 6.19　显示器的观察视角

**2. 显示器位置与反应速度的关系**

尽管人的视野很宽，但是在整个视野和各视点上其反应速度及认读准确性都不相同，特别是在紧张的情况下，对不同位置的反应速度有很大差别。1973 年海恩斯（Haines）和吉利兰德（Gililand）测试了人对放于其视野中不同位置的光的反应时间，图 6.20 给出了视野中的等反应时间曲线，用它可以确定重要程度不同的显示器的位置。由该图可知，最快的反应时间（这里为 280ms）在视中心线上下各为 8°、向右约为 45°、向左约为 10° 所包围的区域内。在对角线上，右下角 135° 的视区，反应速度快于其他三个方向（即快于 45°、225°、315°）的视区。显然，对于重要显示器，应该布置在反应时间最短的视区之内。

**3. 仪表盘的总体设计**

如果许多块仪表一字排开，结果是盘面增大，眼睛至盘面上各点的视距不一样。盘面的中心部位视距最短，在其他条件相同的情况下，识读效率最高，盘面的边沿部位由于视距延长，因而识读效率最差。虽然可以通过监控者的移动、眼球或头部的运动改善，终不如中心部位的识读效率高，而且人体的运动也会加速疲劳。

为保证工效和减少疲劳，一目了然地看清全部仪表，一般可根据仪表盘的数量选择一字形、弧形、弯折形布置形式（图 6.21）。

一字形布置的结构简单，安装方便，适用于仪表盘较少的小型控制室。弧形布置的结构比较复杂，它既可以是整体弧形，也可以是组合弧形，这种弧形结构改善了视距变化较大的缺点，常用于 10 块盘以上的中型控制室。弯折式布置由多个一字形构成，其结构比弧形式

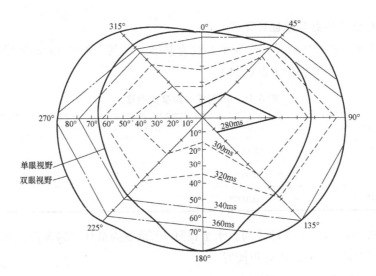

图 6.20　视野中的等反应时间曲线

简单，又使视距变化较大的缺点得到克服。因此，该种布置形式常用于大中型控制室。

**4. 仪表盘的垂直立面布置**

盘面安装的仪表按用途大体可分为生产管理仪表、过程控制仪表和操纵监视仪表三大类。按其作用、重要程度与操纵要求，其合理布置如图 6.22 所示。

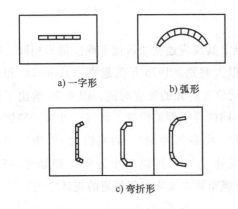

图 6.21　仪表盘布置形式

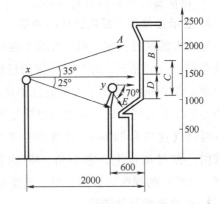

图 6.22　盘面上的仪表布置（单位：mm）

在 A 区域可布置反映全局性，对生产过程有指导意义的生产管理仪表。如总电压表、总电流表、物料总流量表及紧急报警装置等，它们的位置应在人的身高以上比较醒目的地方。

在 B 区域布置监控者需要经常观察的各类指示仪表和记录仪。

在 D 区域布置指示调节器和记录及其操纵部件。

E 区域是仪表盘附带的操纵台，可布置启动和停止按钮、显示转换键和电话等辅助装置。

图中 $x$ 是监控者眼睛高度（约为 1.5m），$y$ 是监控者俯位（约为 1.3m）。无论监控者的视距为 2m，还是 0.6m 处，均能保证各类仪表在监控者的良好视区内。

**5. 指针式仪表群的布置**

对于用作检查目的的显示仪表群，往往是由多个相同的仪表构成的。如果将这种仪表群中各个仪表的指针的正常位按一定的规律组合排列图案，对于发现异常极为方便。

当机械处于正常情况时，很多仪表指针都处于稳定的显示状态，一旦某部分出现异常，相关的检查仪表才会出现变位显示。在这个过程中，仪表相当于一种记忆元件，机械处于正常状态其显示是"无信号"的，仪表指针稳定不动，每当出现某种异常就会在相应的仪表上做出一次显示和记录。因此，将显示装置按某种几何规律排列对发现异常最为有利。1953年，约翰斯加尔（Johnsgard）将 16 个仪表排成 4 种情况，如图 6.23 所示，图 a 为所有仪表指针一律向左；图 b 分为左右两组，每组内两表指针相对；图 c 分为上下两组，每组内表针相对；图 d 分为 4 组，每组表针指向中心。不论哪一种编排，目的都是将表针的指向排成一个有规律的图案，一旦发现这个图案的规律被破坏，必为异常显示。实验结果表明，图 d 的效果最差，图 c 优于图 b，图 a 的效果最好。

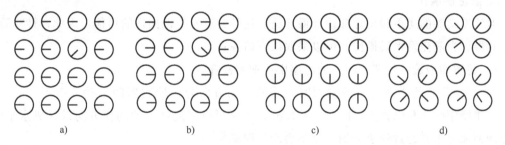

图 6.23　Johnsgard 仪表群

## 6.3.3　控制器的布置

控制器布置主要解决 3 个问题：一是控制器的位置；二是控制器的间距；三是防止误操作的措施。

**1. 控制器的位置**

控制器布置的位置除应遵守其设计的一般原则之外，还要考虑各种控制器本身的操作特点，要将其布置在控制的最佳操作区域之内。如颜色控制器应布置在最佳视觉区域之内，位置控制器应安排在习惯的操纵位置上等。此外，联系较多的控制器应尽量互相靠近。控制器的排列和位置要符合其操作程序和逻辑关系，还应适合人的左右手和左右脚的能力。

**2. 控制器的间距**

控制器的间距并不是越小越好，间距小虽然可以排得紧凑，观察方便，但实验证明，过小的间距会明显增加误操作率。控制器的间距取决于控制器的形式、操作顺序及是否需要防护等因素。控制器的安排和间距应尽可能做到在盲目定位等动作时，有较好的操作效率。控制器的形式对于控制器间距的影响很大。不同形式的控制器要求不同的使用方式，例如，按钮只需指尖向前按，对周围的影响最小，而扳动开关既要求手指在扳钮两侧有足够的空间以便捏住钮柄，又要求沿扳动方向留出手的活动空间；再如杠杆控制器，如果两个杠杆必须用双手同时操作，两只手柄间就必须留有可容纳双手同时动作而不会相碰的距离；如果两个杠杆是单手顺序操作，则两手柄的间距可以小得多。表 6.17 给出了几种控制器的适当间距，可供参考。

表 6.17　几种控制器的适当间距　　　　　　　　（单位：mm）

| 操作方法 | 操作部位 | | | | | | |
|---|---|---|---|---|---|---|---|
| | 手指 | | 手 | | | 脚 | |
| | 按钮 | 扳动开关 | 杠杆 | 曲柄 | 旋钮 | 踏板之间 | 中心距 |
| 同时操作 | | | 125 | 125 | 125 | | |
| 单肢顺序操作 | 25 | 25 | | | | 100 | 200 |
| 单肢随机操作 | 50 | 50 | 100 | 100 | 50 | 150 | 250 |
| 不同的手指操作 | 10 | 15 | — | — | — | — | — |

**3. 防止误操作**

即使控制器的间距和位置都设计得合适，还是会有发生误操作的可能。因此，针对重要的控制器，为避免发生误操作，可以采取以下措施：

1）将按钮或旋钮设置在凹入的底座中或加装栏杆等。

2）使操作者的手在越过控制器时，手的运动方向与该控制器的运动方向不一致。例如，如果操作时手是以铅直方向越过某杠杆，这时可以将此杠杆的动作方向设计成水平的，这样即使无意中被经过的手碰到，也不会产生误动作。

3）在控制器上加盖或加锁。

4）按固定顺序操作的控制器，可以设计成联锁的形式，使之必须依次操作才能动作。

5）增加操作阻力，使较小外力不起作用。

## 6.3.4　显示器和控制器的配置设计

显示器和控制器的配置设计主要考虑其相合性。它是反映人机关系的一种方式，涉及人机间的信息传递、信息处理与控制指令的执行以及人的习惯定式，其中"相合性"受人的习惯因素影响很大。例如，仪表的指针顺时针方向转动通常表示数值增大，逆时针转动表示数值减少，若把这种关系颠倒过来，就很容易导致误操作而引发事故。随着科技的发展，在表示"相合性"方面出现了许多新技术和新方法，如多媒体中的触摸屏、光笔输入、数据手套、虚拟驾驶系统、三围视场头盔等，并在日常生活及工业生产中得到广泛应用。显示器和控制器的相合性设计，应根据人机工程学原理和人的习惯定式等生理、心理特点，并考虑以下因素。

**1. 运动相合性**

一般来说，人对显示器和控制器的运动有一定的习惯定式，如顺时针旋转或自下而上，人们自然习惯地认为是增加的方向。例如，顺时针旋转收音机的旋钮，其音量增大；汽车的方向盘顺时针旋转，汽车向右转弯，逆时针旋转，汽车向左转弯。控制器的运动方向与执行系统或显示器的运动方向在逻辑上应是一致的，虽然它们处在不同的空间位置，但它们运动方向的逻辑一致性是符合人感知的"习惯定式"，这表明其运动相合性好（图 6.24）。

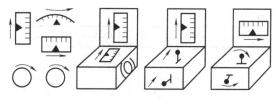

图 6.24　控制器与显示器的运动相合性

**2. 空间相合性**

控制器和显示器在配合使用时，控制器应该与其相联系的显示器紧密布置在一起。最好布置在显示器的下方或右方（便于绝大多数人使用右手操作）。当布置的空间受到限制时，控制器和显示器的布置在空间位置上应有逻辑关系。例如，左上角的显示器用左下角的控制器去操作；右上角的显示器用右下角的控制器去操作；中间的控制器用中间的显示器表达其控制量。控制器和显示器的空间相合性如图 6.25 所示。

图 6.25a 中，由于空间限制，两个显示器的控制钮左右排列。左边的控制器与下面的显示器相关联，右边的控制器与上边的显示器相关联，这种安排就违背了人们的空间习惯思维定式。这种情况下使用控制器就很容易造成混淆。如果空间有限，不可能有其他的安排方法，图 6.25b 所示的安排比较可取，左边的控制器与上面的显示器相关联，右边的控制器与下面的显示器相关联，但也应尽量避免这种布置。图 6.25c 的安排就完全符合人们的空间习惯，图 6.25d 的安排可使控制器和显示器的空间关系更为清晰，这种安排就很少发生混淆现象。当然，控制器与显示器的空间位置如果违反人们的习惯，经过一定时间的培训，在正常情况下也是可以安全操作的。但是，如果遇到紧急、危险的情况时，人容易恢复原有的习惯进行操纵，这样就极易发生误操作而引发事故。由此可见，如果控制器与显示器的相合性好，可减少操作失误，缩短操作时间，对提高操作质量有明显的效果。

**3. 控制-显示比**

在操作中，通过控制器对设备进行定量调节或连续控制，控制量则通过显示器（也可以是设备本身，如方向盘的转动与车身转弯程度）来反映。控制-显示比就是控制器和显示器移动量之比，即 $C/D$。这个移动量可以是直线距离（如直线形刻度盘的显示量，操纵杆的移动量），也可以是旋转的角度和圈数（如圆形刻度盘的显示量，旋钮的旋转量等）。$C/D$ 值反映控制-显示系统的灵敏度。$C/D$ 值高，说明控制-显示系统灵敏度低；$C/D$ 值低，说明控制-显示系统灵敏度高（图 6.26）。一般来说，设备上的控制-显示系统具有粗调和细调两种功能。$C/D$ 值的选择则考虑精调时间和粗调时间，而不是简单地选择高的 $C/D$ 值，还是低的 $C/D$ 值。最佳的 $C/D$ 值则是两种调节时间曲线相交处，这样可以使调节时间降到最低（图6.27）。

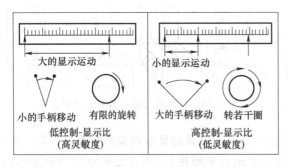

图6.26  控制-显示比

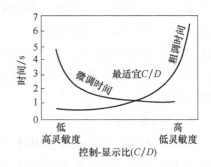

图6.27  *C/D*值与调节时间的关系

最佳的*C/D*值选择还要受很多其他因素的影响。例如，显示器的大小、控制器的类型、观测距离以及调节误差的允许范围等。最佳*C/D*值选择往往通过实验获得，却没有一个理想的计算公式。国外曾经有人通过实验得出：旋钮的最佳*C/D*值范围为0.2~0.8，操纵杆或手柄的最佳*C/D*值为2.5~4.0较为理想。

## 复 习 题

6.1  简述显示器设计的基本原则。

6.2  简述指针式模拟显示和数字式显示各有什么优缺点，在设计时如何进行选择？请说明原因。

6.3  刻度设计有哪些注意事项？

6.4  音响及报警装置的设计原则是什么？

6.5  常用的音响和报警装置有哪些？各自有什么特点？

6.6  简述控制器设计的一般原则。

6.7  为什么要对控制器进行编码，控制器的编码有哪几种形式？

6.8  什么情况下选择手动控制器？常用的手动控制器有哪些？

6.9  什么情况下选择脚动控制器？

6.10  简述显示器与控制器布置的原则。

6.11  仪表盘总体布置的常用形式有哪些？

6.12  显示器与控制器的配合设计应遵循哪些基本原则？请举例进行说明。

6.13  什么叫控制-显示比（即*C/D*比）？旋钮的最佳*C/D*比取值范围是多少？

# 7

## 第7章
# 作业环境及作业空间

【本章学习目标】

1. 掌握工作场所的照明设计、眩光的危害及如何避免眩光；掌握安全色的含义及应用；掌握作业空间设计的基本原则和要求；掌握机械防护安全距离的确定方法。

2. 理解色彩调节的作用；理解如何进行作业场所的微气候环境改善；理解不同作业姿势的作业空间布局设计。

3. 了解照明方式的分类、色彩设计基础知识；了解噪声与振动、有毒环境的防治措施。

在人、机、环境系统中，任何人、机系统都处于一定的环境之中，因此人、机系统的功能会受到环境因素的影响。与"机"相比，"人"受影响的程度更大。对系统产生影响的一般作业环境包括许多方面，主要有微气候、照明、色彩、噪声以及有毒物质等物理环境因素和化学因素。如果在系统设计的各个阶段，尽可能排除各种环境因素对人体的不良影响，使人具有"舒适"的作业环境，不仅有利于保护劳动者的健康与安全，还有利于最大限度地提高系统的综合效能。因此，作业环境对系统的影响就成为安全人机工程学研究中的一个重要方面。

## 7.1 照明环境

在生产活动中，人们从外界接受的各种感觉信息，85%以上为视觉信息。从人机工程学的角度来看，照明条件的好坏直接影响视觉获得信息的效率与质量，环境照明对人的作业舒适度、视力保护、保证工作效率和质量、确保安全生产的意义重大，因此，环境照明条件是作业环境的重要因素之一。

### 7.1.1 照明对工效的影响

**1. 照明与疲劳**

适合的照明可以帮助提高视力。因为亮光下作业者瞳孔缩小，视网膜上成像更为清晰，视物清楚。当照明不良时，因需反复努力辨认，易使视觉疲劳，工作不能持久。视觉疲劳的症状有：眼部乏累、怕光、眼部疼痛、视力模糊、眼部充血、分泌物过多以及流泪等。视觉疲劳还会引起视力下降、眼球发胀、头痛以及其他疾病而影响健康，导致作业失误甚至造成工伤。

**2. 照明与工作效率**

提高照度，改善照明，对减少视觉疲劳，提高工作效率有很大影响。适当的照明可以提高工作的速度和精确度，从而增加产量，提高质量，减少差错。舒适的光线条件对手工劳动以及要求紧张的记忆和逻辑思维的脑力劳动，都有助于提高工作效率。

某些依赖于视觉的工作对照明提出的要求则更加严格。增加照明并非总是与劳动生产率的增长相联系。当照度提高到一定限度时，可能引起目眩，从而对工作效率产生消极影响。研究表明，随着照度增加到临界水平，工作效率迅速得到提高；在临界水平上，工作效率平稳，若照度超过这个水平，增加照明度对工作效率变化很小，甚至会加重视疲劳，使工作效率下滑，视疲劳和生产率随照度变化的曲线如图 7.1 所示。

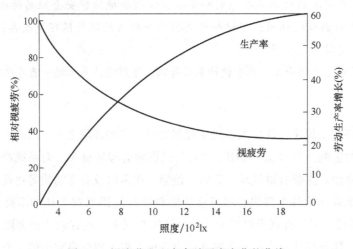

图 7.1　视疲劳和生产率随照度变化的曲线

**3. 事故与照明**

事故的数量与工作环境的照明条件有密切的关系。事故统计资料表明，事故产生的原因虽然是多方面的，但照度不足则是重要的影响因素。如我国大部分地区，在 11 月、12 月、1 月这三个月里白天较短，工作场所人工照明时间增加，和自然光照明相比，人工照明的照度值较低，因此事故发生的次数在冬季最多。图 7.2 表示了一年中各月份事故次数与照明的关系。

事故的数量还与工作场所的照明环境条件有关系。如果作业环境照明条件差，操作者就不能清晰地看到周围的东西和目标，在操作时产生差错而导致事故发生。如图 7.3 所示是照明与事故发生率的关系，图中表示仅照度由 50lx 提高到 200lx 时，工伤事故次数、差错件数、因疲劳缺勤人数的降低情况。

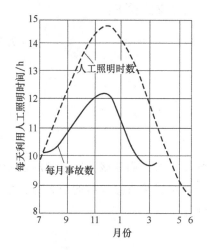

图 7.2　一年中各月份事故次数与照明的关系

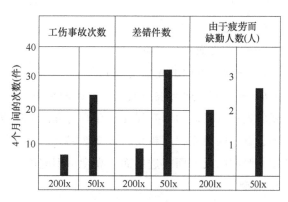

图 7.3　照明与事故发生率的关系

### 4. 照明与情绪

据生理和心理方面的研究表明，照明会影响人的情绪和人的兴奋性和积极性，从而影响工作效率。一般认为，明亮的房间是令人愉快的，如果让被试者在不同照度的房间中选择工作场所，一般都选择比较明亮的地方。眩光使人感到不愉快，被试者一般都尽量避免眩光和反射光。还有许多人喜欢光从左侧投射。

总之，改善工作环境的照明，可以改善视觉条件，节省工作时间，提高工作质量，提高工作效率，保护视力，减轻疲劳，减少差错，避免或减少事故，有助于提高工作兴趣。

## 7.1.2　光的度量

### 1. 光通量

光通量是最基本的光度量，可定义为单位时间内通过的光量。它是用国际照明组织规定的标准人眼视觉特性（光谱光效率函数）来评价的辐射通量，单位为流明（lm）。利用光电管可测量光通量。

### 2. 发光强度

发光强度简称光强，是指光源发出并包含在给定方向上单位立体角内的光通量，常用来描述点光源的发光特性。光强的单位为坎德拉（cd），光强与光通量的关系用下式表示：

$$I = \frac{\Phi}{\Omega} \tag{7.1}$$

式中　$I$——光强（cd）；

　　　$\Phi$——光通量（lm）；

　　　$\Omega$——立体角（rad）。

### 3. 亮度

亮度是指发光面在指定方向的发光强度与发光面在垂直于所取方向的平面上的投影面积

之比，亮度的单位为［坎德拉/每平方米］（cd/m²），亮度的定义式如下：

$$L = \frac{I}{S\cos\theta} \tag{7.2}$$

式中　$L$——亮度（cd/m²）；

　　　$S$——发光面面积（m²）；

　　　$I$——取定方向的光强（cd）；

　　　$\theta$——取定方向与发光面法线方向的夹角。

亮度表示发光面的明亮程度。在取定方向上的发光强度越大，而在该方向看到的发光面积越小，看到的明亮程度越高，即亮度越大。这里的发光面可以是直接辐射的面光源，也可以是被光照射的反射面或透射面。亮度可用亮度计直接测量。

**4. 照度**

照度是被照面单位面积上所接受的光通量，单位为勒克司（lx）。照度的定义式如下：

$$E = \frac{I\cos\theta}{d^2} \tag{7.3}$$

式中　$E$——照度（lx）；

　　　$\theta$——受照物体表面法线与点光源照明方向的夹角；

　　　$d$——受照面与点光源之间的距离（m）；

　　　$I$——点光源发光强度（cd）。

式（7.3）表明，受点光源照明的物体垂直面上的照度与光源和受照面之间的距离的平方成反比，与光源的发光强度成正比。由此可知，增加或减少点光源的光强度、改变受照物体与光源的距离、调整光源与受照体之间的夹角，均是改善受照物体表面照度的有效途径。

测定工作场所的照度，可以使用光电池照度计。工作场所内部空间的照度受人工照明、自然采光以及设备布置、反射系数等多方面因素的影响，因此测定位置的选择要考虑这些因素。一般立姿工作的场所取地面上方85cm，坐姿工作时取工作台上方40cm高处进行测定。

### 7.1.3　作业场所照明设计

**1. 照明方式**

工业企业的建筑物照明通常采用三种形式：自然照明、人工照明和两者同时并用的混合照明。人工照明按灯光照射范围和效果，又分为一般照明、局部照明、综合照明以及特殊照明等方式。

（1）一般照明

一般照明又称整体照明，是一种不考虑局部照明的照明方式。在整个车间（或厂房）内以大致相同的照度来进行照明，所以照度较为均匀，作业者的视野亮度一样，视力条件好，工作时心情愉快，但耗电较多、不经济。一般照明相对于局部照明，其效率和均匀性都比较好，适用于作业点密集的场所或作业点不固定的场所。

（2）局部照明

局部照明方式通常是将光源靠近操作面安装，可以保证工作面有充足的照度，故耗电量少，但照明的光线不均匀。当操作人员的视线由工作面转移到其他地方时，亮度变化较大，需有一个适应过程，所以要注意避免眩光和周围变暗造成强对比的影响。当对工作面照度的要求不超过 40lx 时，不必采用局部照明。

（3）综合照明

综合照明是指由一般照明和局部照明共同构成的照明。其比例近似 1：5 为好。若对比过强，则使人感到不舒适，对作业效率有影响。对于较小的工作场所，一般照明的比例可适当提高。综合照明是一种最经济的照明方式，常用于要求照度高，或有一定的投光方向，或固定工作点分布较稀疏的场所。

（4）特殊照明

特殊照明是利用不同性质的光束帮助人们观察操作面的照明方式。这种照明方法适用于不容易观察的操作或用以上各照明方式难以达到预期效果而采用的方式。

**2. 光源选择**

室内采用自然光照明是最理想的。因为自然光明亮、柔和，是人们所习惯的，光谱中的紫外线对人体生理机能还有良好的影响。所以在设计中应最大限度地利用自然光。但是，自然光受昼夜、季节和不同条件的限制，因此在生产环境中常常要用人工光源作为补充照明。选择人工光源时，应优先选择接近自然光的光源，还应根据生产工艺的特点和要求选择。目前，人工光源中常采用 LED 灯、荧光灯、荧光高压汞灯、长弧氙灯、高压钠灯及金属卤化物灯等。

除此以外，在设计选择光源时，应考虑光源的显色性。显色性是指不同光谱的光源照射在同一颜色的物体上时，所呈现不同颜色的特性。通常用显色指数（$R_a$）来表示光源的显色性。光源的显色指数越高，其显色性能越好。一般 $R_a$ 是由光谱分布计算求出的。在显色性的比较中，一般以日光或接近日光的人工光源作为标准光源，其显色性最优，将其一般显色指数 $R_a$ 用 100 表示，其余光源的一般显色指数均小于 100。常见光源的显色指数见表 7.1。

表 7.1 常见光源的显色指数

| 光源 | $R_a$ | 光源 | $R_a$ |
|---|---|---|---|
| 日光 | 100 | 白色荧光灯 | 55~85 |
| 白炽灯 | 97 | 金属卤化物灯 | 53~72 |
| 日光色荧光灯 | 75~94 | 高压汞灯 | 22~51 |
| 氙灯 | 95~97 | 高压钠灯 | 21 |

**3. 避免眩光**

当视野内出现的亮度过高或对比度过大时，人会感到刺眼并降低观察能力，这种刺眼的光线叫作眩光。

眩光按产生的原因可分为直射眩光、反射眩光和对比眩光三种。直射眩光是由眩光源直接照射引起的，直射眩光与光源位置有关（图 7.4）。反射眩光是由视野中光泽表面的反射所引起的。对比眩光是物体与背景明暗相差太大所致。

眩光的危害主要是破坏视觉的暗适应，产生视觉后像，使工作区的视觉效率降低，产生视觉不舒适感和分散注意力，造成视觉疲劳。研究表明，做精细工作时，眩光在 20min 内就会使差错明显，工作效率显著降低，眩光源对视觉效率的影响程度与视线和光源的相对位置有关（图 7.5）。

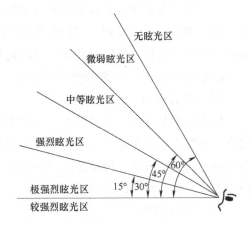

图 7.4　光源位置的眩光效应

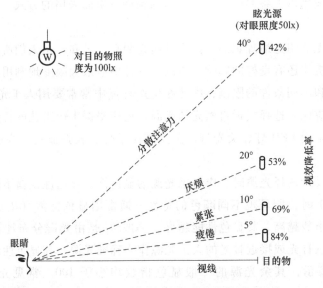

图 7.5　光源的相对位置对视觉效率的影响程度

为了防止和控制眩光，应采取如下措施：

（1）限制光源亮度

当光源亮度大于 $16×10^4 cd/m^2$ 时，无论亮度对比如何，都会产生严重的眩光。如普通白炽灯灯丝亮度达到 $3×10^6 cd/m^2$ 以上，应考虑用氢氟酸进行化学处理，使玻壳内表面变成内磨砂，或在玻壳内表面涂以白色无机粉末，以提高光的漫射性能，使灯光柔和。

（2）合理分布光源

尽可能将光源布置在视线外的微弱刺激区，例如，采用适当的悬挂高度，使光源在视线 45°角以上，眩光就不明显了。另一办法是采用不透明材料将光源挡住，使灯罩边沿至灯丝连线和水平线构成一定保护角，此角度以 45°为宜，至少不应小于 30°。

（3）改变光源或工作面的位置

对于反射眩光，通过改变光源与工作面的相对位置，使反射眩光不处于视线内；或在可能的条件下，改变反射物表面的材质或涂料，降低反射系数，以求避免反射眩光。

（4）合理的照度

要取得合理的照度，需进行照度计算。根据所需要的照度值及其他已知条件（如照明装置形式及布置、房间各个面的反射条件及照明灯具污染等情况）确定光源的容量或数量。在可能的条件下，适当提高照明亮度，减小亮度对比。

**4. 照度分布**

任何一个工作场所，除了需要满足标准中规定的照度值要求以外，对于在其内的工作面，最好能保证照度分布得比较均匀。所谓照度均匀度，是指规定表面上的最小照度与平均照度之比。均匀的照度分布是视觉感受舒服的重要条件，照度均匀度越接近 1 越好；反之，该值越小，越增加视觉疲劳。照度均匀的标准是场内最大、最小照度分别与平均照度之差小于或等于平均照度的 1/3。

**5. 亮度分布**

工作空间的亮度过于均匀也不好。工作对象和周围环境应存在必要的反差，柔和的阴影会使心理上产生主体感。如果把所有空间都设计成一样的亮度，不仅耗电量多，而且会令人感觉单调而漫不经心。因此，要求视野内有适当的亮度分布，既能使工作处有中心感的效果，有利于正确评定信息，又使工作环境协调，富有层次和愉快的气氛。在集体作业的情况下，需要亮度均匀的照明，以保持每个作业者都有良好的视觉条件。从事单独作业的情况下，并不一定每个作业者都需要同样的亮度分布，可以使工作面明亮些，周围空间稍暗些。

室内亮度比最大允许值见表 7.2。视野内的观察对象、工作面和周边环境之间最适宜的亮度比为 5：2：1，最大允许亮度比为 10：3：1。如果房间照度水平不高，如不超过 300lx，视野内的亮度差别对视觉工作的影响比较小。

表 7.2 室内亮度比最大允许值

| 条件 | 办公室、学校 | 工厂 |
| --- | --- | --- |
| 观察对象与工作面之间（如书与桌子） | 3：1 | 5：1 |
| 观察对象与周围环境之间 | 10：1 | 20：1 |
| 光源与背景之间 | 20：1 | 40：1 |
| 一般视野内各表面之间 | 40：1 | 80：1 |

**6. 照明的稳定性**

照明的稳定性是指照度保持一定值，不产生波动，光源不产生频闪效应。照度稳定与否直接影响照明质量的提高。为此，应使照明电源的电压稳定，并且在设计上要保证在使用过程中照度不低于标准值，就要考虑到光源老化、房间和灯具受到污染等因素，适当增加光源功率，采取避免光源闪烁的措施等。

## 7.2 | 色彩环境

色彩在人类生产生活中起着极为重要的作用。生产生活中的环境色彩变化和刺激有助于操作者保持感情和心理平衡以及正常的知觉和意识，对生产中的机器、实体设备、各类工具和操作对象进行恰当的色彩设计能使其外观美化，让操作者心情舒畅、愉快，视觉良好，有利于提高工作效率；若色彩设计不恰当，则可能破坏机器设备的造型形象，引起操作者的视觉疲劳，心理上的反感、压抑，从而降低工作效率。但要实现这样的目标，必须充分地研究和认识色彩规律和色彩功能。

### 7.2.1 色彩设计基础

**1. 色彩的含义**

色彩与人的视觉生理机能有着密切的关系。自然界的各种色彩之所以能被人察觉，主要是光照在物体上，物体表面对色光的吸收和反射，再作用于视觉器官而形成了人们对色彩的感觉。光线是形成色彩的条件，人的视觉生理作用是色彩感觉的必需因素。因此，色彩是光与视觉生理共同作用的结果。

**2. 色彩的基本知识**

（1）分类

色彩可分为无彩色和有彩色。

无彩色是指黑色、白色和深浅变化不同的灰色所组成的黑白系列中没有纯度的各种色彩。在这个系列中，无彩色的变化代表着物体反射率的变化，在视觉上称为明度变化。

有彩色系列是包括除黑白系列之外的有纯度的各种颜色，如红、橙、黄、绿、蓝、紫等。任何一种色彩都有色调、明度和纯度三个方面的性质，即任何一种色彩都有特定的色调、明度和纯度三个基本要素，这三种性质是色彩最基本的构成元素。

（2）色彩三个基本要素

1）色调。色调是色光光谱上各种不同波长的可见光在视觉上的表现，是区别色彩种类的名称。颜色的名称代表了这种颜色的相貌，如红、红橙、黄、青蓝、紫等，每种颜色都有与其他颜色不同的特征相貌和名称。

2）明度。明度是指色彩的明暗程度，又称光亮度、鲜明度，是全部色彩都具有的属性，与物体表面色彩的反射率有关。当照度一定时，反射率的大小与表面色彩的明度大小成正比。对颜料来说，在色调和纯度相同的颜料中，白颜料反射率最高，在其他颜料中混入白色，可以提高混合色的反射率，也就是提高混合色的明度，混入白色越多，明度越高；而黑颜料恰恰相反，混入黑色越多，明度越低。色调不同而纯度相同的颜色，其明度是不同的，如黄色明度高，看起来很亮；紫色明度低，看起来很暗；橙、红、绿、蓝色等介于之间。

3）纯度。纯度是指色彩的纯净程度，即颜色色素的凝聚程度，又称色度、彩度、鲜艳度、饱和度等。纯度表示颜色是否鲜明和含有颜色多少的程度，它取决于表面反射光波波长范围的大小，即光波的纯度。达到饱和状态的颜色纯度最高，其色泽鲜艳、饱满。光谱上的各种颜色是最饱和的颜色。在饱和颜色的基础上加入黑、白、灰色，其纯度都会降低，加入的越多，纯度就越低。在光谱中的七种标准色中，红色纯度最高，黄绿色纯度最低，其他色纯度居中。黑、白、灰色是无彩色，纯度为零。

### 7.2.2 色彩对人体的影响

色彩的辨别力、明视性等会对人的心理产生不同的影响，并由于性别、年龄、个性、生理状况、心情、生活环境、风俗习惯的不同而产生不同的个别或群体的差异。总体包含以下几种心理效应。

（1）温度感

红色使人有一种温暖的感觉，因此，将红、橙、黄色称为暖色，而橙红色为极暖色。蓝色会使人有一种寒冷感，因此青、绿、蓝色称为冷色；而青色为极冷色。色彩的温度感是人类长期在生产、生活经验中形成的条件反射。当一个人观察暖色时，会在心理上明显出现兴奋与积极进取的情绪；当人观察冷色时，会在心理上明显出现压抑与消极退缩的情绪。

（2）轻重感

色彩的轻重感是物体色彩与人的视觉经验共同作用，使人感受到的重量感。深浅不同的色彩会使人联想起轻重不同的物体。决定色彩轻重感的主要因素是明度，明度越高显得越轻，明度越低显得越重。例如，在工业生产中，高大的重型机器下部多采用深色，上部多采用亮色，可给人以稳定、安全感，否则会使人感到有倾倒的危险。

（3）硬度感

色彩的硬度感是指色彩给人以柔软和坚硬的感觉，与色彩的明度和纯度有关。在无彩色中的黑、白是硬色，灰色是软色。一般常采用高明度和中等纯度的色彩来表现软色。

（4）胀缩感

色彩的胀缩感是指色彩在对比过程中，色彩的轮廓或面积给人以膨胀或收缩的感觉。色彩的轮廓、面积胀缩的感觉是通过色彩的对比作用产生的。通常，明度高的色和暖色有膨胀作用，这种色彩给人的感觉比实际大，如黄色、红色、白色等；而明度低的色和冷色则有收缩作用，这种色彩给人的感觉比实际小，如棕色、蓝色、黑色。

（5）远近感

色彩的远近感是指在相同背景下进行配置时，某些色彩感觉比实际所处的距离显得近，而另一些色彩感觉比实际所处的距离显得远，也就是前进或后退的距离感。这主要与色彩的色相、明度和纯度三要素有关。从色相和明度来说，冷色感觉远，暖色感觉近；明度低的色彩感觉远，明度高的色彩感觉近。而纯度则与明度不同，暖色且纯度越高感觉越近，冷色且纯度越高感觉越远，如在白色背景中，高纯度的红色比低纯度的红色感觉近，高纯度的蓝色比低纯度的蓝色感觉远。

（6）情绪感

不同颜色对人的影响不同，如红色有增加食欲的作用；蓝色有使人情绪稳定的作用；紫色有镇静作用；褐色有升高血压的作用；明度较高而鲜艳的暖色容易引起人疲劳；明度较低、柔和的冷色给人稳重而宁静的感觉；暖色系颜色令人兴奋，可以激发人的感情和情绪，但也易使人感到疲劳；冷色系颜色令人沉静，可以抑制人的情感和情绪，有利于宁静地休息。

此外，明亮而鲜艳的暖色给人以轻快、活泼的感觉，深暗而浑浊的冷色给人以忧郁、沉闷的感觉。无彩色系列中的白色与纯色配合给人以明朗活泼的感觉，而黑色使人产生忧郁感觉，灰色则为中性。因此，在色彩视觉传达设计中，可以合理地应用色彩的情绪感觉，营造适应人的情绪要求的色彩环境。

### 7.2.3　色彩设计

**1. 色彩设计的分类**

1）环境色彩。它包括厂房、商店、建筑物、室内环境等色彩设计。

2）物品配色。它包括机床设备、家具、纺织品、包装等。

3）标志管理用色。它有安全标志、管理卡片、报表、证件等。

**2. 色彩设计的方法与步骤**

（1）色彩设计方法

计算机色彩模拟系统可用来分析配色。模拟系统可以改变、分析、评价各种色彩的组合，确定某一色彩的设计。当进行环境色彩设计时，还可以把有代表性的四季景象协调、对比来确定建筑物的最佳配色，也可参考已有的设计经验，或用绘画的方式进行评价。

（2）色彩设计步骤

1）根据造型、用途确定色彩设计原则。

2）按以上原则提出各种设计方案。

3）进行模拟。

4）制定评价标准，确定理想配色的条件，分析、评价所提出的各种设计方案，从中选出最佳方案。

**3. 色彩调节的概念及目的**

（1）色彩调节的概念

选择适当的色彩，利用色彩的效果，可以在一定程度上对环境因素起到调节作用，称为色彩调节。

利用色彩对环境因素进行调节不需要继续追加运行成本，更不会消耗能源，并且它直接作用于人的心理，只要人的视线所及，不论什么空间类型都能发挥作用。因此，色彩调节在作业空间设计和工业设备的施色等方面具有广泛的应用。

（2）色彩调节的目的

色彩调节的目的就是使环境色彩的选择更加适合于人在该环境中所进行的特定活动。色彩调节的目的可分为三大类：①提高作业者作业愿望和作业效率；②改善作业环境、减轻或延缓作业疲劳；③提高生产的安全性，降低事故率。其中，第①类适用于生产劳动和工作学习的环境，以提高作业者的主观工作愿望和客观工作效率；第②类适用于人的各种特定活动，在客观上改善作业环境的氛围，主观上减少作业者的生理和心理疲劳；第③类适用于生产劳动现场，如生产车间厂房或户外工地现场，是为了排除作业者受到身体甚至于生命的危害，实际上这种调节并不能调节环境因素，而是改变了安全因素，因此称为安全色。

**4. 色彩调节的应用**

色彩调节在作业空间设计和工业设备的施色等各方面具有广泛的应用，可以改善生产现场的氛围，创造良好的工作环境以提高工效，减少疲劳，提高生产的安全性、经济性，降低废品率。对于车间厂房的施色可分为两部分：一部分是车间、厂房建筑的空间构件；另一部分是设置其中的机械、设备及其各种管线。对它们实施色彩调节的施色可分为：安全色、对比色、技术标志用色和环境色。

（1）安全色

安全色是传递安全信息含义的颜色。《安全色》（GB 2893—2008）中规定红、蓝、黄、绿 4 种颜色为安全色，其含义和用途见表 7.3。

表 7.3　安全色含义和用途

| 颜色 | 含义 | 用途举例 |
|---|---|---|
| 红色 | 传递禁止、停止、危险或提示消防设备、设施的信息 | 禁止标志<br>停止信号：机器、车辆的紧急停车手柄或按钮以及禁止人们触动的部位 |
| 蓝色 | 传递必须遵守规定的指令性信息 | 指令标志：如必须佩戴个人防护用品，道路上指引车辆和行人行驶方向的指令 |
| 黄色 | 传递注意、警告的信息 | 警告标志<br>警戒标志：如作业内危险机器和坑池边周围警戒线<br>行车道中线<br>机械设备的齿轮箱<br>安全帽 |
| 绿色 | 传递安全的提示性信息 | 提示标志<br>车间内的安全通道<br>车辆和行人通行标志<br>消防设备和其他安全防护设备的位置 |

使用安全色必须有很高的打动知觉的能力与很高的视认性，所表示的含义必须能被明确、迅速地区分与认知。因此，使用安全色必须考虑以下三方面：

1）危险的紧迫性越高，越应该使用打动知觉程度高的色彩。

2）危险可能波及的范围越广，越应使用视认性高的色彩。

3）应该制定约定俗成的色彩作为安全色标准，以防止安全色含义的错误理解。

凡属有特殊要求的零部件、机械、设备等的直接活动部分与管线的接头、栓等部件以及需要特别引起警惕的重要开关，特别的操纵手轮、把手，机床附设的起重装置，需要告诫人们不能随便靠近的危险装置都必须施以安全色。对于调节部件，一般也应施以纯度高、明度大、对比强烈的色彩加以识别。

（2）对比色

对比色是使安全色更加醒目的反衬色，它包括黑、白两种颜色。安全色与对比色同时使用时，应按表7.4所示的规定搭配使用。

表7.4　安全色与对比色的规定搭配

| 安全色 | 相应的对比色 |
| --- | --- |
| 红色 | 白色 |
| 蓝色 | 白色 |
| 黄色 | 黑色 |
| 绿色 | 白色 |

（3）技术标志用色

色彩也应用于技术标志中，表示材料、设备设施或包装物等。《工业管道的基本识别色、识别符号和安全标识》（GB 7231—2003）根据管道内物质的一般性能，将基本识别色分为八种，见表7.5。

表7.5　八种基本识别色和颜色标准编号

| 种类 | 色彩 | 标准色 | 种类 | 色彩 | 标准色 |
| --- | --- | --- | --- | --- | --- |
| 水 | 艳绿 | G03 | 酸或碱 | 紫 | P02 |
| 水蒸气 | 大红 | R03 | 可燃液体 | 棕 | YR05 |
| 空气 | 浅灰 | B03 | 其他液体 | 黑 | |
| 气体 | 中黄 | Y07 | 氧 | 淡蓝 | PB06 |

（4）环境色

车间、厂房的空间构件包括地面、墙壁、顶棚以及机械设备中除了直接活动的部件与各种管线的接头、栓等部件外，都必须施以环境色。车间、厂房色彩调节中的环境色应满足以下要求：

1）应使环境色形成的反射光配合采光照明形成足够的明视性。

2）应与避免直接眩光一样，尽量避免施色涂层形成的高光对视觉的刺激。

3）应形成适合作业的中高明度的环境色背景。

4）应避免配色的对比度过强或过弱，保证适当的对比度。

5）应避免大面积纯度过高的环境色，以防视觉受到过度刺激而过早产生视觉疲劳。

6）应避免如视觉残像之类的虚幻形象出现，确保生产安全。

如在需要提高视认度的作业面内，尽可能在作业面的光照条件下增大直接工作面与工作对象间的明度对比。经有关专家实验统计，人们在黑色底上寻找黑线比在白色底上寻找同样的黑线所消耗的能量要高2100倍。为了减少视觉疲劳，必须降低与所处环境的明度对比。

同样，在控制器中也应注意控制器色彩与控制面板间以及控制面板与周围环境之间色彩的对比，以改进视认性，提高作业的持久性。

综上所述，设计工作场所的用色应考虑：颜色不要单一，明度不应太高或相差悬殊，饱和度也不应太高，根据工作间的性质和用途选择色彩，利用光线的反射率。而设计机器设备的用色应考虑：颜色与设备功能相适应，设备配色与色彩相协调，危险与示警部位的配色要醒目，突出操纵装置和关键部位，显示器要异于背景用色，设备异于加工材料用色。

## 7.3 | 噪声与振动环境

### 7.3.1 噪声环境

噪声是影响范围很广的一种职业性有害因素，在许多生产劳动过程中，都可能接触噪声，长期接触一定强度的噪声可以对人体健康产生不良影响。

**1. 噪声的性质和分类**

噪声是声音的一种，具有声音的物理特性。从卫生学的角度，凡是使人感到厌烦或不需要的声音都称为噪声。其中，生产过程中产生的声音、频率和强度没有规律，听起来使人感到厌烦，称为生产性噪声或工业噪声。除此以外，还有交通噪声和生活噪声等。

生产性噪声的分类方法有多种，按照来源，可以分为以下几种：

1）机械性噪声。由于机械的撞击、摩擦、转动所产生的噪声，如冲压、打磨发出的声音。

2）空气动力性噪声。空气动力性噪声是由于气体振动产生的，当气体中有了涡流或发生突变等，引起气体的扰动，就产生了空气动力性噪声。如被压缩的空气或气体由孔眼排出时产生的噪声；在汽缸（内燃机）内爆炸产生的噪声；管道中气流运行时压力波动产生的噪声。

3）电磁性噪声。电磁性噪声是由于电机缝隙中交变力相互作用而形成的，如变压器所发出的嗡嗡声。

**2. 噪声的危害**

噪声是一种人们所不希望存在的声音，它经常影响着人们的情绪和健康，干扰人们的工作、学习和正常生活。目前影响工人健康、严重污染环境的工业噪声源有风机、空气压缩机电动机、柴油机、织机、冲床、圆锯机、球磨机、凿岩机等。这些噪声源设备普遍应用于各工业部门，产生的噪声声级高，影响面大。我国在控制这些噪声问题方面，虽已积累了相当丰富的经验，但仍存在许多实际问题，尚待研究解决。

长期在高噪声环境下工作而又没有采取任何有效的防护措施，必将导致永久性的听力损伤，甚至导致严重的职业性耳聋。国内外现都已把职业性耳聋列为重要的职业病之一。强噪声除了可导致耳聋外，还可对人体的神经系统、心血管系统、消化系统，以及生殖系统等产生不良的影响。大量的试验表明，在超过 85dB 的噪声作用下，大脑皮质的兴奋和抑制失调，导致条件反射异常，出现头疼、头晕、失眠、多汗、恶心、记忆力减退、反应迟缓等；而噪声对心血管系统的慢性损伤作用，一般发生在 80~90dB 的噪声强度下。试验研究还表明，噪声可导致胃的收缩机能和分泌机能降低。另外，噪声还容易影响人的工作效率，干扰人们的正常谈话。在噪声环境中工作往往使人烦躁、注意力不集中，差错率明显上升。

**3. 噪声设计标准**

对噪声环境的设计首先要符合相关标准和规范，如《工业企业设计卫生标准》（GBZ 1—2010）和《工业企业噪声控制设计规范》（GB/T 50087—2013），标准规定工业企业应对生产工艺、操作维修、降噪效果进行综合分析，采用行之有效的新技术、新材料、新工艺、新方法。对于生产过程和设备产生的噪声，应首先从声源上进行控制，使噪声作业劳动者接触噪声声级符合有关标准的规定。采用工程控制技术措施仍达不到《工作场所有害因素职业接触限值　第2部分：物理因素》（GBZ 2.2—2007）要求的，应根据实际情况合理设计劳动作息时间，并采取适宜的个人防护措施。工业企业内各类工作场所噪声限值应符合表 7.6 中的规定。

**表 7.6　工业企业内各类工作场所噪声限值**

| 工作场所 | 噪声限值/dB（A） |
| --- | --- |
| 生产车间 | 85 |
| 车间内值班室、观察室、休息室、办公室、实验室、设计室室内背景噪声级 | 70 |
| 正常工作状态下精密装配线、精加工车间，计算机房 | 70 |
| 主控室、集中控制室、通信室、电话总机室、消防值班室，一般办公室、会议室、设计室、实验室室内背景噪声级 | 60 |
| 医务室、教室、值班宿舍室内背景噪声级 | 55 |

**4. 噪声作业分级**

《工作场所职业病危害作业分级　第4部分：噪声》（GBZ/T 229.4—2012）中规定了工作场所生产性噪声作业的分级方法。

（1）稳态和非稳态连续噪声

按照《工作场所物理因素测量　第8部分：噪声》（GBZ/T 189.8—2007）的要求进行噪声作业测量，依据噪声暴露情况计算 $L_{EX,8h}$ 或 $L_{EX,w}$ 后，根据表 7.7 确定噪声作业级别，共分四级。

$L_{EX,8h}$ 表示按额定 8h 工作日规格化的等效连续 A 声级，即 8h 等效声级是指将一天实际工作时间内接触的噪声强度等效为工作 8h 的等效声级。

$L_{EX,w}$ 表示按额定周工作 40h 规格化的等效连续 A 声级，即 40h 等效声级是指非每周 5d 工作制的特殊工作所接触的噪声声级等效为每周工作 40h 的等效声级。

等效连续 A 声级是指在规定的时间内，某一连续稳态噪声的 A 计权声压，具有与时变的噪声相同的均方 A 计权声压，则这一连续稳态噪声的声级就是此时变噪声的等效声级，单位用 dB 表示。

（2）脉冲噪声

按照 GBZ/T 189.8—2007 的要求测量脉冲噪声声压级峰值（dB）和工作日内脉冲次数 $n$，根据表 7.8 确定脉冲噪声作业级别，共分四级。

表 7.7　噪声作业分级

| 分级 | 等效声级 $L_{EX,8h}$/dB | 危害程度 |
|---|---|---|
| Ⅰ | $85 \leqslant L_{EX,8h} < 90$ | 轻度危害 |
| Ⅱ | $90 \leqslant L_{EX,8h} < 94$ | 中度危害 |
| Ⅲ | $95 \leqslant L_{EX,8h} < 100$ | 重度危害 |
| Ⅳ | $L_{EX,8h} \geqslant 100$ | 极重危害 |

注：表中等效声级 $L_{EX,8h}$ 与 $L_{EX,w}$ 等效使用。

表 7.8　脉冲噪声作业分级

| 分级 | 声压峰值/dB | | | 危害程度 |
|---|---|---|---|---|
| | $n \leqslant 100$ | $100 < n \leqslant 1000$ | $1000 < n \leqslant 10000$ | |
| Ⅰ | $140.0 \leqslant n < 142.5$ | $130.0 \leqslant n < 132.5$ | $120.0 \leqslant n < 122.5$ | 轻度危害 |
| Ⅱ | $142.5 \leqslant n < 145$ | $132.5 \leqslant n < 135.0$ | $122.5 \leqslant n < 125.0$ | 中度危害 |
| Ⅲ | $145 \leqslant n < 147.5$ | $135.0 \leqslant n < 137.5$ | $125.0 \leqslant n < 127.5$ | 重度危害 |
| Ⅳ | $n \geqslant 147.5$ | $n \geqslant 137.5$ | $n \geqslant 127.5$ | 极重危害 |

注：$n$ 为每工作日内脉冲次数。

**5. 噪声的控制**

一般来说，控制职业噪声危害的技术途径主要有三方面：一是控制噪声源；二是在传播途径上降低噪声；三是采取个人防护措施。

（1）控制噪声源

工作噪声主要由两部分构成：机械性噪声和空气动力噪声，因此，声源控制主要从以下两个方面着手：

1）降低机械性噪声。机械性噪声主要由运动部件之间及连接部位的振动、摩擦、撞击引起。这种振动传到机器表面，辐射到空间中形成噪声。降低机械性噪声的措施如下：

① 改进机械产品的设计，方法有二：一是选用产生噪声小的材料。一般金属材料的内摩擦、内阻尼较小，消耗振动能量的能力小，因而用金属材料制造的机件，振动辐射的噪声较强，而高分子材料或高阻尼合金制造的机件，在同样振动下，辐射的噪声就小得多。二是合理设计传动装置。在传动装置的设计中，尽量采用噪声小的传动方式。对于选定的传动方式，则通过结构设计、材料选用、参数选择、控制运动间隙等一系列办法降低噪声。

② 改善生产工艺。采用噪声小的工艺，用电火花加工代替切削；用焊接或高强度螺栓代替铆接，用电动机代替内燃机，以压延代替锻造。

2）降低空气动力性噪声。空气动力性噪声主要由气体涡流、压力急骤变化和高速流动造成。降低空气动力性噪声的主要措施是：降低气流速度、减少压力脉冲、减少涡流。

（2）控制噪声的传播

传播途径一般是指通过空气或固体传播声音，在传播途径上控制噪声主要是阻断和屏蔽声波的传播或使声波传播的能量随距离衰减。

1）全面考虑工厂的总体布局。在总图设计时，要正确评估工厂建成投产后的厂区环境噪声状况，高噪声车间、场所与低噪声车间、生活区距离远些，特别强的噪声源应设在远处。此外，把各工作场所中同类型的噪声源集中在一起，防止声源过于分散，减少污染面，便于采取声学技术措施集中控制。

2）调整声源指向。在与声源距离相同的位置，在不同的声源指向上，接收到的噪声强度不同。多数声源的低频辐射指向性较差，随着频率的增加，指向性增强。对指向性噪声源，若在传播方向上布置得当，会有显著降噪效果。如电厂、化工厂的高压锅炉、高压容器的排气放空等经常会发出较强的高频噪声，此时把出口朝向上空或朝向野外与朝向生活区排放相比降噪效果更有效。

3）利用天然地形。山冈土坡、树丛草坪和已有的建筑障碍阻断一部分噪声的传播，在噪声强度很大的工厂、车间、施工现场、交通道路两旁设置足够高的围墙或屏障，种植树木限制噪声传播。

4）采用吸声材料和吸声结构。利用吸声材料和结构吸收声能，降低反射声。经吸声处理的房间，可降低噪声 7~15dB。

5）采用隔声和声屏装置。采用隔声罩把噪声罩起来，或用隔声室把人防护起来，可以降低噪声对人体的危害。

（3）加强个体防护

当其他措施不成熟或达不到听力保护标准时，使用耳塞、耳罩等方式进行个体保护是一种经济、有效的方法。在低于 85dB 的低噪声区，耳塞或耳罩使人耳对噪声及语言的听觉能力同时下降，所以戴耳塞或耳罩更不易听到对方的谈话内容；在高于 85dB 的高噪声区，使用耳塞或耳罩可以降低人耳受到的高噪声负荷，有利于听清对方的谈话内容。

（4）卫生保健措施

定期对接触噪声的工人进行健康检查，特别是听力的检查，发现听力损伤应及时采取有效的防护措施。进行就业前体检，获得听力的基础资料，并对患有明显听觉器官、心血管及神经系统器质性疾病者，禁止其参加强噪声作业。

（5）音乐调节

一般认为，音乐调节是指利用听觉掩蔽效应，在工作场所创造良好的音乐环境以掩蔽噪声，缓解噪声对人心理的影响，使作业者减少不必要的精神紧张，推迟疲劳的出现，相对提高作业能力的过程。

（6）其他

通过调整班次，增加休息次数，轮换作业等也是很好的防护方法。

## 7.3.2 振动环境

### 1. 振动的定义和分类

振动是指一个物体或质点在外力的作用下沿直线或弧线相对于基准（平衡）位置来回往复地运动。振动是自然界中很普通的运动形式，广泛存在于人们的生活和生产中。振动是常见的职业有害因素，在一定条件下可以危害劳动者身心健康，引起职业病。

生产中产生振动的原因主要有：①不平衡物体的转动；②旋转物体的扭动和弯曲；③活塞运动；④物体的冲击；⑤物体的摩擦；⑥空气冲击波。

锻造机、压力机、切断机、空气压缩机、铣床、振动筛、送风机、振动传送带、印刷机、织机等，都是典型的产生振动的机械。运输工具如内燃机车、拖拉机、汽车、摩托车、飞机、船舶等，农业机械如收割机、脱粒机、除草机等，也是常见的振动源。

在当前，接触较多，危害较大的生产性振动来自振动性工具，主要包括：

1）风动工具，如凿岩机、风铲、风锤、风镐、风钻、除锈机、造型机、铆钉机、捣固机、打桩机等。

2）电动工具，如链锯、电钻、电锯、振动破碎机等。

3）高速旋转机械，如砂轮机、抛光机、钢丝抛光研磨机、手持研磨机、钻孔机等。

矿物开采的凿岩、粉碎、钻井，木业、林业生产中的伐木、电锯，机械制造的造型、捣固、清理、铆钉、砂轮，工业原料的粉碎、筛选、机械加料及搅拌，基本建设中的混凝土搅拌、打桩、水泥制管；这些生产作业都可能密切接触振动工具和振动机械。

**2. 振动的危害**

振动会对人体的多种器官造成影响和危害，从而导致长期接触的人员罹患多种疾病，尤其是手持风动工具和传动工具的工人，生产性振动对他们健康的影响十分突出。

振动对人体的危害分为局部振动危害和全身振动危害。加在人体的某些个别部位并且只传递到人体某个局部的机械振动称为局部振动。如果只通过人的手部传到手臂和肩部，则这种振动称为手传振动。通过支持表面传递到整个人体上的机械振动称作全身振动。振动通过立姿人的脚，坐姿人的臀部和斜躺人的支撑面传到人体都属于全身振动。强烈的机械振动能造成骨骼、肌肉、关节和韧带的损伤，当振动频率和人体内脏的固有频率接近时，还会造成内脏损伤。足部长期接触振动时，有时候即使振动强度不是很大，也可能造成脚痛、麻木或过敏，小腿和脚部肌肉有触痛感、足背动脉搏动减弱，趾甲床毛细血管痉挛等。局部振动对人体的影响是全身性的，末梢机能障碍中最典型的症状是振动性白指的出现。振动性白指在不同国家有不同的名称，如雷诺现象、振动病、振动障碍、振动综合征等。振动性白指的特点是发作性的手指发白和发绀。变白部分一般从指尖向手掌发展，近而波及手指甚至全手，也称"白蜡病""死手"。局部振动还可能造成手部的骨骼、关节、肌肉、韧带不同程度的损伤。振动不但影响工作环境中劳动者的身心健康，而且会使他们的视觉受到干扰，手的动作受妨碍和精力难以集中等，造成操作速度下降、生产效率降低，并且可能导致事故。长期接触强烈的振动，对人的循环系统、消化系统、神经系统、血液循环系统、呼吸系统都有不同程度影响。

**3. 振动设计标准**

对振动的设计依据《工业企业设计卫生标准》。该标准规定全身振动强度不超过表 7.9 中规定的卫生限值；受振动（1~80Hz）影响的辅助用室（如办公室、会议室、计算机房、电话室、精密仪器室等），其垂直或水平振动强度不应超过表 7.10 中规定的设计要求。

表 7.9　全身振动强度卫生限值

| 工作日接触时间 $t/h$ | 卫生限值$/(m/s^2)$ |
|---|---|
| $4 < t \leqslant 8$ | 0.62 |
| $2.5 < t \leqslant 4$ | 1.10 |
| $1.0 < t \leqslant 2.5$ | 1.40 |
| $0.5 < t \leqslant 1.0$ | 2.40 |
| $t \leqslant 0.5$ | 3.60 |

表 7.10　辅助用室垂直或水平振动强度卫生限值及工效限值

| 接触时间 $t/h$ | 卫生限值$/(m/s^2)$ | 工效限值$/(m/s^2)$ |
|---|---|---|
| $4 < t \leqslant 8$ | 0.31 | 0.098 |
| $2.5 < t \leqslant 4$ | 0.53 | 0.17 |
| $1.0 < t \leqslant 2.5$ | 0.71 | 0.23 |
| $0.5 < t \leqslant 1.0$ | 1.12 | 0.37 |
| $t \leqslant 0.5$ | 1.8 | 0.57 |

**4. 振动的控制**

在很多情况下，振动是不能全部消除或避免的，对振动的防护主要是如何减少和避免振动对作业者的损害。采取的主要措施包括：

（1）控制振动源

改革工艺过程，采取技术措施，进行减振、隔振，以至消除振动源的振动，这是预防振动职业危害的根本措施。例如，采用液压、焊接、粘接等工艺代替铆接工艺；采用水力清砂、化学清砂等工艺代替风铲清砂；设计自动或半自动的操纵装置，减少手部和肢体直接接触振动；工具的金属部件改用塑料或橡胶，以减弱因撞击而产生的振动；采用减振材料降低交通工具、作业平台的振动。

（2）限制作业时间和振动强度

通过研制和实施振动作业的卫生标准，限制接触振动的强度和时间，最大限度地保障作业者的健康是预防措施的重要方面。例如，日本曾规定链锯伐木作业，在 8h 工作日内累计使用链锯不超过 2h，每次使用应在 10min 内，每周不超过 40h。接触振动强度和时间的限制标准均体现在相应的全身振动和局部振动的暴露限值中。

（3）改善作业环境，加强个人防护

作业环境的防寒、保温有重要意义，特别是寒冷季节的室外作业，要有必要的防寒和保暖设施。振动性工具的手柄温度如能保持 40℃，对预防振动性白指的发生和发作有较好效果。控制作业环境中的噪声、毒物和高气湿等，对防止振动职业危害也有一定作用。配备、合理使用个人防护用品，如工作服，特别是防振手套、减振座椅等，也能减轻振动危害。

（4）加强健康监护和卫生监督

按规定进行就业前和定期健康体检，实施三级预防，早期发现，及时处理患病个体，加强健康管理和宣传教育，提高劳动者健康意识。

## 7.4 | 微气候环境

### 7.4.1 微气候因素

微气候是指工作场所的气候条件，主要是指作业环境局部的气温、湿度、气流速度以及作业场所的设备、产品和原料等的热辐射条件。微气候直接影响作业者的工作情绪和身体健康，因而不但极大影响工作质量与效率，还会对生产设备产生不良影响。

各种微气候因素是互相影响、互相补偿的，某一因素变化对人体造成的影响，常可由另一因素的相应变化所补偿。例如，人体受热辐射所获得的热量可以被低气温抵消，当气温增高时，若气流速度加大，会使人体散热增加，使人感到不是很热。低温、高湿使人体散热增加，导致冻伤；高温、高湿使人体丧失蒸发散热机能，导致热疲劳。

### 7.4.2 微气候环境对人体及工作的影响

#### 1. 高温对人体及作业的影响

一般将热源散热量大于 $84kJ/(m^3 \cdot h)$ 的环境叫作高温作业环境，其有以下三种类型：

1）高温、强热辐射作业，其特点是气温高、热辐射强度大、相对湿度较低。

2）高温、高湿作业，其特点是气温高、湿度大，如果通风不良就会形成湿热环境。

3）夏季露天作业，如农田劳动、建筑施工等露天作业。

在高温作业环境中，人体可能出现一系列生理功能改变，如人的脉搏加快，皮肤血管舒张，血流量大大增加，心率和呼吸加快；消化液分泌量减少，消化吸收能力受到不同程度的抑制，引起食欲不振、消化不良和胃肠疾病的增加；注意力不易集中，严重时会出现头晕、头痛、恶心、疲劳乃至虚脱等症状；大量丧失水分和盐分，甚至引起虚脱、昏厥乃至死亡。

此外，高温对作业效率也有影响。英国研究发现，缺少通风设备的工厂，夏季产量与春秋季相比降低 13%；装有通风设备的同类工厂，产量降低 3%。此外，在高温作业环境下从事体力劳动，小事故和缺勤的发生概率增加，车间产量下降。当环境温度超出有效温度 27℃ 时，发现需要用运动神经操作、警戒性和决断技能的工作效率会明显降低，而非熟练操作工的工作效能比熟练工损失更大。可见，温度对工作效果的反应敏感，当有效温度超过 29.5℃ 时，事故增多，工作效率快速下降。

#### 2. 低温对人体及作业的影响

低温一般是指 18℃ 以下的温度，但对人和工作有不利影响的低温通常在 10℃ 以下。与高温环境一样，低温作业环境同样会使人感到不舒服。

人体在低温作业环境中，皮肤血管收缩，体表温度降低，辐射和对流散热量达到最小。如果时间较长，还会导致循环血量、白细胞、血小板减少，血糖降低，血管痉挛，营养障碍等症状。一般将中心体温 35℃ 或以下称为体温过低。体温 35℃ 时，寒颤达到最大，若体温继续下降，则寒颤停止，继而逐渐出现一系列临床症状和体征。体温在 35～32.2℃ 范围内，可见手脚不灵、运动失调、反应减慢及发音困难。寒冷引起的这些神经效应使低温作业工人易受机械事故的伤害。

在低温作业环境中，工作消耗的体力要比常温环境下多。当作业所产生的热量不足以保持体温时，会引起工作效率的变化。在低温环境条件下，首先感到不适的是手、脚、腿和胳膊，以及暴露部分——耳、鼻、脸。图7.6记录了防空兵某型高炮作业者在不同环境温度及持续时间下，装填炮弹工作中进行精细作业的平均操作次数。由图7.6可以看出，作业时间越长、实验环境温度越低，作业者的每分钟平均操作次数就越少；也就是说，随着温度降低和持续时间加长，手的灵活性逐渐下降。

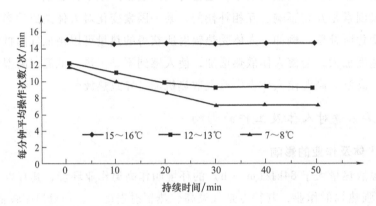

图 7.6　低温作业环境中作业持续时间与手的灵活性关系

### 7.4.3　微气候环境的主观感觉及评价

#### 1. 人体的热平衡

尽管人所处的作业环境千变万化，可是人的体温却波动很小，为了维持生命，人体要经常对 36.5℃ 的目标值进行自动调节。人体在自身的新陈代谢过程中，一方面不断吸收营养物质，制造热量；另一方面不断地对外做功，消耗热量；同时通过皮肤和各种生理过程与外界环境进行热交换，将产生的热量传递给周围环境，包括人体外表面以对流和辐射的方式向周围环境散发的热量、人体汗液和呼吸出来的水蒸气带走的热量。人体热平衡状态如图7.7所示，当人体产热和散热相等时，处于热平衡状态，人体感觉不冷不热；当产热多于散热时，人体热平衡破坏，可导致体温升高；当散热多于产热时，会导致体温下降，人体将感觉到冷。可见这并不是一个简单的物理过程，而是在神经系统调节下的非常复杂的过程。人体如果得不到热平衡，则要随着散热量小于或大于产热量的变化，发生体温上升或下降，人就会感到不舒服，甚至生病。

#### 2. 舒适的微气候环境条件

衡量微气候环境对人体的舒适程度是相当困难的，不同的人有不同的估价。一般认为"舒适"有两种含义：一种是指主观感到的舒适；另一种是指人体生理上的适宜度。比较常用的是以人主观感觉作为标准的舒适度。人的自我感觉的舒适度与工作效率有关。

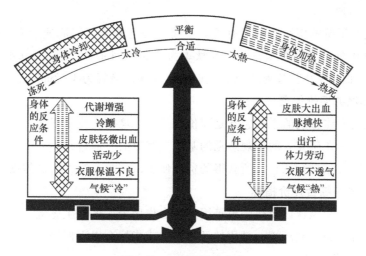

图 7.7　人体热平衡状态

（1）舒适的温度

舒适温度是指某一温度范围，生理学上常规定为：正常地球引力和海平面气压条件下，穿着薄衣服、坐着休息、无强迫热对流、未经热习服的人所感到舒适的温度。按照这一规定，舒适温度一般指（21±3）℃。

人主观感到舒适的温度与许多因素有关，既有客观条件又有主观因素。客观条件包括：季节不同舒适温度不同，夏季比冬季高；湿度越大，风速越小，则舒适温度偏低；在不同地域长期生活的人，对舒适温度的要求也不同。主观因素包括：不同的体质、性别、年龄的差别，女性的舒适温度比男性高 0.55℃，40 岁以上的人比青年人约高 0.55℃；穿厚衣服对环境舒适温度的要求较低等，不同劳动条件下的舒适温度也不同，表 7.11 为在室内湿度为 50%，某些劳动的舒适温度指标。

表 7.11　不同劳动条件下的舒适温度指标（室内湿度为 50%）

| 作业姿势 | 作业性质 | 工作举例 | 舒适温度/℃ |
| --- | --- | --- | --- |
| 坐姿 | 脑力劳动 | 办公室、调度台 | 18~24 |
| | 轻体力劳动 | 操纵、小零件分类 | 18~23 |
| 站姿 | 轻体力劳动 | 车工、铣工 | 17~22 |
| | 重体力劳动 | 沉重零件安装 | 15~21 |
| | 很重体力劳动 | 伐木 | 14~20 |

（2）舒适的湿度

在不同的空气湿度下，人的感觉不同。高气湿会使人的皮肤感到不适，对工作效率产生消极影响；低气湿时人会感到口鼻干燥。一般来说，最适宜的相对湿度是 40%~60%。

当室内气温 $t$ 在 12.2~26℃时，最合适的湿度 $\varphi$（%）与 $t$（℃）的关系如下：

$$\varphi = 188 - 7.2t \tag{7.4}$$

（3）舒适的风速

舒适的风速与场所的用途和室温有关。普通办公室最佳空气流速为 0.3m/s，教室、阅览厅、影剧院为 0.4m/s；从季节来看，春秋季为 0.3~0.4m/s，夏季为 0.4~0.5m/s，冬季为 0.2~0.4m/s。而当室内温度和湿度很高时，空气流速最好为 1~2m/s。

**3. 微气候环境的评价依据**

微气候环境对人体影响的主观感觉是评价微气候环境的主要依据之一，几乎所有的微气候环境评价标准都是在研究人的主观感觉的基础上制定的。通过在不同微气候环境因素下对众多作业者的主观感觉进行调查，所获得的资料便可以作为主观评价的依据。

**4. 微气候环境的综合评价指标**

由于气温、湿度、风速以及热辐射等因素综合作用于人体产生感觉，所以应采用一个综合指标来表示和评价微气候环境。常用的评价方法或指标有以下四种。

（1）不舒适指数（DI）

不舒适指数用于评价人体对温度、湿度环境的感觉。不舒适指数可由下式求出：

$$DI = (T_d + T_w) \times 0.72 + 40.6 \tag{7.5}$$

式中　DI——不舒适指数；

　　　$T_d$——干球温度（℃）；

　　　$T_w$——湿球温度（℃）。

通过计算各种作业场所、办公室及公共场所的不舒适指数，就可以掌握其环境特点及对人的影响。不舒适指数的不足之处是没有考虑风速。

（2）有效温度（ET）

有效温度是一种生理热指标，是根据被试在实验条件下对温度、湿度和气流速度的主诉感受来划分等级，成为统一的具有同等温度感觉的等效温度。图 7.8 所示为穿正常衣服进行轻劳动时的有效温度，从图中可以查出一定条件下从事轻劳动的有效温度。例如，在干球温度为 30℃、湿球温度为 25℃、风速为 0.5m/s 的环境中，分别找出干球温度 30℃点和湿球温度 25℃

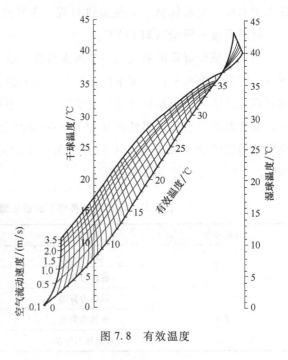

图 7.8　有效温度

点，通过这两点间的连线与风速为 0.5m/s 曲线的交点，即可求出此时的有效温度为 26.6℃。

有效温度的不足之处是没有考虑辐射的影响，但可用黑球温度代替干球温度加以校正。

（3）三球温度（WBGT）

三球温度是将干、湿、黑球温度计分别测得的温度按一定的比例进行加权平均得出的温度指标，是一种用于评价在暑热环境下热强度的综合指标。

在受太阳辐射的环境下，湿球温度计应完全暴露在太阳辐射下，而干球温度计应防止太阳辐射，三球温度基本公式如下：

$$\text{WBGT} = 0.1\,T_d + 0.7\,T_w + 0.2\,T_g \tag{7.6}$$

式中　WBGT——三球温度（℃）；

$T_d$——干球温度（℃）；

$T_w$——自然通风状态下的湿球温度（℃）；

$T_g$——黑球温度（℃）。

若在室内和室外遮阴的环境下，干球温度项可以取消，而黑球温度的权重系数为 0.3，则三球温度公式改成如下形式：

$$\text{WBGT} = 0.7\,T_w + 0.3\,T_g \tag{7.7}$$

三球温度综合考虑了空气温度、辐射温度、气流和湿度的影响，比有效温度更适于暑热环境下的热强度评价，特别是现在常用于室内（舱内）暑热环境的评价。

（4）卡他度（H）

卡他度一般用于评价劳动条件舒适程度，可由卡他温度计测量计算得出。测定卡他度的卡他温度计是模拟人体表面的散热条件而设计的，其下端有一个圆柱形的酒精容器，上部是棒状温度计，上面只有 38℃ 和 35℃ 两个刻度线。测量时可通过测定液柱由 38℃ 降到 35℃ 时所经过的时间 $t$ 而求得卡他度：

$$H = F/t \tag{7.8}$$

式中　$H$——卡他度；

$F$——卡他计常数；

$t$——由 38℃ 降至 35℃ 所经过的时间（s）。

卡他度分为干卡他度和湿卡他度两种，干卡他度包括对流和辐射的散热效应，湿卡他度则包括对流、辐射和蒸发三者综合的散热效果。卡他度表示了温度、湿度和风速三者对人体散热的综合作用，数值越大，说明散热越好。工作时感到较舒适的卡他度值见表 7.12。

**表 7.12　工作时感到较舒适的卡他度值**

| 劳动状况 | 轻作业 | 中等作业 | 重作业 |
| --- | --- | --- | --- |
| 干卡他度 | >6 | >8 | >10 |
| 湿卡他度 | >18 | >25 | >30 |

## 7.4.4　改善微气候环境的措施

### 1. 高温作业环境的改善

高温作业环境的改善应从生产工艺和技术措施、保健措施、生产组织措施等几方面入手。

1）生产工艺和技术措施。①合理设计工艺流程，改进生产设备和操作方法，它是改善高温作业劳动条件的根本措施；②隔热，它是防暑降温的一项重要措施；③降低湿度；④通风降温。

2）保健措施。①合理供给饮料和补充营养，高温作业工人应补充与出汗量相等的水分和盐分；②做好个人防护，应根据工作需要，使用工作帽、防护眼镜、面罩、手套、鞋盖、护腿等个人防护用品；③进行职工适应性检查，凡有心血管系统器质性疾病、血管舒缩调节机能不全、持久性高血压、溃疡病、活动性肺结核、肺气肿、肝肾疾病、明显的内分泌疾病（如甲状腺功能亢进）、中枢神经系统器质性疾病、过敏性皮肤疤痕的患者及处于重病后恢复期及体弱者，均不宜从事高温作业。

3）生产组织措施。①合理安排作业负荷，高温作业条件下，不应采取强制生产节奏，应适当减轻工人负荷，合理安排作息时间，以减少工人在高温条件下的体力消耗；②合理安排休息场所，温度控制在 20~30℃最适于高温作业环境下身体积热后的休息；③职业适应，对于离开高温作业环境较长时间又重新从事高温作业者，应给予更长的休息时间，使其逐步适应高温环境。

**2. 低温作业环境的改善**

（1）做好防寒和保暖工作

应按《工业企业设计卫生标准》和《工业建筑供暖通风与空气调节设计规范》（GB 50019—2015）的规定，设置必要的采暖设备，使低温作业地点保持合适的温度。冬季露天作业或在无采暖设施的车间工作时，应在工作地点附近设立取暖室，供工人轮流取暖休息之用。除低气温外，应注意风致冷效应，若工作地点的风速高，气温低，须提供更高隔离值的保暖服装。

（2）注意个人防护

为低温作业人员提供御寒服装，其面料应具有导热性小、吸湿和透气性强的特性。在潮湿环境下劳动，应发放橡胶工作服、围裙、长靴等防湿用品。工作时若衣服浸湿，应及时更换或烘干。教育、告知工人体温过低的危险性及其预防措施：肢端疼痛和寒颤（提示体温可能降至35℃）是低温的危险信号，当严重寒颤十分明显时，应终止作业。劳动强度不可过高，防止过度出汗。禁止饮酒，酒精除影响注意力和判断力外，还可扩张血管，减少寒颤，导致人体散热增加而诱发体温过低。

（3）增强耐寒体质

人体皮肤在长期和反复的寒冷作用下，表皮会增厚，御寒能力增强，而适应寒冷，故经常冷水浴或冷水擦身或较短时间的寒冷刺激结合体育锻炼，均可提高人体对寒冷的适应。此外，适当增加富含脂肪、蛋白质和维生素的食物也有帮助。

# 7.5 其他作业环境设计

## 7.5.1 有毒环境

当某物质进入机体并积累达一定量后，与机体组织和体液发生生物化学或生物物理作用，扰乱或破坏机体的正常生理功能，引起暂时性或永久性病变，甚至危及生命，该物质就被称为毒性物质。当这种物质来源于工业生产，称为工业毒物。由毒物侵入机体而导致的病理状态称为中毒。在生产过程中引起的中毒称为职业中毒。在生产中必须预防中毒。

**1. 工业毒物的分类**

1) 毒性物质按照其存在的物理状态分类可分为以下几种：

① 粉尘。粉尘为有机或无机物质在加工、粉碎、研磨、撞击、爆破和爆裂时所产生的固体颗粒，直径大于 $0.1\mu m$，如制造铅丹颜料的铅尘、制造氢氧化钙的电石尘等。

② 烟尘。烟尘为悬浮在空气中的烟状固体颗粒，直径小于 $0.1\mu m$，多为某些金属熔化时产生的蒸气在空气中凝聚而成，常伴有氧化反应的发生，如熔锌时放出的锌蒸气所产生的氧化锌烟尘、熔铬时产生的铬烟尘等。

③ 雾。雾为悬浮于空气中的微小液滴。多为蒸气冷凝或通过雾化、溅落、鼓泡等使液体分散而产生的，如铬电镀时铬酸雾、喷漆中的含苯漆雾等。

④ 蒸气。蒸气为液体蒸发或固体物料升华而成，如苯蒸气、熔磷时的磷蒸气等。

⑤ 气体。气体是指在生产场所的温度、压力条件下散发于空气中的气态物质，如常温常压下的氯、二氧化硫、一氧化碳等。

2) 目前最常用的分类方法是把化学性质、用途和生物作用结合起来的分类方法，这种方法把毒性物质分为以下八种类型：

① 金属、类金属及其化合物，这是毒物数量最多的一类。

② 卤素及其无机化合物，如氟、氯、溴、碘等及其化合物。

③ 强酸和强碱类物质，如硫酸、硝酸、盐酸、氢氧化钾、氢氧化钠等。

④ 氧、氮、碳的无机化合物，如臭氧、氮氧化物、一氧化碳、光气等。

⑤ 窒息性惰性气体，如氦、氖、氩等。

⑥ 有机毒物，按化学结构又分为脂肪烃类、芳香烃类、脂环烃类、卤代烃类、氨基及硝基烃类、醇类、醛类、醚类、酮类、酰类、酚类、酸类、腈类、杂环类、羰基化合物等。

⑦ 农药类毒物，如有机磷、有机氯、有机硫、有机汞等。

⑧ 染料及中间体、合成树脂、合成橡胶、合成纤维等。

3) 按毒物的作用性质分类可分为刺激性、腐蚀性、窒息性、麻醉性、溶血性、致敏性、致癌性、致突变性、致畸胎性等毒物。

**2. 毒物的危害**

不同的毒物会对人体的不同部位或者生理机能造成损害，例如有害气体或蒸气会引发职业中毒。粉尘会诱发职业性呼吸系统疾患，如尘肺病、职业性过敏性肺炎等。常见的毒物损害有以下几方面：

（1）神经系统

毒物对中枢神经和周围神经系统均有不同程度的危害作用，其表现为神经衰弱症候群：全身无力、易于疲劳、记忆力减退、头昏、头痛、失眠、心悸、多汗，多发性末梢神经炎及中毒性脑病等。汽油、四乙基铅、二硫化碳等中毒还表现为兴奋、狂躁、癔症。

（2）呼吸系统

氨、氯气、氮氧化物、氟、三氧化二砷、二氧化硫等刺激性毒物可引起声门水肿及痉挛、鼻炎、气管炎、支气管炎、肺炎及肺水肿。有些高浓度毒物（如硫化氢、氯、氨等）能直接抑制呼吸中枢或引起机械性阻塞而窒息。

（3）血液和心血管系统

严重的苯中毒，可抑制骨髓造血功能；砷化氢、苯肼等中毒，可引起严重的溶血，出现血红蛋白尿，导致溶血性贫血；一氧化碳中毒可使血液的输氧功能发生障碍；钡、砷、有机农药等中毒，可造成心肌损伤，直接影响人体血液循环系统的功能。

（4）消化系统

肝是解毒器官，人体吸收的大多数毒物积蓄在肝脏里，并由它进行分解、转化，起到自救作用。但某些称为亲肝性毒物，如四氯化碳、磷、三硝基甲苯、锑、铅等，主要伤害肝脏，往往形成急性或慢性中毒性肝炎。汞、砷、铅等急性中毒，可发生严重的恶心、呕吐、腹泻等消化道炎症。

（5）泌尿系统

某些毒物损害肾脏，尤其以汞和四氯化碳等引起的急性肾小管坏死性肾病最为严重。此外，乙二醇、汞、镉、铅等也可以引起中毒性肾病。

（6）皮肤损伤

强酸、强碱等化学药品及紫外线可导致皮肤灼伤和溃烂。液氯、丙烯腈、氯乙烯等可引起皮炎、红斑和湿疹等。苯、汽油能使皮肤因脱脂而干燥、皲裂。

（7）眼睛

化学物质的碎屑、液体、粉尘飞溅入眼内，可发生角膜或结膜的刺激炎症、腐蚀灼伤或过敏反应。尤其是腐蚀性物质，如强酸、强碱、飞石灰或氨水等，可使眼结膜坏死糜烂或角膜混浊。甲醇影响视神经，严重时可导致失明。

（8）致突变、致癌、致畸物

某些化学毒物可引起机体遗传物质的变异，有突变作用的化学物质称为化学致突变物。有的化学毒物能引起人或动物的癌症，这些化学物质可称为致癌物。有些化学毒物对胚胎有毒性作用，可引起畸形，这种化学物质称为致畸物。

（9）生殖系统

工业毒物对女工月经、妊娠、哺乳等生殖功能可产生不良影响，不仅对妇女本身有害，而且可累及下一代。接触苯及其同系物、汽油、二硫化碳、三硝基甲苯的女工，易出现月经过多综合征；接触铅、汞、三氯乙烯的女工，易出现月经过少综合征。化学诱变物可引起生殖细胞突变，引发畸胎，尤其是妊娠前12周，胚胎对化学毒物最敏感。在胚胎发育过程中，某些化学毒物可致胎儿发育迟缓，可致胚胎的器官或系统发生畸形，可使受精卵死亡或被吸收。有机汞和多氯联苯均有致畸胎作用。

**3. 尘、毒环境的卫生标准**

《工业企业设计卫生标准》规定优先采用先进的生产工艺、技术和无毒（害）或低毒（害）的原材料，消除或减少尘、毒职业性有害因素；对于工艺、技术和原材料达不到要求的，应根据生产工艺和粉尘、毒物特性，参照《工作场所防止职业中毒卫生工程防护措施规范》(GBZ/T 194—2007）的规定设计相应的防尘、防毒通风控制措施，使劳动者活动的工作场所有害物质浓度符合《工作场所有害因素职业接触限值　第 1 部分：化学有害因素》(GBZ 2.1—2019）的要求；如预期劳动者接触浓度不符合要求的，应根据实际接触情况，参照《有机溶剂作业场所个人职业病防护用品使用规范》(GBZ/T 195—2007）的要求同时设计有效的个人防护措施。

**4. 毒物环境的改善措施**

为了使毒物环境符合标准规范的要求，保障作业人员的人身健康及安全，可以采取以下几种措施加以改善：

1）以无毒或毒性小的原材料代替有毒或毒性大的原材料。例如，在涂料工业和防腐工程中，用氧化锌或二氧化钛代替铅白；铸造业所用的石英砂容易引起矽肺，可用其他无害的或含硅量较少的物质代替；选择无硫或低硫燃料，或采取预处理法去硫等。有些代替是以低毒物代替高毒物，并不是无毒操作，仍要采取适当的防毒措施。

2）改进生产工艺。选择危害性小的工艺代替危害性大的工艺，是防止毒物危害的根本措施。如在环氧乙烷生产中，以乙烯直接氧化制备环氧乙烷代替用乙烯、氯气和水生成氯乙醇进而与石灰乳反应生成环氧乙烷的方法，从而消除了有毒有害原料氯和中间产物氯化氢的危害。在聚氯乙烯生产中，以乙烯的氧氯化法生产氯乙烯单体，代替了乙炔和氯化氢以氯化汞为催化剂生产氯乙烯的方法；在乙醛生产中，以乙烯直接氧化制乙醛，代替以硫酸汞为催化剂乙炔水合制乙醛的方法，两者都消除了含汞催化剂的使用，避免了汞的危害。

3）以机械化、自动化代替手工操作，不仅可以减轻劳动强度，而且可以减少作业人员与毒物的直接接触，从而减少了毒物对人体的危害。

4）以密闭、隔离操作代替敞开式操作。在化工生产中，为了控制有毒物质，使其不在生产过程中散发出来造成危害，关键在于生产设备本身密闭化和生产过程各个环节的密闭化。生产设备的密闭化，往往与减压操作和通风排毒措施相结合使用，以提高设备的密闭效果，消除或减轻有毒物质的危害。由于条件限制不能使毒物浓度降到国家标准时，可以采用隔离操作措施。隔离操作是把作业人员与生产设备隔离开来，使作业人员免受散逸出来的毒物危害。

5）湿式作业。对于产生粉尘的作业过程，采用湿式作业，利用水对粉尘的湿润作用，可以收到良好的防尘效果。例如，耐火材料、陶瓷、玻璃、机械铸造等采用湿式作业可避免固体粉状物料的粉尘飞扬，石粉厂用水碾、水运可根除尘害。

6）通风。通风是改善劳动条件、预防职业毒害的有力措施。特别是在上述各项改善措施难以实现的时候，采用通风措施可以使作业场所空气中有毒有害物质含量保持在国家规定的最高允许浓度以下。

7）合理的厂区规划。在新建、扩建、改建工业企业时，要在厂址选择、厂区规划、厂房建筑配置以及生活卫生设备的设计方面加以周密的考虑，应执行《工业企业设计卫生标准》中的有关规定。

8）作业场所的合理布置。作业场所布置应做到整齐、清洁、有序，按生产作业、设备、工艺功能分区布置。

9）个体防护措施。当采用各种改善技术措施还不能满足要求时，应采用个体防护措施，使作业人员免遭有害因素的危害。

10）包装及容器要有一定强度，经得起运输过程中正常的冲撞、振动、挤压和摩擦，以防毒物外泄，封口要严密且不易松脱。

11）加强厂区的绿化建设。

### 7.5.2 电磁辐射

当导线有交流电通过时，导线周围辐射出一种能量，这种能量以电场和磁场形式存在，并以波动形式向四周传播，人们把这种交替变化的，以一定速度在空间传播的电场和磁场称为电磁辐射或电磁波。电磁辐射分为射频辐射、红外线、可见光、紫外线、X 射线及 $\alpha$ 射线等。

电磁辐射广泛存在于人类生产生活的环境中。各种电磁辐射因其频率、波长、量子能量不同，对人体的危害作用也不同。当量子能量达到 12eV 以上时，对物体有电离作用，能导致机体的严重损伤，这类辐射称为电离辐射。量子能量小于 12eV 的，不足以引起生物体电离的电磁辐射称为非电离辐射。

**1. 非电离辐射**

（1）非电离辐射的来源及其危害

1）射频辐射。射频辐射又称为无线电波，量子能量很小。按波长和频率，射频辐射可分成高频电磁场、超高频电磁场和微波 3 个波段。

高频作业，如高频感应加热金属的热处理、表面淬火、金属熔炼、热轧及高频焊接等。高频介质加热对象是不良导体，广泛用于塑料热合、棉纱与木材的干燥、粮食烘干及橡胶硫化等。高频等离子技术用于高温化学反应和高温熔炼。

作业地带的高频电磁场主要来自高频设备的辐射源，如高频振荡管、电容器、电感线圈及馈线等部件。无屏蔽的高频输出变压器是作业人员的主要辐射源。

微波作业。微波加热广泛用于食品、木材、皮革及茶叶等加工，医药与纺织印染等行业。烘干粮食、处理种子及消灭害虫是微波在农业方面的重要应用。医疗卫生上主要用于消毒、灭菌与理疗等。

生产场所接触微波辐射多由于设备密闭结构不严，造成微波能量外泄或由各种辐射结构（天线）向空间辐射微波能量。

一般来说，射频辐射对人体的影响不会导致组织器官的器质性损伤，主要引起功能性改变，并具有可逆性特征，在停止接触数周或数月后往往可恢复。但大强度长期射频辐射，将对心血管系统造成危害。

2）红外线辐射。在生产环境中，加热金属、熔融玻璃及强发光体等可成为红外线辐射源。炼钢工、铸造工、轧钢工、锻钢工、玻璃熔吹工、烧瓷工及焊接工等可受到红外线辐射。红外线辐射对机体的影响主要是皮肤和眼睛。

3）紫外线辐射。生产环境中，物体温度达1200℃以上时其辐射电磁波谱中即可出现紫外线。随着物体温度的升高，辐射的紫外线频率增高，波长变短，其强度也增大。常见的辐射源有冶炼炉（高炉、平炉、电炉）、电焊、氧乙炔气焊、氩弧焊和等离子焊接等。

强烈的紫外线辐射作用可引起皮炎，表现为弥漫性红斑，有时可出现小水泡和水肿，并有发痒、烧灼感。在作业场所比较多见的是紫外线对眼睛的损伤，即由电弧光照射所引起的职业病——电光性眼炎。此外在雪地作业、航空航海作业时，受到大量太阳光中紫外线照射，可引起类似电光性眼炎的角膜、结膜损伤，称为太阳光眼炎或雪盲症。

4）激光。激光不是天然存在的，而是用人工激活某些活性物质，在特定条件下受激发光。激光也是电磁波，属于非电离辐射，被广泛应用于工业、农业、国防、医疗和科研等领域。在工业生产中，主要利用激光辐射能量集中的特点，用于焊接、打孔、切割和热处理等。激光可应用于农业的育种、杀虫。

激光对人体的危害主要是由它的热效应和光化学效应造成的。激光能烧伤皮肤，它对皮肤损伤的程度取决于其强度、频率及人体肤色深浅、组织水分含量和角质层厚度等。

（2）非电离辐射的控制与防护

高频电磁场的主要防护措施有场源屏蔽、距离防护和合理布局等。对微波辐射的防护的措施包括直接减少源的辐射、屏蔽辐射源、采取个人防护及执行安全规则。对红外线辐射的防护，重点是对眼睛的保护，减少红外线暴露和降低炼钢工人等的热负荷，生产操作中应佩戴有效过滤红外线的防护镜。对紫外线辐射的防护是屏蔽和增大与辐射源的距离，佩戴专用的防护用品。对激光的防护，应包括激光器、工作室及个体防护三方面：激光器要有安全设施，在光束可能泄漏处应设置防光封闭罩；工作室围护结构应使用吸光材料，色调要暗，避免裸眼看光；使用适当个体防护用品并对人员进行安全教育等。

**2. 电离辐射**

（1）电离辐射来源

凡能引起物质电离的各种辐射称为电离辐射。其中，$\alpha$、$\beta$等带电粒子都能直接使物质电离，称为直接电离辐射；$\gamma$光子、中子等非带电粒子，先作用于物质产生高速电子，继而由这些高速电子使物质电离，称为非直接电离辐射。能产生直接或非直接电离辐射的物质或装置称为电离辐射源，如各种天然放射性核素、人工放射性核素和X线机等。

随着核工业、核设施的迅速发展，放射性核素和射线装置在工业、农业、医药卫生和科学研究中已经广泛应用。接触电离辐射的人员也日益增多。

（2）电离辐射的防护

电离辐射的防护，主要是控制辐射源的质和量。电离辐射的防护分为外照射防护和内照射防护。外照射防护的基本方法有时间防护、距离防护和屏蔽防护，通称"外防护三原则"。内照射防护的基本防护方法有围封隔离、除污保洁和个人防护等综合性防护措施。

# 7.6 作业空间设计

## 7.6.1 作业空间的类型

人与机器结合完成生产任务是在一定的作业空间进行的。人、机器设备、工装以及被加工物所占的空间称为作业空间。为了设计方便，根据作业空间的大小以及各自的特点，可将其分为近身作业空间、个体作业场所和总体作业空间。

**1. 近身作业空间**

近身作业空间是指作业者在某一固定工作岗位时，考虑身体的静态和动态尺寸，在坐姿或站姿下，所能完成作业的空间范围，又称岗位空间。近身作业空间包括 3 种不同的空间范围：一是在规定位置上进行作业时，必须触及的空间，即作业范围；二是人体作业或进行其他活动时（如进出工作岗位，在工作岗位进行短暂的放松与休息等）人体自由活动所需的范围，即作业活动空间；三是为了保证人体安全，避免人体与危险源（如机械传动部位等）直接接触所需的安全防护空间距离。

**2. 个体作业场所**

个体作业场所是指操作者周围与作业有关的、包含设备因素在内的作业区域，简称作业场所。如计算机、办公桌椅就构成一个完整的个体作业场所。与近身作业空间相比，作业场所更复杂些，除了作业者的作业范围，还包括相关设备所需的场地。

**3. 总体作业空间**

多个相互联系的个体作业场所布置在一起构成总体作业空间，如办公室、车间。总体作业空间不是直接的作业场所，它反映的是多个作业者或使用者之间作业的相互关系。

## 7.6.2 作业空间设计的一般要求

要设计一个合适的作业空间，不仅要考虑元件布置的造型与样式，还要顾及下列因素：操作者的舒适性与安全性；便于使用、避免差错，提高效率；控制与显示的安排要做到既紧凑又可区分；四肢分担的作业要均衡，避免身体局部超负荷作业；作业者身材的大小等。对大多数作业空间设计而言，由于要考虑身体各部分的关联与影响，从而必须基于功能尺寸做出设计。

**1. 近身作业空间设计应考虑的因素**

1）作业特点。作业空间的尺寸大小与构成特点，必须首先服从工作需要，要与工作性质和工作内容相适应。例如，体力作业比脑力作业的作业空间大得多；高温作业比常温作业的作业空间大等。

2）人体尺寸。在很多工作中，作业空间设计需要参照人体尺寸数据。特别是对于一些作业空间受限制的环境，人体尺寸更是作业空间的设计依据。

3）作业姿势。人们在工作中通常采用的姿势有三种，即坐姿、立姿和坐立交替结合姿势。采用不同的姿势需要占用的空间不同，如坐姿作业需要有容膝空间等。因而在设计时对操作者的作业姿势要有所考虑。

4）个体因素。作业空间设计中还应考虑使用者的性别、年龄、体形等因素。

5）维修活动。在许多人机系统中，需要定期检修或更换机器部件。所以在工位设计和机器布置时应为维修机器的各种部件留出维修所必需的活动空间。

**2. 作业场所布置原则**

任何元件都可有其最佳的布置位置，它取决于人的感受特性、人体测量学与生物力学特性以及作业的性质。对于作业场所而言，因为显示器与控制器太多，不可能每一设施都处于理想的位置，这时必须依据一定的原则来安排，从人机系统的整体来考虑，最重要的是保证方便、准确的操作，据此可确定作业场所布置的总体原则。

1）重要性原则。首先考虑操作上的重要性。最优先考虑的是实现系统作业的目标或达到其他性能最为重要的元件。一个元件是否重要往往由它的作用来确定。有些元件可能并不频繁使用，但却是至关重要的，如紧急控制器，一旦使用就必须保证迅速而准确。

2）使用频率原则。显示器与控制器应按使用频率的大小依次排列。经常使用的元件应放在作业者易见、易及的位置。

3）功能原则。根据机器的功能进行布置，把具有相同功能的机器布置在一起，以便作业者记忆和管理。

4）使用顺序原则。在设备操作中，为完成某动作或达到某一目标，常按顺序使用显示器与控制器。这时，元件则应按使用顺序排列布置，以使作业方便、高效，如起动机床、开启电源等。

**3. 总体作业空间设计的依据**

当多个作业者在一个总体作业空间工作时，作业空间的设计就不仅仅是个体作业场所内空间的物理设计与布置的问题，作业者不仅与机器设备发生联系，还和总体空间内其他人存在社会性联系。对生产企业来讲，总体作业空间设计与企业的生产方式直接相关。流水生产企业车间内设备按产品加工顺序逐次排列；成批生产企业同种设备和同种工人布置在一起。由此可见，企业的生产方式、工艺特点决定了总体作业空间内的设备布局，在此基础上，再根据人机关系，按照人的操作要求进行作业场所设计及其他设计。

总之，作业空间设计，从大的范围来讲，就是组织生产现场，把所需要的机器、设备和工具，按照生产任务、工艺流程的特点和人的操作要求进行合理的空间布置，给能量、物质和人员确定一个最佳的流通路线和占有区域，避免冲突，提高工作系统总体上的可靠性和经济性。从小的范围来讲，就是合理设计工作岗位。以保证作业者在工作位置上便于工作，保证操作活动的准确高效，并以最低的体力强度和心理强度获得最高的劳动生产率，同时，又能确保作业者的劳动安全和健康。

## 7.6.3 作业空间布局设计

**1. 坐姿作业空间布局设计**

坐姿作业空间布局设计主要包括工作台、工作座椅、人体活动余隙和作业范围等的尺寸和布局等。

（1）坐姿工作面的高度

坐姿工作面的高度主要由人体参数和作业性质等因素决定。设计坐姿工作面的高度时应以坐高或坐姿肘高的第 95 百分位数作为参考数据。一般用座面高度加 1/3 坐高或坐姿肘高减 25mm 来确定工作面高度。若少部分作业者无法适应这一设计高度时，可以选择合适的脚踏板（脚垫）来调整。对于不同的作业性质，作业需要的力越大，则工作面高度就越低；作业视力要求越强，则工作面的高度就越高。图 7.9 所示为坐姿工作面高度。若工作面高度是可调的，图 7.10 所示为工作面高度与人的身高和作业活动性质的关系。

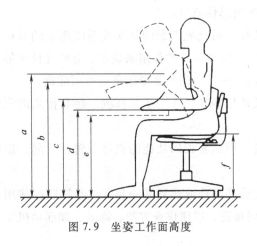

图 7.9　坐姿工作面高度

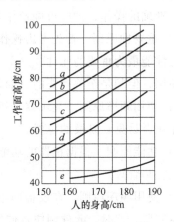

图 7.10　工作面高度与人的身高和
作业活动性质的关系

图 7.9 和图 7.10 中：

1）$a$ 适合对视力强度、手臂活动的精度和灵活性要求都很高的作业，如钟表组装。工作面高度一般为（880±20）mm，作业者眼睛到被观察物体的距离为 120～250mm，能区分直径小于 0.5mm 的零件。

2）$b$ 适合对视力强度要求较高的工作，如微型机械和仪表的组装，精确复制和画图等。工作面高度一般为（840±20）mm，作业者眼睛到被观察物体的距离为 250～350mm，能区分直径小于 1mm 的零件。

3）$c$ 适合一般要求的作业，如一般的钳工工作、坐着的办公工作等。工作面高度一般为（740±20）mm，作业者眼睛到被观察物体的距离小于 500mm，能区分直径小于 10mm 的零件。

4）$d$ 适合精度要求不高、需要较大力气才能完成的手工作业，如包装、大零件安装等。工作面高度一般为（680±20）mm，作业者眼睛到被观察物体的距离大于 500mm。

5）$e$ 适合视力要求不高的作业，如操作一般机械等，工作面高度一般为（600±20）mm，眼睛与被观察物体之间的距离大于 400mm。

（2）坐姿工作面的宽度

工作面宽度视作业功能要求而定。若单供肘靠之用，最小宽度为 100mm，最佳宽度为

200mm；仅当写字面用，最小宽度为 305mm，最佳宽度为 405mm；做办公桌用，最佳宽度为 910mm；做实验台用，视需要而定。为保证大腿容隙，工作面板厚度一般不超过 50mm。

（3）容膝空间

在设计坐姿用工作台时，必须根据脚可达到区域在工作台下部布置容膝空间，以保证作业者在作业过程中腿脚姿势方便舒适。图 7.11 所示为腿脚的几种姿势：两腿伸直；腿在座位下弯曲；一只脚在前，一只脚在后；两腿交叉；两脚交叉；脚放在脚控制器上。适宜的容膝空间尺寸见表 7.13。

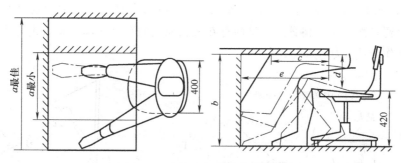

图 7.11　容膝空间（单位：mm）

表 7.13　适宜的容膝空间尺寸

| 符号 | 尺度部位 | 尺寸/mm | |
|---|---|---|---|
| | | 最小 | 最大 |
| $a$ | 容膝孔宽度 | 510 | 1000 |
| $b$ | 容膝孔高度 | 640 | 680 |
| $c$ | 容膝孔深度 | 460 | 660 |
| $d$ | 大腿空隙 | 200 | 240 |
| $e$ | 容腿孔深度 | 660 | 1000 |

（4）椅面高度及活动余隙

坐姿作业离不开工作座椅。座椅的设计应使作业者在长期坐着工作时，感到具有生理上舒适、操作上方便、容易维持躯干的稳定和变换姿势、能减少疲劳和提高工效等作用效果。

工作座椅需要占用的空间，不仅包括座椅本身的几何尺寸，还包括了人体活动需要改变座椅位置等余隙要求。椅面高度和座椅布置的活动余隙要求如下：

1）椅面高度应根据坐姿腘窝高和坐姿肘高的第 95 百分位数进行设计，矮身材的人可以通过脚踏板（脚垫）调整。一般椅面高度比工作面高度低 270~290mm 时，上半身操作姿势最方便。因此，椅面高度宜取 （420±20） mm。

2）座椅放置的深度距离（工作台边缘至固定壁面的距离），至少应在 810mm 以上，以便容易移动椅子，方便作业者的起立与坐下等活动。

3）工作座椅的扶手至侧面固定壁面距离最小为 610mm，以利作业者自由伸展胳膊等。

（5）坐姿作业范围

坐姿作业范围是作业者以坐姿进行作业时，手和脚在水平面和垂直面内所触及的最大轨迹范围。它分为水平作业范围、垂直作业范围和立体作业范围。

1）水平作业范围是指人坐在工作台前，在水平面上方便地移动手臂所形成的轨迹。它包括正常作业范围和最大作业范围。正常作业范围是指上臂自然下垂，以肘关节为中心，前臂做回旋运动时手指所触及的范围；最大作业范围是指人的躯干前侧靠近工作面边缘时，以肩峰点为轴，上肢伸直做回旋运动时手指所触及的范围。坐姿作业的水平作业范围如图 7.12 所示。

2）垂直作业范围。以肩峰为轴，上肢伸直在矢状面上移动的范围为垂直面的垂直最大作业范围；上臂自然下垂以桡骨点为轴前臂在矢状面上的移动范围为垂直正常作业范围。坐姿作业的垂直作业范围如图 7.13 所示。

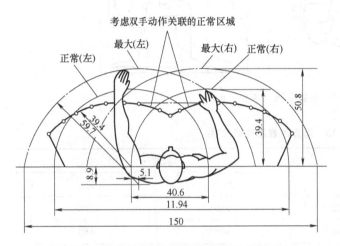

图 7.12　坐姿作业的水平作业范围（单位 cm）

图 7.13　坐姿作业的垂直作业范围

3）立体作业范围指的是将水平和垂直作业范围结合在一起的三维空间。实际上，坐姿作业时，作业者的动作范围被限制在工作面以上的空间范围，其上肢作业范围为一立体空间，如图 7.14 所示。图 7.15 所示为坐姿立体空间作业范围。坐姿立体空间作业范围的舒适区域介于肩和肘之间，此时手臂的活动路线最短、最舒适，能迅速而准确地进行操作。

例如，当坐姿作业是小件组装，要把 8 个部件装配起来，则作业者面前至少需要有 250mm×250mm 的操作面积。供料箱应分布在作业者前方大于 250mm 处（即装配区的周围）和工作场所中心左方或右方 410mm 之内，并且不得高于工作面 500mm（最好在工作面上方 250mm 处，以减轻肩部肌肉疲

图 7.14　坐姿上肢作业范围

劳）。经常取用的物件应置于操作面之前 150～300mm 范围内，使作业者无须向前弯曲身体就能拿到。大而重的物件需靠近场地前面，允许作业者有时（每小时几次）到场外取物。

**2. 立姿作业空间布局设计**

立姿作业空间主要包括工作台、工作活动余隙和作业范围等的尺寸和布局。

（1）立姿工作面的高度

立姿工作面的高度与身高、作业时施力的大小、视力要求和操作范围等很多因素有关。在考虑不同身高的作业者对工作面高度的要求时，虽然可以设计出高度可调的工作台，但实际上，大都通过调整脚垫的高度来调整作业者的身高和肘高。因此，立姿工作面高度应按照身高和肘高的第 95 百分位数设计。对男女共用的工作面高度按照男性的数值设计。图 7.16 按照男性身高的第 95 百分位数给出了立姿情况下不同的工作面高度。

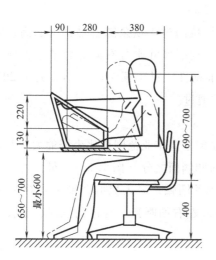

图 7.15　坐姿立体空间作业范围（单位：mm）

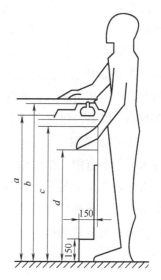

图 7.16　立姿工作面高度（单位：mm）

图 7.16 中：

尺寸 $a$ 所示的台面高度为 1050～1150mm，适合于精密工作，靠肘支撑的工作（如书写、画图等）。

尺寸 $b$ 所示的台面高度为 1130mm，虎口钳固定在工作台上的高度。

尺寸 $c$ 所示的台面高度为 959～1000mm，适用于要求灵巧的工作，轻手工作业（如包装、安装等）。

尺寸 $d$ 所示的台面高度为 800～950mm，适用于要求用力大的工作（如刨床、钳工工作等）。工作面的宽度视需要而定。

（2）立姿工作活动余隙

立姿作业时人的活动性比较大，为了保证作业者操作自由、动作舒展，必须使站立位置有一定的活动余隙。有条件时，可以适当大些，场地较小时，应按有关人体参数的第 95 百分位数加上穿着防寒服时的修正值进行设计，一般应满足以下要求：

1）站立用空间（作业者身前工作台边缘至身后墙壁之间的距离），不得小于 760mm，最好能在 910mm 以上。

2）身体通过的宽度（在局部位置侧身通过的前后间距），不得小于510mm，最好能保证在810mm以上。

3）身体通过的深度（在局部位置侧身通过的前后间距），不得小于330mm，最好能保证在380mm以上。

4）行走空间宽度（供双脚行走的凹进或凸出的平整地面宽度），不得小于305mm，一般须在380mm以上。

5）容膝容足空间。立姿作业提供容膝容足空间，可以使作业者站在工作台前能够屈膝和向前伸脚，不仅站着舒服，而且可以使身体靠近工作台，扩大上肢在工作台上的可及深度。容膝孔的高度应为640~680mm；容膝孔的深度应为460~660mm；容腿孔的深度应为660~1000mm；大腿离工作台面的空隙不得小于200mm。

6）过头顶余隙（地面至顶板的距离）。一些岗位的过头顶余隙就是楼层的高，但许多大型设备常在机器旁建立比较矮小的操纵控制室，空间尺寸十分有限。如果过头顶余隙过小，心理上易产生压迫感，影响作业的耐久性和准确性。过头顶余隙最小应大于2030mm，最好在2100mm以上，在此高度下不应有任何构件通过。

（3）立姿作业范围

立姿水平作业范围与坐姿作业时基本相同，立姿垂直作业范围要比坐姿的大一些，其中也分为正常作业范围和最大作业范围，同时有正面和侧面之分（图7.17）。最大可及范围是以肩关节为中心，臂的长度为半径（720mm）所画的圆弧；最大抓取范围是以600mm为半径所画的圆弧；最舒适的作业范围是半径为300mm左右的圆弧。身体前倾时，半径可增加到400mm。

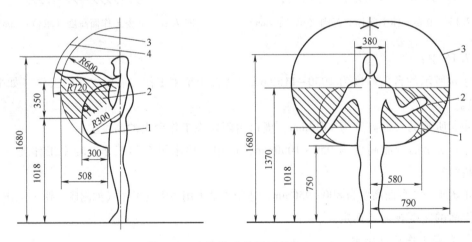

图7.17 立姿作业范围（单位：mm）

1—最舒适的作业范围 2—较有利的作业范围 3—最大抓取范围 4—最大可及范围

**3. 坐-立姿作业空间布局设计**

在设计坐立交替的工作面时，工作面的高度以立姿作业时工作面高度为准，为了使工作面高度适合坐姿操作，需要提供较高的椅子。椅子高度以68~78cm为宜，同时一定要提供脚踏板，作为作业者坐姿工作时脚部休息的地方，否则作业者很难工作持久。图 7.18 给出了坐立交替工位设计要求。

因坐-立姿作业空间的特殊性，工作椅的设计布局宜采用以下方式：

1）椅子可以移动，以便在立姿操作时可将它移开。

2）椅子高度可调，以适应不同身高者的需要。

3）坐姿作业时应提供脚踏板（脚垫），如工作椅座面过高，没有脚踏板的情况下作业者的双脚下垂，造成座面前缘压迫大腿，使血液循环受阻。踏板中心位置高度应为座面高度减去坐姿腘窝的第 95 百分位数，以保证容膝空间适应 90% 以上的人群。若踏板高度可调，调节范围取 20~230mm 为宜。

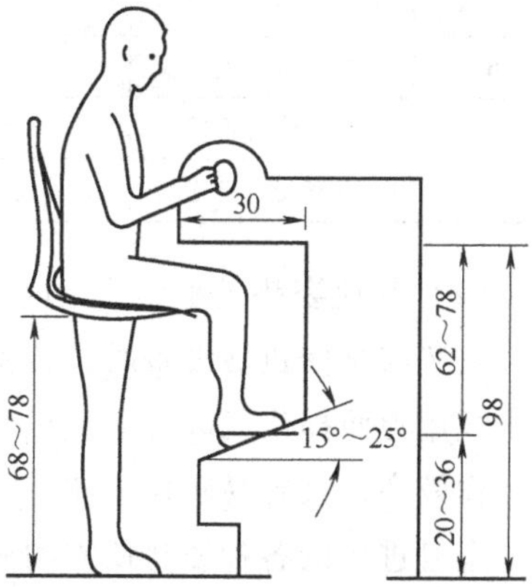

图 7.18 坐立交替工位设计要求（单位：cm）

**4. 其他姿势的作业空间**

除了在固定工作岗位上通过操纵机器直接生产制造产品之外，还有大量的作业者从事机器设备安装维修工作。当进入设备和管路布局区域或进入设备和容器的内部时，由于空间的限制，作业者只能采用蹲姿、跪姿和卧姿等进行工作。因此，必须在设备的设计和布局时预见到相应姿势并预留所需空间，具体包括两个方面：一是到达各检修点的可达性问题；二是在各检修点的可操作性问题。

（1）检修通道的布局与最小尺寸

解决可达性问题，就是根据可能的通行姿势设计合理的检修通道。检修通道应针对一切可能的检修项目，采用最容易使所需的零部件、作业者的身体、工具等顺利通过的形状。在确定具体尺寸时，应考虑作业者携带零部件和工具的方式所需的工作余隙，还应考虑作业人员在通道内的视觉要求。否则，遇到紧急检修时，作业者、工具和更换的零部件无法进入，不得不拆除或破坏其他的设施，导致减产或停产。

一般情况下，设置一个大的检修通道比设置两个或更多个小的检修通道的效果要好，检修通道应位于正常安装时易于接近的设备表面或直接进入最便于维修的地方，同时应处于远离高压或危险转动部件的安全区。否则应采取有效的安全措施，以防作业人员进出时受到伤害。表 7.14 给出了人体形态尺寸对各种通行方式的最小通道尺寸。

**表 7.14 人体形态尺寸对各种通行方式最小通道尺寸**

| 序号 | 通行方式 | 尺度 | 尺寸/mm | | |
|------|---------|------|--------|------|------|
| | | | 最小 | 最好 | 穿着防寒服 |
| 1 | 单人正面通过 | 宽×高 | 560×1600 | 610×1860 | 810×1910 |
| 2 | 双人并行通过 | 宽×高 | 1220×1600 | 1370×1860 | 1530×1910 |
| 3 | 双人侧身通过 | 宽×高 | 760×1600 | 910×1860 | 910×1910 |
| 4 | 方形垂直入口 | 边长×边长 | 459×459 | 560×560 | 810×810 |
| 5 | 圆形垂直入口 | 直径 | 560 | 610 | |

（续）

| 序号 | 通行方式 | 尺度 | 尺寸/mm | | |
|---|---|---|---|---|---|
| | | | 最小 | 最好 | 穿着防寒服 |
| 6 | 矩形水平入口 | 宽×高 | 535×380 | 610×510 | 810×810 |
| 7 | 圆形爬行管道 | 直径 | 635 | 760 | 810 |
| 8 | 方形爬行管道 | 边长×边长 | 635×635 | 760×760 | 810×810 |

（2）其他姿势最小作业空间尺寸

安装与维修机器设备时，若检修点的作业空间过小，人的肢体施展不开，就会以不合理的方式用力而损伤肌肉骨骼组织，或者会因把持不住工具、零部件等而造成物体掉落，既影响工作效率，又容易砸伤人体。

全身进入的各种姿势所需的最小作业空间尺寸，应根据有关人体测量项目的第95百分位数进行设计，具体尺寸如图7.19所示和见表7.15。

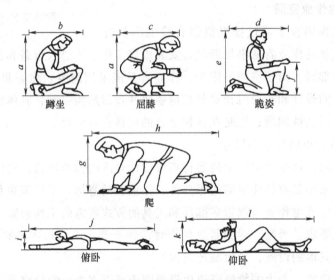

图 7.19　其他姿势的最小作业空间尺寸

表 7.15　其他姿势的最小作业空间尺寸

| 作业姿势 | 尺度标记 | 尺寸/mm | | |
|---|---|---|---|---|
| | | 最小值 | 选取值 | 穿着防寒服 |
| 蹲坐作业 | a 高度 | 120 | — | 130 |
| | b 宽度 | 70 | 92 | 100 |
| 屈膝作业 | a 高度 | 120 | — | 130 |
| | c 宽度 | 90 | 102 | 110 |
| 跪姿作业 | d 宽度 | 110 | 120 | 130 |
| | e 高度 | 145 | — | 150 |
| | f 手距地面高度 | | 70 | |

（续）

| 作业姿势 | 尺度标记 | 尺寸/mm | | |
|---|---|---|---|---|
| | | 最小值 | 选取值 | 穿着防寒服 |
| 爬着作业 | g 高度 | 80 | 90 | 95 |
| | h 长度 | 150 | — | 160 |
| 俯卧作业（腹朝下） | i 高度 | 45 | 50 | 60 |
| | j 长度 | 245 | — | — |
| 仰卧作业（背向下） | k 高度 | 50 | 60 | 65 |
| | l 长度 | 190 | 195 | 200 |

有时候，出于结构或其他具体情况的需要，安装维修作业是通过观察口和操作通道两个部分去实现的。即作业中，只需用手或手指伸入某个区域内部。这时，必须在设备上设计出最佳轮廓外形的检查孔、检查窗或门等，以便手能自如活动。

对于检查孔或观察窗的间隙尺寸，设计时要考虑人携带零件和工具时的余隙以及人在通道内的视觉要求。最好将检修点布置在容易接近的设备表面或者设备内部容易接近的区域，还要远离高压电或危险转动部件。此外要确保在检修点可进行维修工作，使检修点的作业空间允许维修者在其内伸展自如，不致损伤肌肉、骨骼组织等。由标准工具尺寸和使用方法确定的维修空间的尺寸见表 7.16。

表 7.16　由标准工具尺寸和使用方法确定的维修空间的尺寸

| 开口部尺寸 | 尺寸/mm | | 开口部尺寸 | 尺寸/mm | | | 使用工具 |
|---|---|---|---|---|---|---|---|
| | A | B | | A | B | C | |
| | 140 | 150 | | 135 | 125 | 145 | 可使用螺丝刀等 |
| | 175 | 135 | | 160 | 215 | 115 | 可用扳手从上旋转60° |
| | 200 | 185 | | 215 | 165 | 125 | 可用扳手从前面旋转60° |

（续）

| 开口部尺寸 | 尺寸/mm | | 开口部尺寸 | 尺寸/mm | | | 使用工具 |
|---|---|---|---|---|---|---|---|
| | A | B | | A | B | C | |
| | 270 | 205 | | 215 | 130 | 115 | 可使用钳子、剪线钳等 |
| | 170 | 250 | | 305 | | 150 | 可使用钳子、剪线钳等 |
| | 90 | 90 | | | | | |

### 7.6.4 安全距离设计

由于种种原因，许多设备要实现无任何危险之处是很难的，因此就必须考虑与其保持一定的安全距离。安全距离有两种：一是防止人体触及机械部位的间隔，称为机械防护安全距离，机械防护安全距离的确定，主要取决于人体测量参数；二是使人体免受非触及机械性有害因素影响的间隔，如超声波危害、电离辐射和非电离辐射危害、冷冻危害，以及尘毒危害等，其安全距离的确定，主要取决于危害源的强度和人体的生理耐受阈限。

**1. 机械防护安全距离设计**

机械防护安全距离分为3类：防止可及危险部位的安全距离、防止受挤压的安全距离和防止踩空致伤的盖板开口安全距离。其大小等于身体尺寸或最大可及范围与附加量的代数和：

$$S_d = (1 \pm K)L \tag{7.9}$$

或

$$S_d = (1 \pm K)R_m \tag{7.10}$$

式中　$S_d$——安全距离（mm）；

　　　　$L$——人体尺寸（mm）；

　　　　$R_m$——最大可及范围（mm）；

　　　　$K$——附加量系数。

由于安全距离直接关系到人体的安全与健康，所以人体尺寸或最大可及范围的选取，应采用第 99 百分位上男女两者中较大的数值作为最小安全距离的设计依据；采用第 1 百分位上男女两者中较小的数值作为最大安全空隙的设计依据。这样可以保证 99% 以上的人群不会进入危险区域内部。同时，为了保证人体不会触及危险区域的界面，还必须在人体尺寸或最大可及范围的基础上加上一个附加量（即安全余量），用 $K$ 表示。应用式（7.9）和式（7.10）计算不允许身体触及的最小安全距离时用减号。附加量的大小系数 $K$ 可按表 7.17 选取。

**表 7.17　身体有关部位附加量系数**

| 身体有关部位 | $K$ |
| --- | --- |
| 身高等大尺寸 | 0.03 |
| 上、下肢等中等尺，大腿围度 | 0.05 |
| 手、指、足面高、脚宽等小尺寸，头胸等重要部位 | 0.10 |

公式中的安全距离 $S_d$ 是根据人体的裸体测量数据得到的。实际应用时，还应考虑不同环境所要求的着装因素。

机械防护安全距离的具体尺寸可参阅《生产设备安全卫生设计总则》（GB 5083—1999）（此处略）。

**2. 防止可及危险部位的安全距离设计**

如果人体接触机械设备（含附属装置）的静止或运动部分，可能使人致伤，在机器设备设计时或作业空间布局设计时，必须考虑防止可及危险部位的安全距离。防止可及危险部位的安全距离包括上伸可及安全距离、探越可及安全距离、上肢自由摆动可及安全距离和穿越孔隙可及安全距离。

（1）上伸可及安全距离

当双足跟着地站立，手臂上伸可及的安全距离数值 $S_d$ 为 2410mm，如图 7.20 所示。

（2）探越可及安全距离

在身体越过固定屏障或防护设施的边缘时，最大可及距离是防护屏的高度和危险部位高度的函数（图 7.21），相应的安全距离可从表 7.18 查得。

图 7.20　上伸可及安全距离

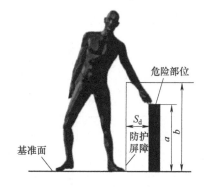

图 7.21　探越可及安全距离

表 7.18　探越可及安全距离　　　　　　　　（单位：mm）

| $a$ | $b$ | | | | | | | |
|---|---|---|---|---|---|---|---|---|
| | 2400 | 2200 | 2000 | 1800 | 1600 | 1400 | 1200 | 1000 |
| 2400 | — | 50 | 50 | 50 | 50 | 50 | 50 | 50 |
| 2200 | — | 150 | 250 | 300 | 350 | 350 | 400 | 400 |
| 2000 | — | — | 250 | 400 | 600 | 650 | 800 | 800 |
| 1800 | — | — | — | 500 | 850 | 850 | 950 | 1050 |
| 1600 | — | — | 400 | 850 | 850 | 950 | 1250 | |
| 1400 | — | — | 100 | 750 | 850 | 950 | 1350 | |
| 1200 | — | — | — | — | 400 | 850 | 950 | 1350 |
| 1000 | — | — | — | — | 200 | 850 | 950 | 1350 |
| 800 | — | — | — | — | — | 500 | 850 | 1250 |
| 600 | — | — | — | — | — | — | 450 | 1150 |
| 400 | — | — | — | — | — | — | 100 | 1150 |
| 200 | — | — | — | — | — | — | — | 1050 |

注：$a$ 为从地面算起的危险区域高度；$b$ 为棱边的高度。

（3）上肢自由摆动可及安全距离

有些作业中，人体上肢的掌、腕、肘、肩等关节根部紧靠在固定台面或防护设施的边缘，仅由支靠点前面一部分肢体向四周自由摆动从事作业活动，此时的安全距离可以从表 7.19 查出。

表 7.19　上肢自由摆动可及安全距离　　　　　　　　（单位：mm）

| 上肢部位 | | $S_d$ | 图示 |
|---|---|---|---|
| 从 | 到 | | |
| 掌指关节 | 指尖 | ≥120 | |
| 腕关节 | 指尖 | ≥225 | |
| 肘关节 | 指尖 | ≥510 | |
| 肩关节 | 指尖 | ≥820 | |

注：$S_d$ 为上肢自由摆动可及安全距离。

（4）穿越孔隙可及安全距离

当空间尺寸有限、危险部位在人体可及范围之内时，一般就在危险部位安上防护罩或防护屏。大多数防护罩或防护屏都采用网状或栅栏形状的结构，以便能起防护屏障的作用，又不妨碍正常的观察检查。但是，如果网状或栅栏状的孔隙过大，屏障与危险部位过于靠近，一旦肢体不小心穿越孔隙，依然有可能触及危险部位而产生伤害事故。因此，当防护屏或防护罩与危险部位不能远距离隔离时，就必须根据某些肢体的测量参数第 1 百分位数男女两者中较小值来确定防护屏或防护罩的最大孔隙，以防止肢体的某个部位通过。反之，如果已经确定了防护屏或防护罩的孔隙尺寸，则应根据第 99 百分位数男女两者中较大值来确定防护屏或防护罩至危险部位的安全距离，使能够穿越孔隙的那部分肢体不能触及危险部位。表 7.20 给出了可供防护屏或防护罩布局设计选用的穿越网状（方形）孔隙可及安全距离。穿越栅栏状（条形）缝隙可及安全距离可以参照表 7.21。

**表 7.20　穿越网状（方形）孔隙可及安全距离**　　　　　（单位：mm）

| 上肢部位 | 方形孔边长 $a$ | $S_d$ | 图示 |
| --- | --- | --- | --- |
| 指尖 | $4 < a \leqslant 8$ | $\geqslant 15$ | — |
| 手指（至掌指关节） | $8 < a \leqslant 25$ | $\geqslant 120$ | |
| 手掌（至拇指根） | $25 < a \leqslant 40$ | $\geqslant 195$ | |
| 手臂（至肩关节） | $40 < a \leqslant 250$ | $\geqslant 820$ | |

注：当孔隙边长度在 250mm 以上时，作业者身体可以钻入，按探越类型处理。

**3. 防止受挤压的安全距离设计**

在机械的设计和工作场地的布置中，存在一些固定的夹缝部位或可变动的夹缝部位。当人体的某一部位在某种力的作用下陷入或被夹入其中时，容易造成皮肤挫伤和肌肉损伤。因此，存在夹缝部位时，夹缝间距必须大于安全距离；否则，夹缝部位将被视为人体有关部位的危险源。防止人体受挤压的部位主要是指防止人的躯体、头、腿、足、臂、手掌和食指等，表 7.22 给出了防止人体受挤压伤害的夹缝安全距离。

表 7.21　穿越栅栏状（条形）缝隙可及安全距离　　　（单位：mm）

| 上肢部位 | 缝隙宽度 | $S_d$ | 图示 |
|---|---|---|---|
| 指尖 | $4 < a \leqslant 8$ | $\geqslant 15$ | — |
| 手指（至掌指关节） | $8 < a \leqslant 20$ | $\geqslant 120$ | 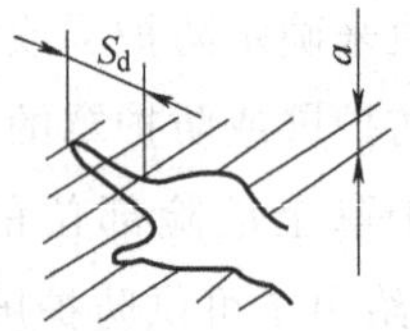 |
| 手掌（至拇指根） | $20 < a \leqslant 30$ | $\geqslant 195$ | 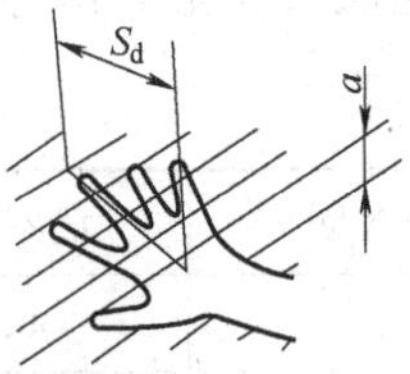 |
| 手臂（至肩关节） | $30 < a \leqslant 135$ | $\geqslant 320$ | 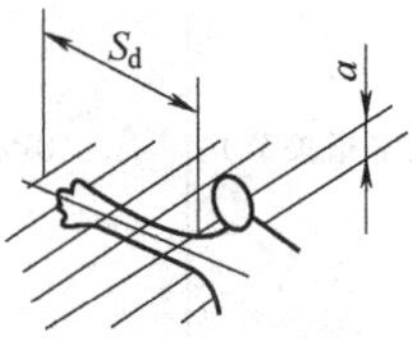 |

表 7.22　防止人体受挤压伤害的夹缝安全距离　　　（单位：mm）

| 身体部位 | 安全夹缝间距 | 图示 | 身体部位 | 安全夹缝间距 | 图示 |
|---|---|---|---|---|---|
| 头 | $\geqslant 280$ | 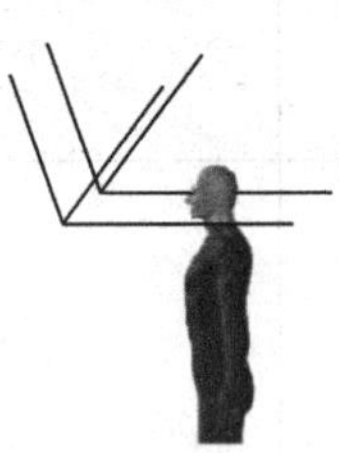 | 手、腕、拳 | $\geqslant 100$ | 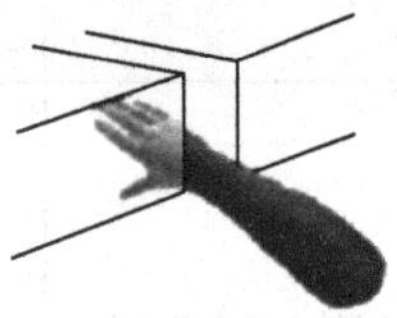 |
| 手指 | $\geqslant 25$ | 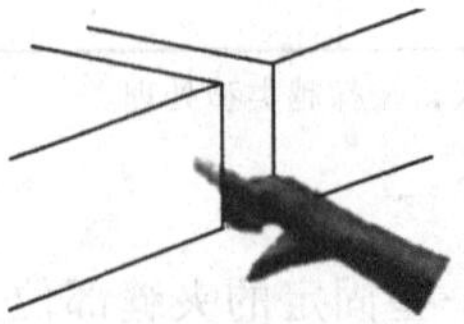 | 躯体 | $\geqslant 470$ | 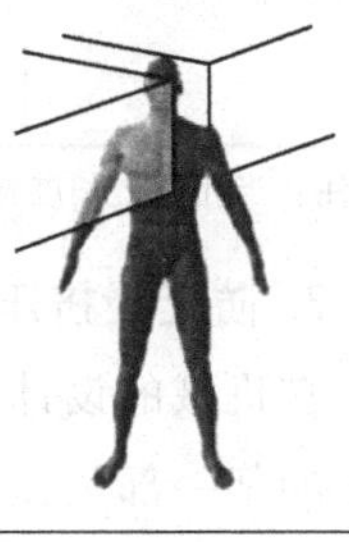 |

（续）

| 身体部位 | 安全夹缝间距 | 图示 | 身体部位 | 安全夹缝间距 | 图示 |
|---|---|---|---|---|---|
| 手臂 | ≥120 | | 腿 | ≥210 | |
| 足 | ≥120 | | | | |

### 4. 防止踩空致伤的盖板开口安全距离设计

为了节约空间或合理布局，常把一些设备布置在地面以下，如地下电缆沟、排水沟等。这些空间上方需要覆盖上盖板，以保证正常通行。另外，一些高层工作平台，无论是土建施工时还没装上穿越平台的设备，还是停机大修时拆除了穿越平台的设备，均会在平台地板上出现空洞。为防止作业人员坠落，需要覆盖上盖板作为临时安全措施。盖板有封闭式的，也有开口式的。对开口式盖板来说，由于盖板上开口尺寸过大，作业人员经过时可能发生踏空坠落事故，或下肢的某一部分嵌入开口引起挫伤、扭伤甚至骨裂事故。因此，盖板开口安全距离的设计十分重要。盖板开口安全距离一般是指盖板上保障不使人踩空致伤的开口最大间隙，并分为矩形开口和条形开口两种，如图 7.22 所示。其中，矩形开口的安全距离：长 $S_{d1} \leqslant$ 150mm，宽 $S_{d2} \leqslant 45mm$；条形开口的安全距离：$S_d \leqslant 35mm$。

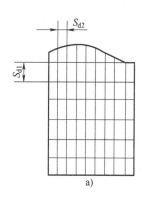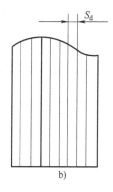

图 7.22　盖板开口安全距离
a）矩形开口　b）条形开口

## 复　习　题

7.1　为什么说提高照度、改善照明对提高工作效率有很大影响？那么持续增加照明与劳动生产率的增长一定呈正相关关系吗？

7.2　光强与光通量之间的关系是什么？

7.3　工业企业的建筑物照明有哪些形式？

7.4 室内最理想的光源是什么？请说明原因。

7.5 眩光是什么？简述眩光对作业的不利影响以及如何控制眩光危害。

7.6 色彩对人的心理有哪些影响？说明常见的色彩心理效应。

7.7 色彩设计的步骤是什么？

7.8 色彩调节的目的有哪些？

7.9 安全色是哪几种颜色？分别代表什么含义？

7.10 车间、厂房色彩调节中的环境色应满足哪些要求？

7.11 生产性噪声如何分类？

7.12 噪声的危害有哪些？如何进行噪声控制？

7.13 微气候环境对人体及工作有哪些影响？

7.14 请分别说明高温、低温作业环境如何进行改善？

7.15 如何控制振动对人体的危害？

7.16 近身作业空间包括哪几种类型？

7.17 什么是作业空间设计？

7.18 坐姿和立姿作业空间布局设计主要包括哪些方面？

7.19 检查孔或观察窗的间隙尺寸设计要考虑哪些因素？

7.20 简述如何确定安全防护距离。

7.21 选取企业生产车间、建筑施工现场等作为研究对象，调查安全防护装置设置情况，评价其是否满足安全防护距离要求。

7.22 选取学校的教学楼、实验楼、图书馆、寝室等地的采光照度值进行实地测量、计算和分析，对照国家相关标准提出改进方案。

【本章学习目标】

掌握：机械故障率变化曲线；典型人机系统可靠度的计算。

理解：可靠性的概念；人机系统安全性与可靠性的关系；人机系统的评价方法。

了解：人的可靠性的影响因素；人机系统评价的原则与体系。

# 8.1 | 可靠性分析的基本概念

在安全人机工程学中，安全性与可靠性是两个重要指标。

安全性是系统在规定条件、规定时间内不发生事故，不造成人身伤害、财产损失及环境污染的情况下，完成规定功能的能力。

可靠性是指研究对象在规定条件下、规定时间内，完成规定功能的能力。人机系统的可靠性差会影响预定功能的实现，进而可能导致事故发生并出现人员伤亡、财产损失、环境破坏等严重后果。因此，提高人机系统的可靠性是提高人机系统安全性的重要途径。可靠性常用的基本度量指标有可靠度、不可靠度（或累积故障概率）、故障率（或失效率）、平均无故障工作时间（或平均寿命）、维修度、有效度等，此处仅对可靠度和故障率进行简要介绍。

### 1. 可靠度

可靠度的定义是：研究对象在规定的条件下和规定的时间内完成规定功能的概率，是对系统或产品可靠程度的定量表示。这里的研究对象是指人、机和环境。可靠度是可靠性的量化指标，是时间的函数，常以 $R(t)$ 表示，称为可靠度函数。如果取 $N$ 个产品进行实验，在 $t$ 的时间内有 $N(t)$ 个产品发生损坏，则可靠度可用下式表示：

$$R(t) = \frac{N - N(t)}{N} \tag{8.1}$$

可以看出，$0 \leqslant R(t) \leqslant 1$。

与可靠度相反的参数为不可靠度，用 $F(t)$ 表示。

**2. 故障率**（或失效率）

故障和失效这两个概念，都表示产品在非正常状态下工作或完全丧失功能，只是前者一般用于维修产品，可以修复，后者用于非维修产品，表示不可修复。产品在工作过程中，由于某种原因使一些零部件发生故障或失效，为反映产品发生故障的快慢，引出故障率参数。故障率是指工作到 $t$ 时刻尚未发生故障的产品，在该时刻后单位时间内发生故障的概率，故障率也是时间的函数，记为 $\lambda(t)$，称为故障率函数，习惯称故障率。故障率的观测值等于 $N$ 个产品在 $t$ 时刻后，单位时间内的故障产品数 $\Delta N_f(t)/\Delta t$ 与在 $t$ 时刻还能正常工作的产品数 $N_s(t)$ 的比值，可用下式表示：

$$\lambda(t) = \frac{\Delta N_f(t)}{N_s(t)\Delta t} \tag{8.2}$$

平均故障率 $\lambda(t)$ 是指在某一规定的时间内故障率的平均值。其观测值，对于非维修产品是指在一个规定的时间内失效数 $r$ 与累积工作时间 $\sum t$ 的比值；对于维修产品，是指它的使用寿命内的某个观测期间，一个或多个产品的故障发生次数 $r$ 与累积工作时间的比值，即两种情况均可用下式表示：

$$\lambda(t) = \frac{r}{\sum t} \tag{8.3}$$

故障率是时间的函数，在机械的不同使用阶段，故障率按不同的规律变换。通常可分为 3 个阶段。机械的故障分为 3 个阶段，3 个阶段故障率与时间的关系如图 8.1 所示。

（1）初期故障

发生于机械试制初期或投产初期的试运转期间。在初期故障阶段，故障率较高但下降很快。其主要由设计、制造、储存、运输过程中存在的缺点

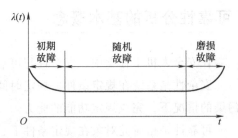

图 8.1　3 个阶段故障率与时间的关系

以及调试、跑合、启动不当等人为因素所致。潜在未被发现的错误、制造工艺不良、材料和元器件的缺陷，在使用初期暴露出来就呈现为故障，如法兰、螺钉等。为排除初期故障，可以通过出厂前的检查或试运转发现，如对材料、元器件进行认真筛选、试验，改进制造工艺以及对成品做延时、老化处理，人机系统的安全性试验等，都可以提高机械在使用初期的安全性。

（2）随机故障

主要发生在机械试运转以后，通过消除早期发现的各类问题后，其故障率达到常数的正常工作状态期间。这段时间较长，是产品的最佳工作期。这时发生的故障不是通过检修等方法可以避免的，这些故障通常由超过元器件设计强度和应力超过设计规定的额定值、误操作及一些尚不清楚的偶然因素造成。这种故障既无规律又不易预测，由于故障原因多属偶然，故也称为偶然故障。但是，对一般机械都可规定一个允许的故障率，而把相应于这个故障率

的寿命称为耐用寿命或有效工期。

（3）磨损故障

磨损故障发生于超过使用寿命以后的阶段。在磨损故障阶段，失效率是递增的，甚至超过初期故障率。这一时期的故障主要由于长期磨损，机器或部件老化、疲劳、磨损、蠕变、腐蚀或类似的原因所致。针对耗损失效的原因和机械耗损故障的发生机理，可以通过加强预防检修和更换部分元件的方法来避免发生故障。尤其是注意检查、监控、预测磨损故障开始的时间，提前维修，使磨损故障期延迟到来，以延长有效工作期。

## 8.2 人机系统可靠性分析

人机系统的可靠性分析是指当把人作为可靠性研究对象时，规定的条件即为环境条件和机器状态，规定的功能即指人要完成的规定任务；而当将机器作为可靠性研究对象时，规定的条件即为环境条件和人的状态与行为，规定的功能即机器完成规定的功能。如果进一步考虑环境，则把环境作为可靠性研究对象，规定的条件即为机器的状态和人的行为，规定的功能即环境应达到的指标要求。本部分内容将对人机系统的可靠性进行分析。

人机系统按照系统中人机配置方式可分为人机串联系统、人机并联系统和人机混联系统。

**1. 人机串联系统**

如图 8.2 所示的人机串联系统，可靠度可按下式计算：

$$R_S(t) = R_{H1}R_{H2}R_M \qquad (8.4)$$

式中 $R_S(t)$——人机系统可靠度；

$R_{H1}$、$R_{H2}$——人的操作可靠度；

$R_M$——机器设备可靠度。

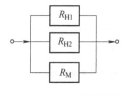

图 8.2 人机串联系统

从式（8.4）可以看出，人机系统的可靠度随着串联单元的增加而降低，因此应力求避免。

**2. 人机并联系统**

如图 8.3 所示的人机并联系统，可靠度可按下式计算：

$$R_S(t) = 1 - (1 - R_{H1})(1 - R_{H1})(1 - R_M) \qquad (8.5)$$

从式（8.5）可以看出，并联方法可以提高人机系统可靠度。常用的并联方法有并行工作冗余法和后备冗余法。并行工作冗余法是同时使用两个以上相同单元来完成同一系统任务，当一个单元失效时，其余单元仍能完成工作的并联系统。后备冗余法也是配备两个以上相同单元来完成同一系统的并联系统。它与并行工作冗余法的不同之处在于后备冗余法有备用单元，当系统出现故障时，才启用备用单元。

图 8.3 人机并联系统

**3. 人机混联系统两人监控人机系统**

当系统由两人监控时，一旦发生异常情况应立即切断电源。该系统有以下两种控制情形。

1）正常状况时，相当于两人串联（图 8.2），若一人误动作（切断电源），则系统断开，因此两个人操作的可靠度比仅一人控制的系统减小了，即产生误操作的概率增大了，操作者不产生误动作的可靠度为 $R_{Hc}$（不产生误动作的概率）：

$$R_{Hc} = R_{H1}R_{H2} \tag{8.6}$$

2）异常状况时，相当于两人并联（图 8.3），若仅一人误动作（切断电源），则系统依旧正常，因此可靠度比仅有一人控制的系统增大了，这时操作者切断电源的可靠度为 $R_{Hb}$（正确操作的概率）：

$$R_{Hb} = 1 - (1 - R_{H1})(1 - R_{H2}) \tag{8.7}$$

从监视的角度考虑，首要问题是避免异常状况时的危险，即保证异常状况时切断电源的可靠度，而提高正常状况下不误操作的可靠度则是次要的，因此这个监控系统是可行的。所以两人监控的人机系统的可靠度 $R_{Sr}$ 确定如下：

正常情况时

$$R_{Sr} = R_{Hc}R_M = R_{H1}R_{H2}R_M \tag{8.8}$$

异常情况时

$$R_{Sr} = R_{Hb}R_M = [1 - (1 - R_{H1})(1 - R_{H2})]R_M \tag{8.9}$$

典型的人机系统可靠度见表 8.1。

表 8.1　典型人机系统可靠度

| 名称 | 可靠性框图 | 人机系统可靠度 |
|---|---|---|
| 串联系统 | 人 $R_H$ — 机 $R_M$ | $R_S = R_H R_M$ |
| 并联冗余式系统 | 人1 $R_{H1}$ / 人2 $R_{H2}$ — 机 $R_M$ | $R_S = [1 - (1 - R_{H1})(1 - R_{H2})]R_M$<br>两人操作可提高异常状态下的可靠性，但是由于相互依赖也可能降低正常工作时的可靠性 |
| 待机冗余式系统 | ± 机械自动化 $R_{MA}$ / 人监督 $R_H$ | $R_S = 1 - (1 - R_{MA}R_H)(1 - R_{MA})$<br>人在自动化系统发生误差时进行修正 |
| 监督校核式系统 | ± 人 $R_H$ — 机 $R_M$ / 监督者 $R_{MB}$ | $R_S = [1 - (1 - R_{MB}R_H)(1 - R_H)]R_M$<br>将并联冗余系统中的一个人担当监督者角色，人与监督者的关系如同备用冗余系统 |

注：1. $R_S$—系统可靠度；$R_H$、$R_{H1}$、$R_{H2}$—人的可靠度；$R_M$、$R_{MA}$、$R_{MB}$—机的可靠度。

　　2. 可靠性框图中的虚线表示信息交互区域。

**4. 多人表决的冗余人机系统可靠度**

若由 $n$ 个人构成控制系统，当其中 $r$ 个人的控制工作同时失误时，系统才会失败，称这样的系统为多人表决的冗余人机系统。设每个人的可靠度均为 $R_H$，则系统全体人员的操作

可靠度为 $R_{Hn}$：

$$R_{Hn} = \sum_{i=0}^{r-1} C_n^i (1-R_H)^i R_H^{n-1} \tag{8.10}$$

式中   $C_n^i$——$n$ 个人中有 $i$ 个人同意时事件数，$C_n^i = n! / [i!(n-1)!]$，且规定 $C_n^0 = 1$。

多人表决的冗余人机系统可靠度 $R_{Sd}$ 的计算公式如下：

$$R_{Sd} = \left[ \sum_{i=0}^{r-1} C_n^i (1-R_H)^i R_H^{(n-1)} \right] R_M \tag{8.11}$$

**5. 控制器监控的冗余人机系统可靠度**

设监控器的可靠度为 $R_{Mk}$，则人机系统的可靠度 $R_{Sk}$ 按下式计算：

$$R_{Sk} = [1-(1-R_{Mk}R_H)(1-R_H)] R_M \tag{8.12}$$

**6. 自动控制冗余人机系统可靠度**

设自动控制系统的可靠度为 $R_{Mz}$，则人机系统的可靠度 $R_{Sz}$ 按下式计算：

$$R_{Sz} = [1-(1-R_{Mz}R_H)(1-R_{Mz})] R_M \tag{8.13}$$

# 8.3 | 人机系统评价

对现有的人机系统进行评价，可以使有关人员了解现有系统的优缺点，为今后改进人机系统提供依据，也可以对人机系统规划和设计阶段进行评价，通过评价，了解在规划和设计阶段预测到系统可能占有的优势和存在的不足，消除不良因素或潜在危险，并及时改进，以达到系统最优。

**1. 评价原则**

在人机系统评价过程中，要注意以下原则：

（1）评价方法的客观性

评价的质量直接影响决策的正确性，为此要保证评价的客观性。应保证评价数据的可靠性、全面性和正确性，应防止评价者的主观因素的影响，同时对评价结果应进行检查。

（2）评价方法的通用性

评价方法应适应评价同一级的各种系统。

（3）评价指标的综合性

指标体系要能反映评价对象各个方面的最重要的功能和因素，这样才能真实地反映被评对象的实际情况，以避免片面。

**2. 评价指标的建立**

评价的第一步是设定评价指标，由此可导出评价要素，并可按其评价结果设计方案。评价指标一般都有多个，可概括为以下三个主要方面的内容：

（1）技术评价指标

评价方案在技术上的可行性和先进性，包括工作性能、整体性、宜人性、安全性和使用维护等。

（2）经济评价指标

评价方案的经济效益包括成本、利润、实施方案的费用和市场情况等。

（3）环境评价指标

方案的环境评价包括内部环境评价和外部环境评价。其中，内部环境评价包括是否有益于改善光照、温度、湿度、粉尘、通风、振动、噪声、放射线、有毒有害物质等环境；外部环境评价包括是否有益于人的文化、技术水平的提高，是否有利于人的审美提高等。

### 3. 评价指标体系

评价指标体系是由确定的评价目标直接导出的。建立评价指标体系（要素集）是逐级逐项落实总目标的结果。因为要与价值相对应，所以全部要素都用"正"方式表达。例如，"噪声低"而不是"声音响"，"省力"而不是"费力"，"易识别"而不是"难识别"等。

评价前需要将总目标分解为各级分目标，至具体、直观为止。在分解过程中，要注意使分解后的各级分目标与总目标保持一致，分目标的集合一定要保证总目标的实现。所以，一个较高目标层次的分目标应当只与后继的较低目标层次上的一个目标相连接。这样分层次使设计者易于判断自己是否已列出全部对判断有重大影响的分目标。同时，由此还较易估计这些分目标对于需要评价方案的总价值的重要性，然后由复杂度最低的目标层次中的分目标导出评价要素。人机系统设计评价指标（要素）体系中，可以从整体性、技术性、宜人性、安全性、经济性、环境舒适性等角度进行评价，宜人性、安全性、环境舒适性都是从人机工程角度对系统进行设计和评价的，而整体性、技术性、经济性也与人机工程思想的应用有直接关系。

### 4. 评价方法

（1）校核表评价法（安全检查表法）

校核表评价法是一个较为普遍的初步定性的评价方法，是指利用人类工效学原理检查构成人机系统各种因素及作业过程中操作人员的能力、心理和生理反应状况的评价方法。国际人类工效学学会提出的人类工效学系统，其主要内容如下：

1）作业空间的分析。分析作业场所的宽敞程度，影响作业者活动的因素，显示器、控制器能否方便作业者的观察和操作。

2）作业方法的分析。分析作业方法是否合理，是否会引起不良的体位和姿势，是否存在不适宜的作业速度以及作业者的用力是否有效。

3）环境分析。对作业场所的照明、气温、干湿、气流、噪声与振动等条件进行分析，考察是否符合作业和作业者的心理、生理要求，是否存在能引起疲劳或影响健康的因素。

4）作业组织分析。分析作业时间、休息时间的分配比例以及轮班形式，作业速率是否影响作业者的健康和作业能力的发挥。

5）负荷分析。分析作业的强度、感知觉系统的信息接收通道与容量的分配是否合理，操纵控制装置的阻力是否满足人的生理特性。

6）信息的输入和输出分析。分析系统的信息显示、信息传递是否便于作业者观察和接收，操纵装置是否便于区别和操作。

校核表评价法的检查内容包括信息显示装置、操纵装置、作业空间、环境因素（表8.2）。

**表 8.2　校核表评价法主要检查内容**

| 检查项目 | 检查主要内容 |
| --- | --- |
| 信息显示装置 | 1. 作业操作能否得到充分的信息指示<br>2. 信息数量是否合适<br>3. 作业面的亮度能否满足视觉要求及进行作业要求的照明标准<br>4. 警报信息显示装置是否配置在引人注意的位置<br>5. 控制台上的事故信号灯是否位于操作者的视野中心<br>6. 图形符号是否简洁、意义明确<br>7. 信息显示装置的种类和数量是否符合信息的显示要求<br>8. 仪表的排列是否符合按用途分组的要求，是否避免了调节或操纵控制装置时对视线的遮挡；排列次序是否与操作者的认读次序一致，是否符合视觉运动规律<br>9. 最重要的仪表是否布置在最佳的视野内<br>10. 能否很容易地从仪表盘上找出所需要认读的仪表<br>11. 显示装置和控制装置在位置上的对应关系如何<br>12. 仪表刻度能否十分清楚地分辨<br>13. 仪表的精度是否符合读数精度要求<br>14. 刻度盘的分度设计是否会引起读数误差<br>15. 根据指针能否很容易地读出所需要的数字，指针运动方向是否符合习惯<br>16. 音响信号是否受到噪声干扰 |
| 操纵装置 | 1. 操纵装置是否设置在手易达到的范围内<br>2. 需要进行快而准确的操作动作是否用手完成<br>3. 操纵装置是否按功能和控制对象分组<br>4. 不同的操纵装置在形状、大小、颜色上是否有区别<br>5. 操作极快、使用频繁的操纵装置是否采用了按钮<br>6. 按钮的表面大小、按压深度、表面形状是否合理，各按钮键的距离是否会引起误操作<br>7. 手控操纵装置的形状、大小、材料是否和施力大小相协调<br>8. 从生理上考虑，施力大小是否合理，是否有静态施力过程<br>9. 脚踏板是否有必要，是否坐姿操纵脚踏板<br>10. 显示装置与操纵装置是否按使用顺序原则、使用频率原则和重要性原则布置<br>11. 能否使用复合的操纵装置（多功能的）<br>12. 操纵装置的运动方向是否与预期的功能和被控制对象的运动方向相结合<br>13. 操纵装置的设计是否满足协调性（适应性和兼容性）的要求<br>14. 紧急停车装置设置的位置是否合理<br>15. 操纵装置的布置是否能保证操作者用最佳体位进行操纵<br>16. 重要的操纵装置是否有安全防护装置 |
| 作业空间 | 1. 作业地点是否足够宽敞<br>2. 仪表及操纵装置的布置是否便于操作者采取方便的工作姿势，能否避免长时间采用站立姿势，能否避免出现频繁的弯腰取物动作<br>3. 如果是坐姿工作，是否有容膝放脚的空间<br>4. 从工作位置和眼睛的距离来考虑，工作面的高度是否合适<br>5. 机器、显示装置、操纵装置和工具的布置是否能保证人的最佳视觉条件、最佳听觉条件和最佳嗅觉条件<br>6. 是否按机器的功能和操作顺序布置作业空间<br>7. 设备布置是否考虑人员进入作业姿势和退出作业姿势的必要空间<br>8. 设备布置是否考虑到安全和交通问题<br>9. 大型仪表盘的位置是否有满足作业人员操作仪表、巡视仪表和在控制台前操作的空间尺寸<br>10. 危险作业点是否留有躲避空间<br>11. 操作人员精心操作、维护、调节的工作位置在坠落基准面 2m 以上时，是否在生产设备上配置有供站立的平台和护栏<br>12. 对可能产生物体泄漏的机器设备，是否设有收集和排放渗漏物体的设施<br>13. 地面是否平整，是否有凹凸不平的情况<br>14. 危险作业区域是否已被隔离 |

（续）

| 检查项目 | 检查主要内容 |
|---|---|
| 环境因素 | 1. 作业区的环境温度是否适宜<br>2. 全域照明与局部照明对比是否适当，是否有忽明忽暗、频闪现象，是否有产生眩光的可能<br>3. 作业区的湿度是否适宜<br>4. 作业区的粉尘是否超限<br>5. 作业区的通风条件如何，强制通风的风量及其分配是否符合规定要求<br>6. 噪声是否超过卫生标准，降噪措施是否有效<br>7. 作业区是否有放射性物质，采取的防护措施是否有效<br>8. 电磁波的辐射量如何，是否有防护措施<br>9. 是否有可能产生可燃、有毒气体，检测装置是否符合要求<br>10. 原材料、半成品、工具及边角废料放置是否整齐有序，是否安全<br>11. 是否有刺眼或不协调的色彩存在 |

在评价体系中，各项评价指标的重要程度是不一样的。在建立评价指标（要素）时，必须弄清它们对于一个方案的总价值的重要性。评价指标的重要性一般通过权系数来表示，若权系数大，意味着重要性程度高，反之则低。为了便于计算，一般取各级评价指标的权系数 $g_i$ 之和为 1。求权系数的方法很多，如专家评议法、层次分析法、模糊数学法等，也可由经验或用判别表法列表计算等多种方法求出。

校核表评价法在实际中应用广泛，如某企业利用校核表法对车间的人机系统进行评价，挖掘出现场光线布置不合理、重要控制器位置没有位于操作人员视野正中、操作人员站立作业时间过长等问题，对发现的问题进行改善后，作业者工作 8h 后的自觉疲劳程度明显下降，人机系统的安全性也得到了提高。

（2）海洛德分析评价法

分析评价仪表与控制器的配置和安装位置对人是否适当，常用海洛德（Human Error and Reliability Analysis Logic Development，HERALD）法，即人的失误与可靠性分析逻辑推算法。海洛德法规定，先求出人们在执行任务时成功与失误的概率，然后进行系统评价。

人的最佳视野位于水平视线上下各 15°的区域，此区域是易于看清且最不易发生错误的范围。因此，在该范围内设置仪表或控制器时，误读率或误操作率极小；距离该范围越远，误读率与误操作率越大。因此，海洛德法规定了包含上述不可靠概率的劣化值。

根据人的视线，把向外的区域每隔 15°划分为一个区域，在各个扇形区域内规定相应的劣化值 $D_e$（表 8.3）。例如，30°的劣化值为 0.0010。如果显示控制板上的仪表安置在 15°以内最佳位置上，其劣化值为 0.0001~0.0005。如果将该仪表安置在 80°的位置上，则其劣化值就增加到 0.0030。在配置仪表时，应该研究如何使其尽量降低劣化值。有效作业概率 $P$ 按下式计算：

$$P = \prod_{i=1}^{n} (1 - D_{ei}) \tag{8.14}$$

式中　$P$——有效作业概率；

　　$D_e$——各仪表放置位置对应的劣化值。

例如：仪表室显示控制板装有 6 种仪表，其中，有 5 种仪表在水平视线 15°以内，有 1 种仪表装在水平视线 50°的位置上，求操作人员有效作业概率 $P$。

表 8.3　区域与劣化值 $D_e$

| 区域 | $D_e$ | 区域 | $D_e$ |
|---|---|---|---|
| 0°~15° | 0.0001~0.0005 | 45°~60° | 0.0020 |
| 15°~30° | 0.0010 | 60°~75° | 0.0025 |
| 30°~45° | 0.0015 | 75°~90° | 0.0030 |

注：0°~15°区域的 $D_e$ 值可根据实际情况在 0.0001~0.0005 范围内取值。

分析：5 种仪表都在水平视线 15°以内，从表 8.3 中可查得 $D_e$ 值为 0.0001；在 50°位置上的仪表的 $D_e$ 值为 0.0020。操作者能有效完成工作的概率为

$$P = (1-0.0001) \times (1-0.0001) \times (1-0.0001) \times (1-0.0001) \times (1-0.0001) \times (1-0.0020)$$
$$= 0.9999^5 \times 0.9980 = 0.9975$$

如果监视面板的人员除了主操作人员外，考虑到宽裕率还配备辅助人员，这时该系统的可靠性概率 $R_S$ 的计算公式如下：

$$R_S = \frac{[1-(1-P)^n](T_1+PT_2)}{T_1+T_2} \tag{8.15}$$

式中　$P$——操作者有效作业概率；

$n$——主操作和辅助操作的人数；

$T_1$——辅助人员修正主操作人员的潜在差错而进行行动的宽裕时间，以百分比表示；

$T_2$——辅助人员剩余时间的百分比。

在上例中，$P=0.9975$，$n=2$，$T_1=60\%$（估计），$T_2=100\%-60\%=40\%$。则：

$$R_S = \frac{[1-(1-0.9975)^n] \times (60\%+0.9975 \times 40\%)}{40\%+60\%} = \frac{0.9999 \times 99.90\%}{100\%} = 0.9989$$

用海洛德法可进一步分析各种仪表和功能，表 8.4 列出了 3 种指示仪表与不同使用功能之间的对应关系，其数值为不同类型仪表在完成不同功能时的劣化值。

表 8.4　各种类型仪表与使用功能组合的劣化值

| 功能 | 指针运动式 | 刻度盘运动式 | 数字式 |
|---|---|---|---|
| 读书用 | 0.0010 | 0.0010 | 0.0005 |
| 检查用 | 0.0005 | 0.0020 | 0.0020 |
| 调节用 | 0.0005 | 0.0010 | 0.0005 |
| 追踪用 | 0.0005 | 0.0010 | 0.0020 |
| 合计 | 0.0025 | 0.0050 | 0.0050 |

从表 8.4 可以看出，指针运动式的 4 种功能均为最优。如果知道仪表属于哪种类型及其使用功能，根据表 8.4 给出的劣化值，能准确评价不同仪表及其不同使用功能。

（3）系统仿真评价法

所谓系统仿真评价法，就是根据系统分析的目的，在分析系统各要素性质及其相互关系的基础上，运用人机工程学建模分析软件建立能描述系统结构或行为过程的仿真模型，据此

进行试验或定量分析，以获得正确决策所需的各种信息，即通过人机工程学仿真软件对设计的人机系统进行建模，通过建模来模拟系统的运行情况。系统仿真评价法是一种现代计算机科技与实际应用问题结合的先进评价方法。

系统仿真评价法与其他方法相比具有以下特点：

1）相对于大多数方法只能进行定性分析，用系统仿真评价法进行评价能够得到具体的数据，尤其适合对几种不同的设计方案进行评价。

2）相对于实际投产后再进行评价，系统仿真评价法的成本更低，而且仿真可以自行控制速度，对运行时间较长的系统更为适合。

3）系统仿真评价法的应用面广，针对不同的人机系统有不同的仿真模块，而且是研究的热门，各种专业化的仿真软件源源不断地被开发出来。

4）系统仿真评价法对于建模数据的要求较高，数据的准确度与评价结果的准确度息息相关，所以保证数据的真实性尤为重要。

5）系统仿真评价法对于评价人员的要求较高，不仅需要具有人机工程学知识基础，还需要有一定模拟仿真技术的应用能力。

系统仿真评价法是现今人机系统评价方法研究的前沿，感兴趣的同学可以了解一下相关的人机系统仿真软件。常用的人因工程仿真软件有 Jack、HumanCAD、ErgoMaster 等。

Jack 是一种基于桌面的集三维仿真、数字人体建模、人因工效分析等功能于一体的高级人机工程仿真软件。Jack 软件具有丰富的人体测量学数据库，完整的人机工效学评估工具以及强大的人体运动仿真能力，在虚拟体与虚拟环境匹配的动作分析应用中十分有效。

HumanCAD 是人体运动仿真软件，主要用于人体体力作业的动态模拟、静态模拟和分析。它拥有多个作业工具和环境组件模块。场景逼真、实用，可以对运动和作业过程中人的躯干、四肢、手腕等部位的空间位置、姿势、舒适度、作业负荷、作业效率等数据进行采集和分析，在世界范围的研究领域中被广泛使用。

ErgoMaster 包括工效学分析、风险因素识别、训练、工作及工作场所的重新设计。它不要求用户具备高深的计算机知识。用户可自定义生成多种报告及进行分析。软件还提供了完善的在线帮助及详细的操作说明。可应用于解除任务、重复任务、非自然的体态分析，办公室工效学等许多领域中。

当然，常用的评价方法还有工作环境指数评价法、连接分析法、操作顺序图分析法等多种方法，此处不再赘述。

## 复 习 题

8.1 分析人机系统的可靠性与安全性的联系与区别。

8.2 从可靠度的角度分析典型人机系统的优缺点。

8.3 机的故障率一般经历哪几个阶段？

8.4 什么是海洛德分析评价法？

8.5 系统仿真评价法与其他方法相比有哪些特点？

# 附录 标准正态分布函数表

$$\Phi(x) = \int_{-\infty}^{x} \frac{1}{\sqrt{2\pi}} e^{-\frac{t^2}{2}} dt$$

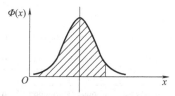

| $x$ | 0 | 0.01 | 0.02 | 0.03 | 0.04 | 0.05 | 0.06 | 0.07 | 0.08 | 0.09 |
|---|---|---|---|---|---|---|---|---|---|---|
| 0 | 0.5 | 0.504 | 0.508 | 0.512 | 0.516 | 0.5199 | 0.5239 | 0.5279 | 0.5319 | 0.5359 |
| 0.1 | 0.5398 | 0.5438 | 0.5478 | 0.5517 | 0.5557 | 0.5596 | 0.5636 | 0.5675 | 0.5714 | 0.5753 |
| 0.2 | 0.5793 | 0.5832 | 0.5871 | 0.591 | 0.5948 | 0.5987 | 0.6026 | 0.6064 | 0.6103 | 0.6141 |
| 0.3 | 0.6179 | 0.6217 | 0.6255 | 0.6293 | 0.6331 | 0.6368 | 0.6406 | 0.6443 | 0.648 | 0.6517 |
| 0.4 | 0.6554 | 0.6591 | 0.6628 | 0.6664 | 0.67 | 0.6736 | 0.6772 | 0.6808 | 0.6844 | 0.6879 |
| 0.5 | 0.6915 | 0.695 | 0.6985 | 0.7019 | 0.7054 | 0.7088 | 0.7123 | 0.7157 | 0.719 | 0.7224 |
| 0.6 | 0.7257 | 0.7291 | 0.7324 | 0.7357 | 0.7389 | 0.7422 | 0.7454 | 0.7486 | 0.7517 | 0.7549 |
| 0.7 | 0.758 | 0.7611 | 0.7642 | 0.7673 | 0.7703 | 0.7734 | 0.7764 | 0.7794 | 0.7823 | 0.7852 |
| 0.8 | 0.7881 | 0.791 | 0.7939 | 0.7967 | 0.7995 | 0.8023 | 0.8051 | 0.8078 | 0.8106 | 0.8133 |
| 0.9 | 0.8159 | 0.8186 | 0.8212 | 0.8238 | 0.8264 | 0.8289 | 0.8315 | 0.834 | 0.8365 | 0.8389 |
| 1 | 0.8413 | 0.8438 | 0.8461 | 0.8485 | 0.8508 | 0.8531 | 0.8554 | 0.8577 | 0.8599 | 0.8621 |
| 1.1 | 0.8643 | 0.8665 | 0.8686 | 0.8708 | 0.8729 | 0.8749 | 0.877 | 0.879 | 0.881 | 0.883 |
| 1.2 | 0.8849 | 0.8869 | 0.8888 | 0.8907 | 0.8925 | 0.8944 | 0.8962 | 0.898 | 0.8997 | 0.9015 |
| 1.3 | 0.9032 | 0.9049 | 0.9066 | 0.9082 | 0.9099 | 0.9115 | 0.9131 | 0.9147 | 0.9162 | 0.9177 |
| 1.4 | 0.9192 | 0.9207 | 0.9222 | 0.9236 | 0.9251 | 0.9265 | 0.9278 | 0.9292 | 0.9306 | 0.9319 |
| 1.5 | 0.9332 | 0.9345 | 0.9357 | 0.937 | 0.9382 | 0.9394 | 0.9406 | 0.9418 | 0.943 | 0.9441 |
| 1.6 | 0.9452 | 0.9463 | 0.9474 | 0.9484 | 0.9495 | 0.9505 | 0.9515 | 0.9525 | 0.9535 | 0.9545 |
| 1.7 | 0.9554 | 0.9564 | 0.9573 | 0.9582 | 0.9591 | 0.9599 | 0.9608 | 0.9616 | 0.9625 | 0.9633 |
| 1.8 | 0.9641 | 0.9648 | 0.9656 | 0.9664 | 0.9671 | 0.9678 | 0.9686 | 0.9693 | 0.97 | 0.9706 |
| 1.9 | 0.9713 | 0.9719 | 0.9726 | 0.9732 | 0.9738 | 0.9744 | 0.975 | 0.9756 | 0.9762 | 0.9767 |

（续）

| x | 0 | 0.01 | 0.02 | 0.03 | 0.04 | 0.05 | 0.06 | 0.07 | 0.08 | 0.09 |
|---|---|---|---|---|---|---|---|---|---|---|
| 2 | 0.9772 | 0.9778 | 0.9783 | 0.9788 | 0.9793 | 0.9798 | 0.9803 | 0.9808 | 0.9812 | 0.9817 |
| 2.1 | 0.9821 | 0.9826 | 0.983 | 0.9834 | 0.9838 | 0.9842 | 0.9846 | 0.985 | 0.9854 | 0.9857 |
| 2.2 | 0.9861 | 0.9864 | 0.9868 | 0.9871 | 0.9874 | 0.9878 | 0.9881 | 0.9884 | 0.9887 | 0.989 |
| 2.3 | 0.9893 | 0.9896 | 0.9898 | 0.9901 | 0.9904 | 0.9906 | 0.9909 | 0.9911 | 0.9913 | 0.9916 |
| 2.4 | 0.9918 | 0.992 | 0.9922 | 0.9925 | 0.9927 | 0.9929 | 0.9931 | 0.9932 | 0.9934 | 0.9936 |
| 2.5 | 0.9938 | 0.994 | 0.9941 | 0.9943 | 0.9945 | 0.9946 | 0.9948 | 0.9949 | 0.9951 | 0.9952 |
| 2.6 | 0.9953 | 0.9955 | 0.9956 | 0.9957 | 0.9959 | 0.996 | 0.9961 | 0.9962 | 0.9963 | 0.9964 |
| 2.7 | 0.9965 | 0.9966 | 0.9967 | 0.9968 | 0.9969 | 0.997 | 0.9971 | 0.9972 | 0.9973 | 0.9974 |
| 2.8 | 0.9974 | 0.9975 | 0.9976 | 0.9977 | 0.9977 | 0.9978 | 0.9979 | 0.9979 | 0.998 | 0.9981 |
| 2.9 | 0.9981 | 0.9982 | 0.9982 | 0.9983 | 0.9984 | 0.9984 | 0.9985 | 0.9985 | 0.9986 | 0.9986 |
| 3 | 0.9987 | 0.999 | 0.9993 | 0.9995 | 0.9997 | 0.9998 | 0.9998 | 0.9999 | 0.9999 | 1 |
| 3.1 | 0.999032 | 0.999065 | 0.999096 | 0.999126 | 0.999155 | 0.999184 | 0.999211 | 0.999238 | 0.999264 | 0.999289 |
| 3.2 | 0.999313 | 0.999336 | 0.999359 | 0.999381 | 0.999402 | 0.999423 | 0.999443 | 0.999462 | 0.999481 | 0.999499 |
| 3.3 | 0.999517 | 0.999534 | 0.999550 | 0.999566 | 0.999581 | 0.999596 | 0.999610 | 0.999624 | 0.999638 | 0.999660 |
| 3.4 | 0.999663 | 0.999675 | 0.999687 | 0.999698 | 0.999709 | 0.999720 | 0.999730 | 0.999740 | 0.999749 | 0.999760 |
| 3.5 | 0.999767 | 0.999776 | 0.999784 | 0.999792 | 0.999800 | 0.999807 | 0.999815 | 0.999822 | 0.999828 | 0.999885 |
| 3.6 | 0.999841 | 0.999847 | 0.999853 | 0.999858 | 0.999864 | 0.999869 | 0.999874 | 0.999879 | 0.999883 | 0.999880 |
| 3.7 | 0.999892 | 0.999896 | 0.999900 | 0.999904 | 0.999908 | 0.999912 | 0.999915 | 0.999918 | 0.999922 | 0.999926 |
| 3.8 | 0.999928 | 0.999931 | 0.999933 | 0.999936 | 0.999938 | 0.999941 | 0.999943 | 0.999946 | 0.999948 | 0.999950 |
| 3.9 | 0.999952 | 0.999954 | 0.999956 | 0.999958 | 0.999959 | 0.999961 | 0.999963 | 0.999964 | 0.999966 | 0.999967 |
| 4 | 0.999968 | 0.999970 | 0.999971 | 0.999972 | 0.999973 | 0.999974 | 0.999975 | 0.999976 | 0.999977 | 0.999978 |
| 4.1 | 0.999979 | 0.999980 | 0.999981 | 0.999982 | 0.999983 | 0.999983 | 0.999984 | 0.999985 | 0.999985 | 0.999986 |
| 4.2 | 0.999987 | 0.999987 | 0.999988 | 0.999988 | 0.999989 | 0.999989 | 0.999990 | 0.999990 | 0.999991 | 0.999991 |
| 4.3 | 0.999991 | 0.999992 | 0.999992 | 0.999930 | 0.999993 | 0.999993 | 0.999993 | 0.999994 | 0.999994 | 0.999994 |
| 4.4 | 0.999995 | 0.999995 | 0.999995 | 0.999995 | 0.999996 | 0.999996 | 0.999996 | 1.000000 | 0.999996 | 0.999996 |
| 4.5 | 0.999997 | 0.999997 | 0.999997 | 0.999997 | 0.999997 | 0.999997 | 0.999997 | 0.999998 | 0.999998 | 0.999998 |
| 4.6 | 0.999998 | 0.999998 | 0.999998 | 0.999998 | 0.999998 | 0.999998 | 0.999998 | 0.999998 | 0.999999 | 0.999999 |
| 4.7 | 0.999999 | 0.999999 | 0.999999 | 0.999999 | 0.999999 | 0.999999 | 0.999999 | 0.999999 | 0.999999 | 0.999999 |
| 4.8 | 0.999999 | 0.999999 | 0.999999 | 0.999999 | 0.999999 | 0.999999 | 0.999999 | 0.999999 | 0.999999 | 0.999999 |
| 4.9 | 1.000000 | 1.000000 | 1.000000 | 1.000000 | 1.000000 | 1.000000 | 1.000000 | 1.000000 | 1.000000 | 1.000000 |

# 参 考 文 献

[1] 廖可兵，刘爱群. 安全人机工程学 [M]. 2 版. 北京：应急管理出版社，2020.

[2] 赵江平，杨宏刚，杨小妮. 安全人机工程学 [M]. 2 版. 西安：西安电子科技大学出版社，2019.

[3] 撒占友，程卫民，廖可兵. 安全人机工程学 [M]. 徐州：中国矿业大学出版社，2012.

[4] 郭伏，钱省三. 人因工程学 [M]. 2 版. 北京：机械工业出版社，2019.

[5] 孟现柱. 安全人机工程学 [M]. 徐州：中国矿业大学出版社，2019.

[6] 李辉，程磊，景国勋. 安全人机工程学 [M]. 徐州：中国矿业大学出版社，2018.

[7] 王保国，王新泉，刘淑艳，等. 安全人机工程学 [M]. 2 版. 北京：机械工业出版社，2016.

[8] 李红杰，鲁顺清，梁书琴，等. 安全人机工程学 [M]. 武汉：中国地质大学出版社，2006.

[9] 邬堂春，牛侨，周志俊，等. 职业卫生与职业医学 [M]. 8 版. 北京：人民卫生出版社，2017.

[10] 傅梅绮，张良军. 职业卫生 [M]. 北京：化学工业出版社，2011.

[11] 陈建武，孙艳秋，张兴凯. 职业工效学基础原理及应用 [M]. 北京：应急管理出版社，2020.

[12] 刘景良. 安全人机工程 [M]. 2 版. 北京：化学工业出版社，2018.

[13] 冯国双. 白话统计 [M]. 北京：电子工业出版社，2018.

[14] 贾俊平，何晓群，金勇进. 统计学 [M]. 6 版. 北京：中国人民大学出版社，2014.

[15] 孙贵磊. 视觉疲劳检测技术及应用 [M]. 北京：气象出版社，2019.

[16] 孙贵磊，李琴，孟燕华，等. 基于眼动分析的汽车仪表盘设计 [J]. 包装工程，2020，41（2）：148-153.

[17] 孙贵磊，李琴，傅佩文，等. 基于人因工程的汽车仪表盘信息编码分析与优化 [J]. 中国安全科学学报，2018，28（8）：68-74.

[18] 国际劳工局. 工效学检查要点 [M]. 2 版. 张敏，译. 北京：中国工人出版社，2021.

[19] 陈东生，吕佳. 现代服装测试技术 [M]. 上海：东华大学出版社，2019.

[20] 王富江，张忠彬，何丽华. 我国职业工效学研究历程和进展 [J]. 工业卫生与职业病，2019，45（6）：485-488.

[21] 隋雪，高敏，向慧雯. 视觉认知中的眼动理论与实证研究 [M]. 北京：科学出版社，2018.

[22] 王黎，韩清鹏. 人体生理信号的非线性分析方法 [M]. 北京：科学出版社，2011.

[23] 闫国利，白学军. 眼动分析技术的基础与应用 [M]. 北京：北京师范大学出版社，2018.

[24] 郭玉麟，丁尔良，齐翠莲，等. 烟台市 1985—2010 年城市汉族中小学生身高生长变化分析 [J]. 中国儿童保健杂志，2014，22（5）：470-472.

[25] 赵宏林，布仁巴图，崔丹，等. 蒙古族 7~18 岁学生身高生长趋势分析 [J]. 中国公共卫生，2013，29（9）：1263-1266.

[26] 姚建，田冬梅. 安全人机工程学 [M]. 北京：煤炭工业出版社，2012.

[27] 朱云霞，王锋锋. 不同岗位急救人员腰背痛患病率及其危险因素研究 [J]. 工业卫生与职业病，2022，48（1）：34-38.